世界名花花展值班表

		101展厅	102展厅	201展厅	202展厅	301展厅	302展厅
星期一	上午	赵明远	李梦华	洪晓红	肖倪普	王豪轩	贾曾巩
	下午	王晓华	贾廷华	符晓平	侯荣华	李曼曼	付晓萍
星期二	上午	赵明远	赵明远	贾廷华	符晓平	沈新宇	黄幅赭
	下午	贾曾巩	王晓华	李梦华	洪晓红	肖倪普	肖倪普
星期三	上午	贾廷华	王豪轩	赵明远	黄幅赭	武则天	符晓平
	下午	武则天	王晓华	付晓萍	符晓平	贾曾巩	洪晓红
星期四	上午	李梦华	贾曾巩	黄幅赭	洪晓红	黄幅赭	王晓华
	下午	付晓萍	符晓平	贾廷华	赵明远	肖倪普	王豪轩
星期五	上午	洪晓红	李梦华	王豪轩	黄幅赭	肖可	贾曾巩
	下午	符晓平	黄幅赭	王晓华	贾廷华	贾廷华	赵明远
星期六	上午	肖倪普	贾曾巩	付晓萍	王晓华	符晓平	贾廷华
	下午	李梦华	符晓平	洪晓红	赵明远	洪晓红	黄幅赭

“花展值班表”网页

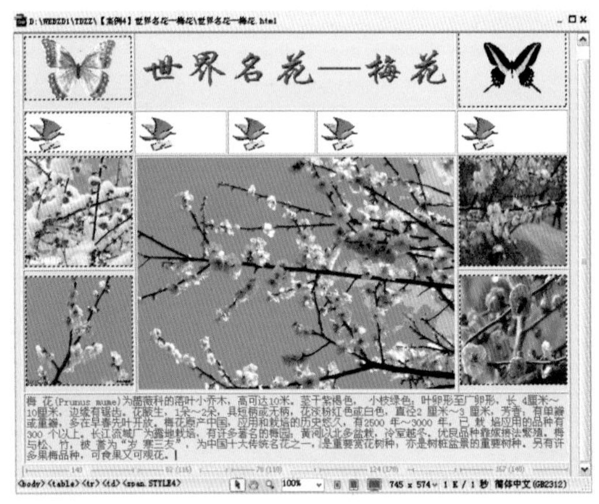

“世界名花——梅花”网页

“世界名花——牡丹”网页

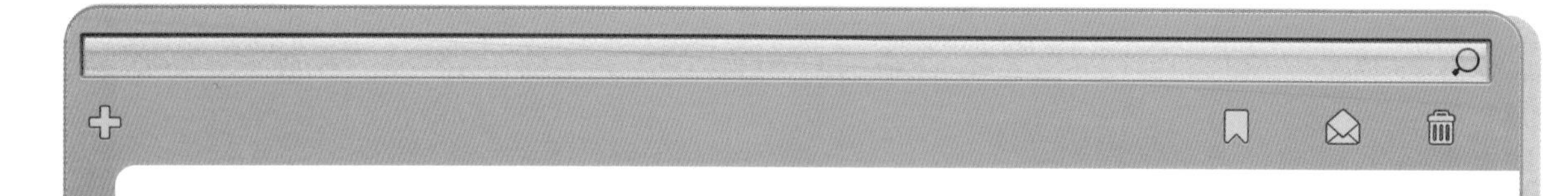

“一串卡通动画”网页

“亚洲旅游在线”网页主页显示效果

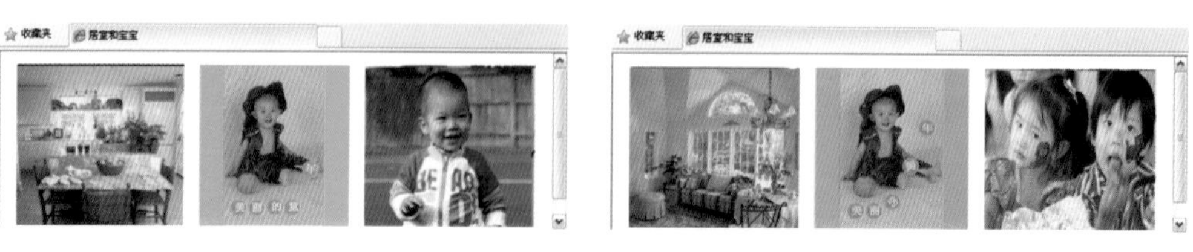

“居室和宝宝”网页

收藏夹　鲜花展人员登记表

鲜花展人员登记表

参展人员姓名：

密码：

性别：○ 男 ○ 女

最后学历：本科

参展鲜花名称：□ 长寿花 □ 倒挂金钟 □ 杜鹃花 □ 东方罂粟

□ 荷花 □ 梅花 □ 牡丹花 □ 樱花 □ 玉兰花 □ 其他

电话：

电子邮箱地址：

参展鲜花简介：

长寿花 (Kalanchoe blossfeldiana)又称矮生伽蓝菜、圣诞伽蓝菜、寿星花，景天科多肉植物。茎直立，株高10厘米～30厘米；叶肉质交互对生，椭圆状长圆形，深绿色有光泽，边略带红色。花期1月～4月，圆锥状聚伞花序，花多数，花色绯红、桃红或橙红、花朵细密拥簇成团，整体观赏效果甚佳。

提交　重置

“鲜花展人员登记表”网页显示效果

“世界名花图像”网页

“弹出浏览器窗口”网页

“用户登录”网页

“世界名花”网站

“鲜花缘”网站

中文 Dreamweaver CS6 案例教程（第三版）

沈大林　张秋　主编

王浩轩　王爱赪　万忠　赵玺　陶圣祥　副主编

中国铁道出版社
CHINA RAILWAY PUBLISHING HOUSE

内 容 简 介

Dreamweaver 是 Adobe 公司开发的，用于网页制作和网站管理的软件，是一种所见即所得和源代码完美结合的网页编辑器。本书将详细介绍 Adobe Dreamweaver CS6 中文版操作与网页制作方法。

全书共分 8 章，以节为基本教学单元，除第 1 章外，其余各章每个教学单元由“案例效果和操作”、“相关知识”和“思考与练习”三部分组成。全书提供了 29 个案例和大量的思考与练习题。

本书采用案例驱动的教学方式，读者可以边进行案例制作，边学习相关知识和技巧。

本书适合作为中等职业学校计算机专业和高等职业学校非计算机专业的教材，还可以作为广大计算机爱好者、网页设计人员的自学读物。

图书在版编目（CIP）数据

中文 Dreamweaver CS6 案例教程/沈大林，张秋主编. —3 版.
—北京：中国铁道出版社，2013.6
教育部职业教育与成人教育司推荐教材
ISBN 978-7-113-16282-5

Ⅰ. ①中… Ⅱ. ①沈… ②张… Ⅲ. ①网页制作－职业教育－教材 Ⅳ. TP393.092

中国版本图书馆 CIP 数据核字（2013）第 060965 号

书　　名：中文 Dreamweaver CS6 案例教程（第三版）
作　　者：沈大林　张　秋　主编

策　　划：刘彦会　　　　读者热线：400-668-0820
责任编辑：刘彦会　姚文娟
封面设计：刘　颖
封面制作：白　雪
责任印制：李　佳

出版发行：中国铁道出版社（100054，北京市西城区右安门西街 8 号）
网　　址：http://www.51eds.com
印　　刷：三河市兴达印务有限公司
版　　次：2004 年 11 月第 1 版　2009 年 5 月第 2 版　2013 年 6 月第 3 版　2013 年 6 月第 1 次印刷
开　　本：787mm×1092mm　1/16　印张：13　字数：310 千
印　　数：1～3 000 册
书　　号：ISBN 978-7-113-16282-5
定　　价：28.00 元

教育部职业教育与成人教育司推荐教材

审稿专家组

教育部职业教育与成人教育司推荐教材

丛书编委会

PREFACE 丛书序

本套教材依据教育部办公厅和原信息产业部办公厅联合颁发的《中等职业院校计算机应用与软件技术专业领域技能型紧缺人才培养指导方案》进行规划。

根据我们多年的教学经验和对国外教学的先进方法的分析，针对目前职业技术学校学生的特点，采用案例引领，将知识按节细化，案例与知识相结合的教学方式，充分体现我国教育学家陶行知先生"教学做合一"的教育思想。通过完成案例的实际操作，学习相关知识、基本技能和技巧，让学生在学习中始终保持学习兴趣，充满成就感和探索精神。这样不仅可以让学生迅速上手，还可以培养学生的创作能力。从教学效果来看，这种教学方式可以使学生快速掌握知识和应用技巧，有利于学生适应社会的需要。

每本书按知识体系划分为多个章节，每一个案例是一个教学单元，按照每一个教学单元将知识细化，每一个案例的知识都有相对的体系结构。在每一个教学单元中，将知识与技能的学习融于完成一个案例的教学中，将知识与案例很好地结合成一体，案例与知识不是分割的。在保证一定的知识系统性和完整性的情况下，体现知识的实用性。

每个教学单元均由"案例效果"、"操作步骤"、"相关知识"和"思考与练习"四部分组成。在"案例效果"栏目中介绍案例完成的效果；在"操作步骤"栏目中介绍完成案例的操作方法和操作技巧；在"相关知识"栏目中介绍与本案例单元有关的知识，起到总结和提高的作用；在"思考与练习"栏目中提供了一些与本案例有关的思考与练习题。对于程序设计类的教程，考虑到程序设计技巧较多，不易于用一个案例带动多项知识点的学习，因此采用先介绍相关知识，再结合知识介绍一个或多个案例的编写方式。

丛书作者努力遵从教学规律、面向实际应用、理论联系实际、便于自学等原则，注重训练和培养学生分析问题和解决问题的能力，注重提高学生的学习兴趣和培养学生的创造能力，注重将重要的制作技巧融于案例介绍中。每本书内容由浅入深、循序渐进，使读者在阅读学习时能够快速入门，从而达到较高的水平。读者可以边进行案例制作，边学习相关知识和技巧。采用这种方法，特别有利于教师进行教学和学生自学。

为便于教师教学，丛书均提供了实时演示的多媒体电子教案，将大部分案例的操作步骤实时录制下来，让教师摆脱重复操作的烦琐，轻松教学。

参与本套教材编写的作者不仅有在教学一线的教师，还有在企业负责项目开发的技术人员。他们将教学与工作需求更紧密地结合起来，通过完全的案例教学，提高学生的应用操作能力，为我国职业技术教育探索更助一臂之力。

沈大林

FOREWORD # 第三版前言

Dreamweaver 是 Adobe 公司开发的，用于网页制作和网站管理的软件，是一种所见即所得和源代码完美结合的网页编辑器。目前 Dreamweaver 最流行的版本是 Adobe Design Premium Dreamweaver CS6 套装软件内 Adobe Dreamweaver CS6。它可以进行多个站点的管理，设置 HTML 语言编辑器，支持 DHTML 和 CSS，可导入 Excel 和 Access 建立的数据文件，以及 Flash 动画等，还可以编辑动态页面等。本书介绍中文 Adobe Dreamweaver CS6 版本。

本书共分 8 章。第 1 章介绍中文 Dreamweaver CS6 工作区特点，网页文档的基础知识和基本操作；第 2 章介绍在网页中插入文字、图像和表格的方法；第 3 章介绍创建框架、AP Div 与描图的方法；第 4 章介绍在网页中插入日期、插件、Shockwave 影片、SWF 动画等对象的方法；第 5 章介绍定义和使用 CSS 样式，以及使用 Div 标签和 CSS 进行网页布局的方法；第 6 章介绍在网页中插入表单和 Spry 构件的方法；第 7 章介绍行为的应用方法；第 8 章介绍创建和使用模板，创建和使用库项目的方法，以及站点发布与管理维护的方法。全书提供 29 个案例和大量的思考练习题。

本书采用案例驱动的教学方式，融通俗性、实用性和技巧性于一身，内容由浅入深、循序渐进。本书以节为基本教学单元，除第 1 章外，其余各章每个教学单元由“案例效果和操作”、“相关知识”和“思考与练习”三部分组成。在“案例效果和操作”栏目中介绍案例完成的效果，以及完成案例的操作方法和操作技巧；在“相关知识”栏目中补充介绍了与本案例有关的知识，有总结和提高的作用；在“思考与练习”栏目中提供了一些与本案例有关的练习题和操作题。

在编写过程中，编者努力遵从教学规律、面向实际应用、理论联系实际、便于自学等原则，注意提高学生的学习兴趣和创造力，注重培训学生分析和解决问题的能力。读者可以边进行案例制作，边学习相关知识和技巧。采用这种方法，特别有利于教师进行教学和学生自学，可以使读者能够快速入门，迅速达到较高的水平。

本书由沈大林、张秋任主编。王浩轩、王爱赪、万忠、赵玺、陶圣祥任副主编。参加本书编写工作的人员还有：许崇、陶宁、张晓蕾、肖柠朴、郑淑晖、杨旭、陈恺硕、曹永冬、沈昕、关点、关山、郝侠、毕凌云、郭海、郑瑜、郑原、袁柳、李宇辰、王加伟、苏飞、王小兵等。

本书是第三版，第一版共分 9 章，介绍了中文 Dreamweaver MX 版本，68 个实例；第二版共分 10 章，介绍了 Adobe Dreamweaver CS3 版本，49 个实例。本书可以作为中等职业学校计算机专业和高等职业院校非计算机专业的教材，还可以作为广大计算机爱好者、网页设计人员的自学读物。

由于编者水平有限，书中难免存在疏漏和不足，敬请广大读者指正。

编　者

2013 年 1 月

CONTENTS

目 录

第1章　Dreamweaver CS6基础

1.1　中文Dreamweaver CS6工作区简介

1.1.1　中文Dreamweaver CS6工作区设置

1．设置中文 Dreamweaver CS6 工作区

运行中文 Dreamweaver CS6，调出它的欢迎界面，如图 1-1-1 所示。单击其内“新建”栏中的“HTML”链接文字，进入 Dreamweaver CS6 工作区，如图 1-1-2 所示。

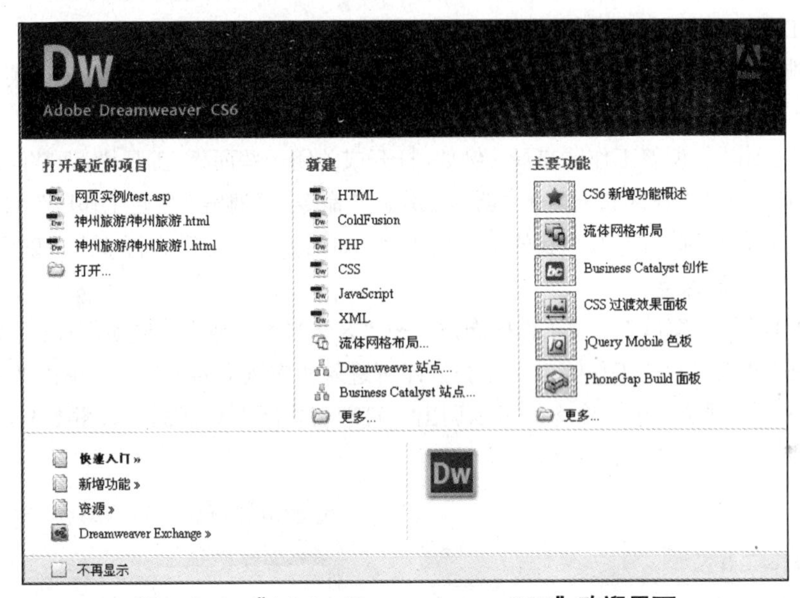

图1-1-1　“Adobe Dreamweaver CS6”欢迎界面

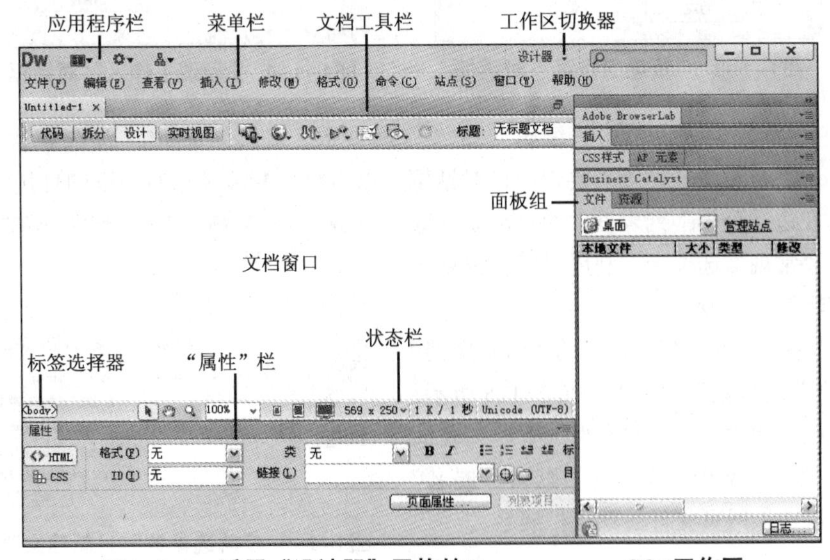

图1-1-2　采用“设计器”风格的Dreamweaver CS6工作区

由图 1-1-2 可以看出，Dreamweaver CS6 的工作区主要由应用程序栏、菜单栏、文档窗口、状态栏、“标准”工具栏、“文档”工具栏、“属性”栏（或“属性”面板）、“插入”栏（或“插入”面板）和面板组等组成。单击“查看”→“显示面板”或“隐藏面板”命令，可以显示或隐藏面板组和“属性”栏。单击“查看”→“工具栏”→“××”命令，可以打开或关闭“文档”、“标准”或“样式呈现”工具栏。单击“窗口”→“属性”或“插入”命令，可以打开或关闭“属性”与“插入”栏。单击“窗口”→“××”（面板名称）命令，可以打开或关闭相应的面板。

2．工作区布局和首选参数设置

（1）改变 Dreamweaver CS6 工作区：单击“窗口”→“工作区布局”→“××”命令，可以切换一种 Dreamweaver CS6 工作区布局。例如，单击“窗口”→“工作区布局”→“经典”命令，可切换到经典工作区状态。单击“工作区切换器”按钮，调出它的菜单，单击该菜单内的命令，也可以切换一种工作区布局。

（2）保存工作区：调整工作区布局（例如，打开或关闭一些面板、工具栏，调整面板的位置等）后，单击“窗口”→“工作区布局”→“新建工作区”命令，可调出“新建工作区”对话框，在“名称”文本框内输入名称（例如，“我的工作区 1”），如图 1-1-3 所示。再单击“确定”按钮，即可将当前工作区布局保存。

以后，只要单击“窗口”→“工作区布局”→“××××”命令（例如，单击“窗口”→“工作区布局”→“重置‘我的工作区 1’”命令），即可进入相应风格的工作区。单击“窗口”→“工作区布局”→“管理工作区”命令，可以调出“管理工作区”对话框，如图 1-1-4 所示。利用该对话框可以将工作区名称更名或删除。

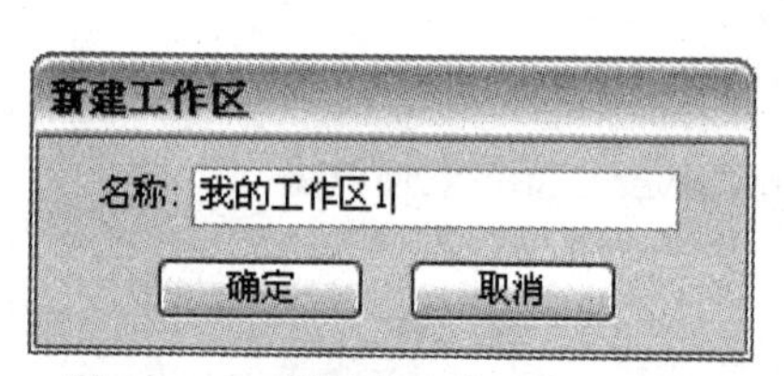

图1-1-3 “新建工作区”对话框

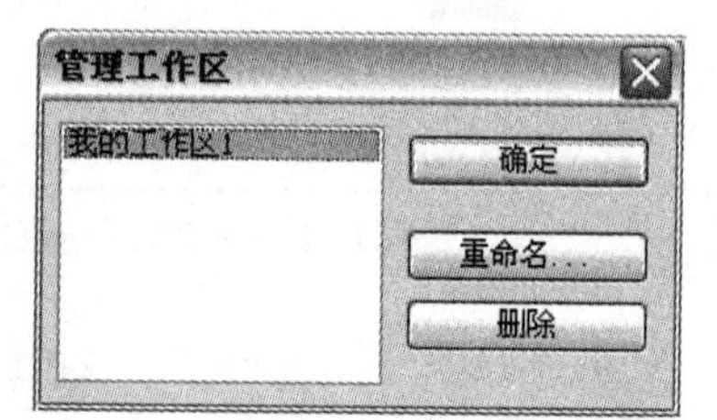

图1-1-4 “管理工作区”对话框

（3）首选参数设置：单击“编辑”→“首选参数”命令，调出“首选参数”对话框，Dreamweaver CS6 的许多设置需要使用该对话框，以后将不断涉及该对话框的使用。例如，单击该对话框左边“分类”列表框中的“常规”选项，切换到“常规”选项卡。利用它可以设置一些文档和编辑默认功能。

例如，选中“分类”列表框中的“新建文档”选项，此时“首选参数”对话框如图 1-1-5 所示。在“默认文档”和“默认文档类型”下拉列表框内可以选择默认的文档类型。在“默认扩展名”文本框内可以输入网页文件的默认扩展名。

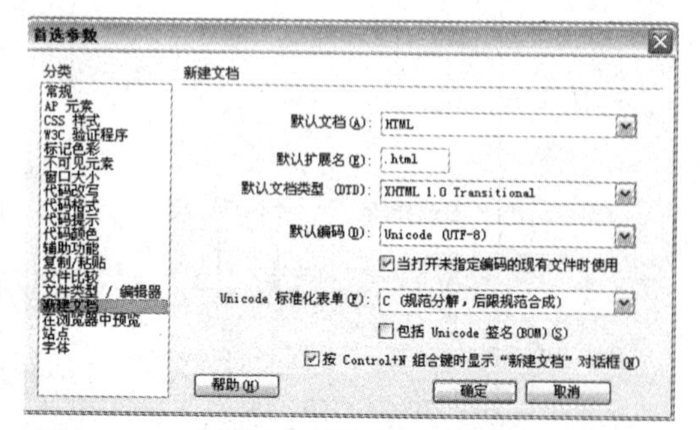

图1-1-5 “首选参数”（新建文档）对话框

1.1.2 欢迎界面和建立本地站点

1．欢迎界面和新建网页文档

通常在启动 Dreamweaver CS6 后或没有打开任何文档时，会自动调出 Adobe Dreamweaver CS6 欢迎界面，如图 1-1-1 所示。该对话框由 4 部分组成，分别为“打开最近的项目”、“新建”、“主要功能”、“Dreamweaver 帮助”。如果选中“不再显示”复选框，则下次启动 Dreamweaver CS6 后或在没有任何文档打开时，也不会再出现此界面。

（1）“打开最近的项目”栏：此栏中列出了最近打开过的文档名称，单击其中的项目可以快速调出已经编辑过的文档。单击“打开”按钮，可以调出“打开”对话框，利用该对话框可以选择要编辑的网页文档，再单击“打开”按钮，即可打开选定的文档。

（2）“新建”栏：此栏中列出了大部分可以创建的文档，利用它可以快速创建一个新的文档或者一个站点。例如，单击“HTML”链接文字，可以进入 HTML 网页设计状态；单击“JavaScript”链接文字，可进入 JavaScript 编辑状态。单击“更多”按钮或单击“文件”→“新建”命令，可以调出“新建文档”对话框，如图 1-1-6 所示。

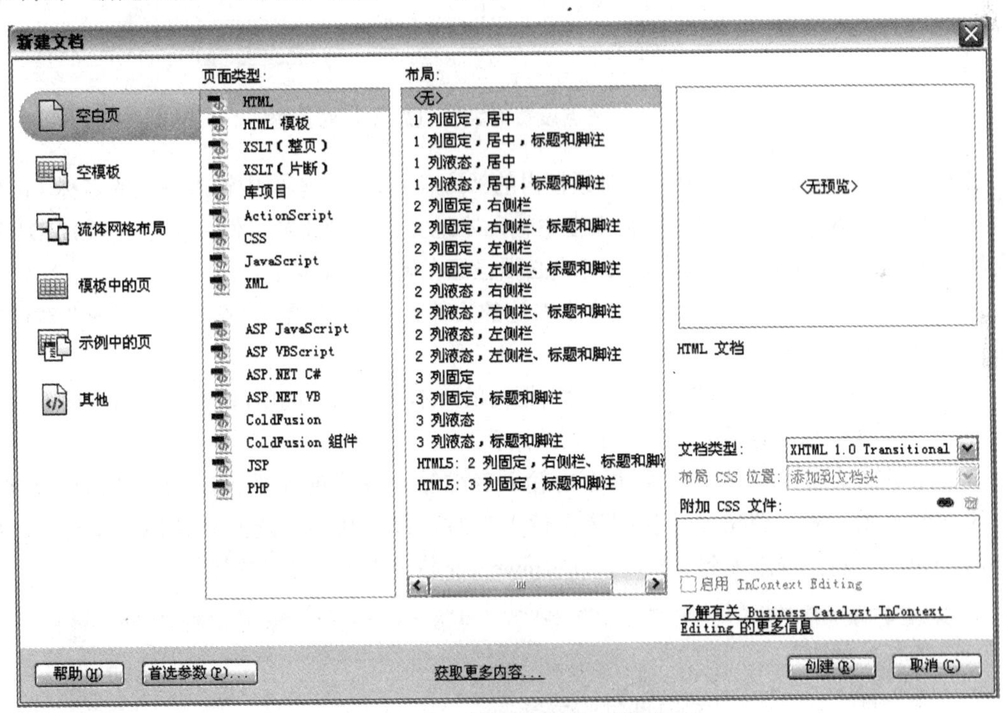

图1-1-6 “新建文档”对话框

默认选中左边栏内的“空白页”选项，在“页面类型”栏内可选择文档类型，在“布局”栏内可选择一种布局风格和其他设置。单击“创建”按钮，即可创建一个空页面。选中左边栏内的“空模板”选项，单击“创建”按钮，即可创建一个空模板页面。

（3）“主要功能”栏：单击“主要功能”栏内的按钮，可以进入 www.adobe.com 网页，显示 Adobe 的“DW Dreamweaver CS6”帮助网站中相应的内容。

（4）“扩展”栏：单击“快速入门”、“新增功能”、“资源”或“Dreamweaver Exchange”按钮，可以链接到相应网页，提供相应的帮助信息。

2. 建立本地站点

建立本地站点就是将本地主机磁盘中的一个文件夹定义为站点，然后将所有文档都存放在该文件夹中，以便于管理。建立本地站点的方法如下：

（1）单击“站点”→“新建站点”命令，调出“站点设置对象”对话框，如图1-1-7所示。单击“文件”面板中的“管理站点”链接文字或者单击“站点”→“管理站点”命令，都可以调出“管理站点”对话框，单击该对话框内的“新建站点”按钮，也可以调出“站点设置对象”对话框。

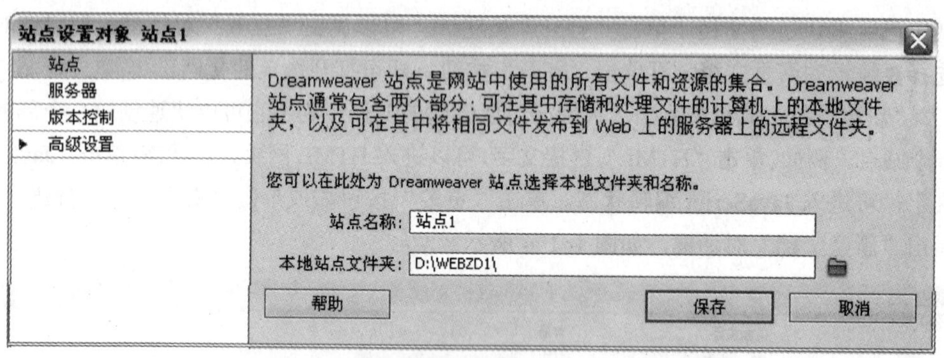

图1-1-7 “站点设置对象”（站点）对话框

（2）在“站点设置对象”（站点）对话框内的“站点名称”文本框中输入站点的名称（例如：“站点1”）。在“本地站点文件夹”文本框中输入本地文件夹的路径（例如：“D:\WEBZD1\”），该文件夹作为站点的根目录，要求该文件夹必须已经在硬盘上建立了。

也可以单击“本地站点文件夹”文本框右边的文件夹图标，调出“选择根文件夹”对话框，利用该对话框可以选择本地文件夹。

（3）单击“站点设置对象”（站点）对话框内的“本地信息”选项，切换到“站点设置对象”（高级设置-本地信息）对话框，如图1-1-8所示。

（4）在“默认图像文件夹”文本框内输入存储站点图像的文件夹路径，单击该文本框右边的文件夹图标，调出“选择图像文件夹”对话框，利用它选择默认图像文件夹（D:\WEBZD1\JPG）。将图像添加到文档时，Dreamweaver将使用该文件夹路径。

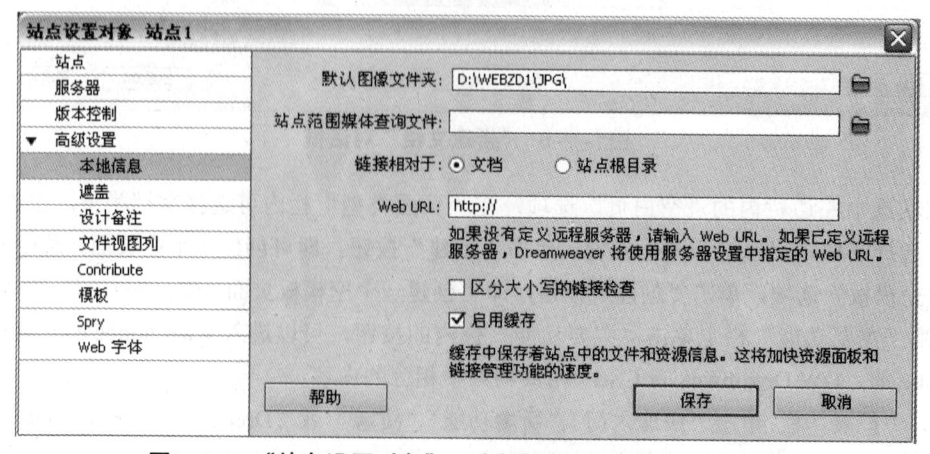

图1-1-8 “站点设置对象”（高级设置-本地信息）对话框

（5）单击“站点设置对象”对话框内的“保存”按钮，初步完成本地站点的设置。此时“文件”面板内会显示出本地站点文件夹内的文件，如图 1-1-9 所示。

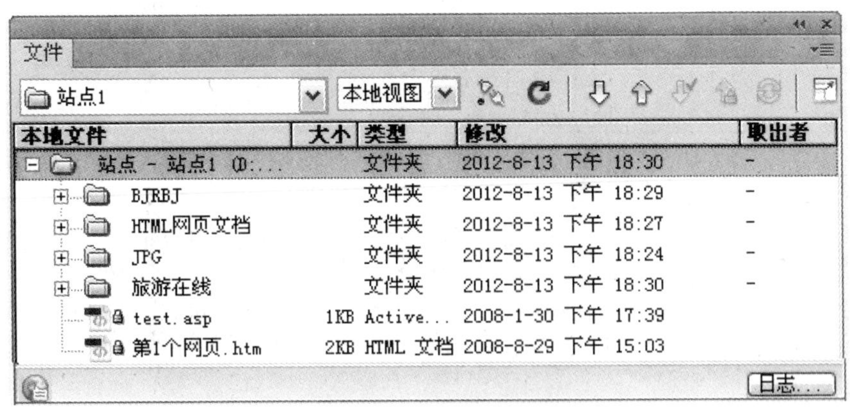

图1-1-9 “文件”面板

1.2 文档窗口、“属性”和“插入”栏

1.2.1 文档窗口

文档窗口用来显示和编辑当前的文档页面。当文档窗口处于还原状态时，其标题栏内显示网页的标题、网页文档所在的文件夹的名称和网页文档的名称，“文档”工具栏和“标准”工具栏在文档窗口外；在文档窗口最大化时，其标签内显示文档的名称，“文档”工具栏和“标准”工具栏在文档窗口内。文档窗口底部有状态栏，可提供多种信息。

在调整网页中一些对象的位置和大小时，利用标尺和网格工具可以使操作更准确。

1．标尺

（1）显示标尺：单击“查看”→“标尺”→“显示”命令，可在文档窗口内的左边和上边显示标尺。单击“查看”→“标尺”命令的下一级菜单中的“像素”、“英寸”或“厘米”命令，可以更改标尺的单位。

（2）重设原点：用鼠标拖动标尺左上角处小正方形，此时鼠标指针呈十字形状。拖动鼠标到文档窗口内合适的位置后松开左键，即可将原点位置改变。如果要将标尺的原点位置还原，可单击“查看”→“标尺”→“重设原点”命令。

2．网格

（1）显示和隐藏网格线：单击“查看”→“网格设置”→“显示网格”命令，可在显示和隐藏网格之间切换。显示网格和标尺后的“文档”窗口如图 1-2-1 所示。

（2）网格的参数设置：单击“查看”→“网格设置”→“网格设置”命令，可以调出“网格设置”对话框，如图 1-2-2 所示。利用该对话框，可以进行网格间隔、颜色、形状，以及是否显示网格和是否靠齐到网格等设置。

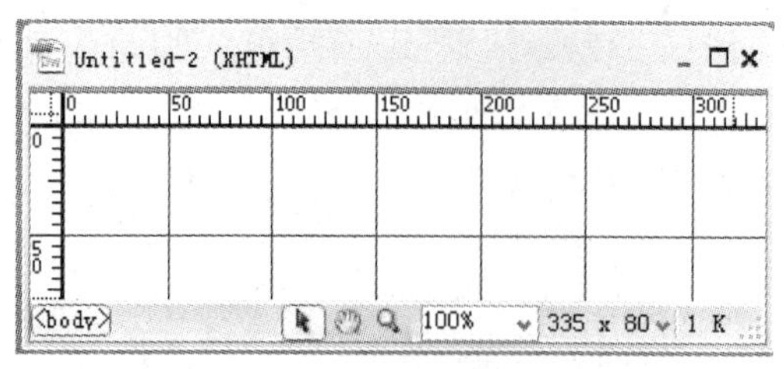

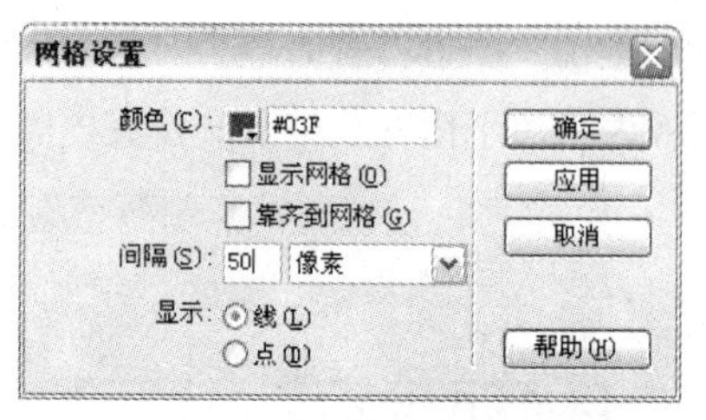

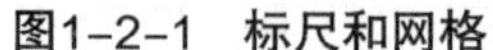

图1-2-1　标尺和网格　　　图1-2-2　“网格设置”对话框

（3）靠齐功能：如果没选中“查看”→“网格设置”→“靠齐到网格”命令或选中“网格设置”对话框内的“靠齐到网格”复选框，则移动 AP Div 或改变 AP Div 的大小时，最小单位是 1 个像素；否则，最小的单位是 5 个像素，在移动 AP Div 时可以自动与网格对齐。AP Div 是一个可以放置对像的容器，可方便地移动，在第 4 章有详细介绍。

3．状态栏

状态栏位于文档窗口的底部（没给出左边的标签检查器），如图 1-2-3 所示。

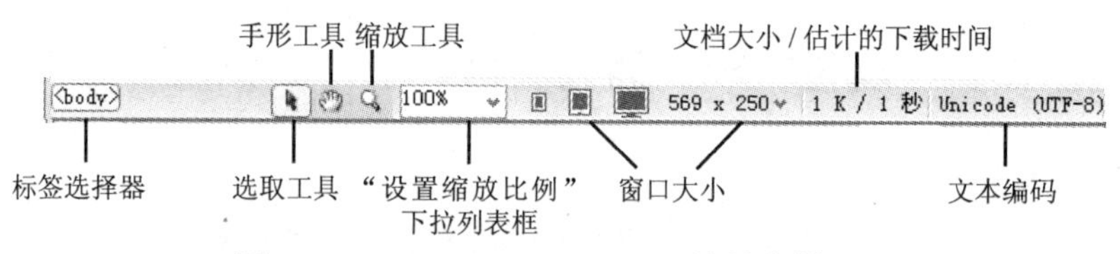

图1-2-3　Dreamweaver CS6的状态栏

（1）标签选择器：即 HTML 标签选择器，它在状态栏的最左边，它以 HTML 标记显示方式来表示光标当前位置处的网页对象信息。一般光标当前位置处有多种信息，则可显示出多个 HTML 标记。不同的 HTML 标记表示不同的 HTML 元素信息。例如，<body> 表示文档主体，<img> 表示图像，<object> 表示插入对象等。单击某个 HTML 标记，Dreamweaver CS6 会自动选取与该标记相对应的网页对象，用户可对该对象进行编辑。

（2）选取工具：用来选取“文档”窗口内的对象。

（3）手形工具：在对象大于“文档”窗口时，用来移动对象的位置。

（4）缩放工具：单击“文档”窗口，可增加“文档”窗口显示比例；按住 Alt 键，同时单击“文档”窗口（此时放大镜内显示“-”），可缩小“文档”窗口显示比例。

（5）“设置缩放比例”下拉列表框：用来选择“文档”窗口的显示比例。

（6）“窗口大小”栏：单击它会调出一个快捷菜单，在还原状态下，单击该快捷菜单上边一栏中的一个命令，可立刻按照选定的大小改变窗口的大小。单击“手机大小”、“平板电脑大小”和“桌面电脑大小”3 个图标按钮中的任一个图标按钮，可以切换到相应的不同大小的文档窗口。

（7）“文档大小 / 估计的下载时间”栏：给出了文档的字节数和网页预计下载的时间。

4．文档视图窗口

文档窗口有“设计”、“代码”和“代码和设计”等几种视图窗口，它们适用于不同的网页编辑要求。打开一个网页，了解其中三种视图窗口的特点。

（1）“设计”视图窗口：单击“文档”工具栏内“设计”按钮，切换到该视图窗口，它用于可视化页面开发的设计环境，如图 1-2-4 所示。

（2）“代码”视图窗口：单击“代码”按钮代码，切换到该视图窗口，它是一种用于输入和修改 HTML、JavaScript、服务器语言代码等手工编码环境，如图 1-2-5 所示。单击“查看”→“刷新设计视图”命令，可刷新设计视图状态下显示的网页。

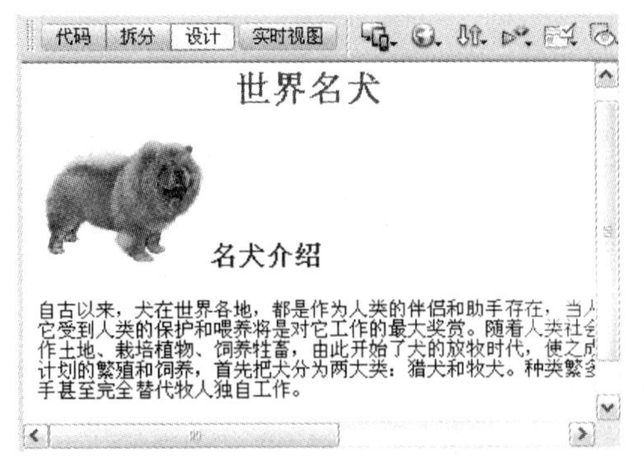

图1-2-4 “设计”视图窗口

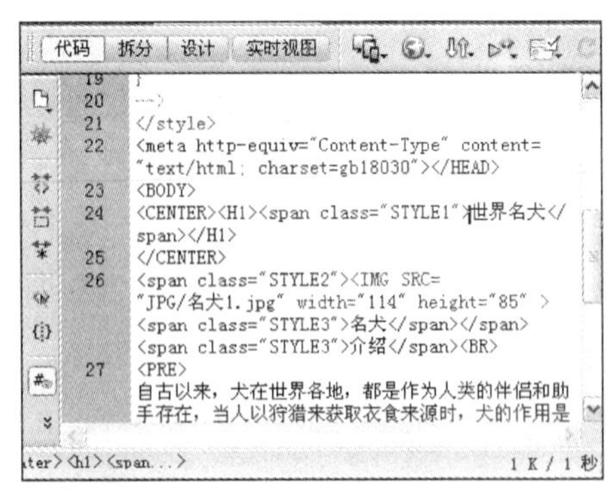

图1-2-5 “代码”视图窗口

（3）“代码和设计”视图窗口：单击“拆分”按钮拆分，切换到该视图窗口，它可以在单个窗口中同时显示同一文档的“代码”和“设计”视图，如图 1-2-6 所示。

单击选中“设计”窗口中对象时，“代码”窗口内的光标会定位在相应的代码处；拖动选中“设计”窗口内的内容时，则“代码”窗口内也会选中相应的代码。反之也会有相应的效果，有利于修改 HTML 代码。如果要切换文档窗口的视图，还可以单击“查看”→“代码”（或“设计”、“代码和设计”）命令或按【Ctrl+−】键。

图1-2-6 “代码和设计”视图窗口

1.2.2 “属性”栏和“插入”栏

1. “属性”栏

利用“属性”栏可以显示并精确调整网页中选定对象的属性。“属性”栏具有智能化的特点，选中网页中不同对象，其“属性”栏的内容会随之发生变化。例如单击选中网页中插入的图像，则图像的“属性”栏如图 1-2-7 所示。

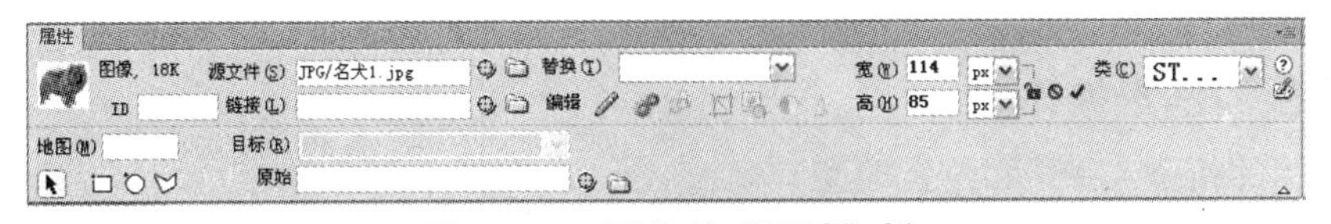

图1-2-7 图像的“属性”栏

单击“属性”栏右下角的按钮，可以展开“属性”栏；单击“属性”栏右下角的按钮，可收缩“属性”栏。双击“属性”栏内部或标题栏，可以在展开和收缩“属性”栏下半部分之间切换。

2．“插入”栏

如果单击“窗口”→“工作区布局”→“经典”命令，会在菜单栏下边显示“插入”栏（制表符状态），如图 1-2-8 所示。右击“常用”标签，调出它的快捷菜单，单击该菜单内的“显示为菜单”命令，可以将“插入”栏切换到菜单显示外观状态，如图 1-2-9 所示。单击“常用”按钮，调出它的快捷菜单，单击该菜单内的“显示为制表符”命令，可以将“插入”栏切换到制表符显示外观状态，如图 1-2-8 所示。

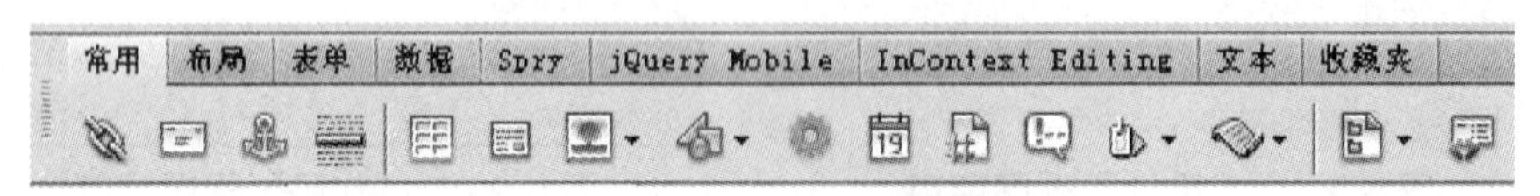

图1-2-8　“插入”栏（制表符状态）

图1-2-9　“插入”栏（菜单状态）

拖动“插入”栏内左边图标到右下方，使该面板独立成浮动面板，如图 1-2-10 所示。单击该面板内“常用”标签右边的黑色箭头，调出其快捷菜单，单击该菜单内的一个对象类型名称或图标，可以调出相应类型中各对象的名称所组成的“插入”面板。例如，单击该菜单内的“布局”对象类型名称，可以调出由一些“布局”对象名称组成的“插入”面板。

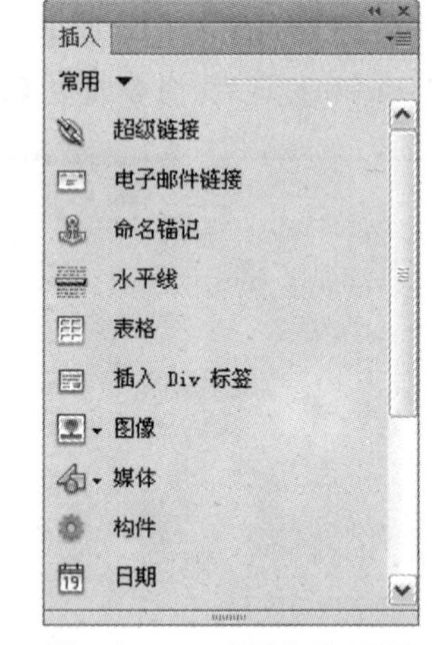

图1-2-10　“插入”面板

在制表符状态下，有 9 个标签，每个标签内有多个对象类型名称和图标。单击标签可以切换选项，单击“插入”面板内的对象类型名称或图标，或者拖动对象类型名称或图标到文档窗口中，可将相应的对象插入到网页中。对于有些对象，会调出一个对话框，进行设置后，单击“确定”按钮，即可插入对象。

如果在插入对象的同时按住【Ctrl】键，就可以不调出对话框，直接插入一个空对象。以后要给该空对象进行设置，可双击该对象或在其“属性”栏内进行设置。

在菜单状态下，单击左边的箭头按钮，调出它的菜单，其内有 9 个与插入对象有关的命令，单击命令后，其右边会出现相关的按钮，单击按钮后即可进行相关操作。一般人们习惯使用制表符状态的“插入”栏。

1.3　面板基本操作和“历史”面板

1.3.1　面板的基本操作

1．面板的折叠 / 展开和位置调整

（1）面板的位置调整：拖动面板组标题栏，可以移动面板组；拖动面板标题栏或面板标签，可以移动面板，如果面板在面板组内，可以移出该面板组，成为独立的面板，如图 1-3-1 所示。如果将面板拖动到其他面板组或面板内，如图 1-3-2 所示，可以将被拖动的面板加入该面板组或面板，构成一个新面板组，如图 1-3-3 所示。

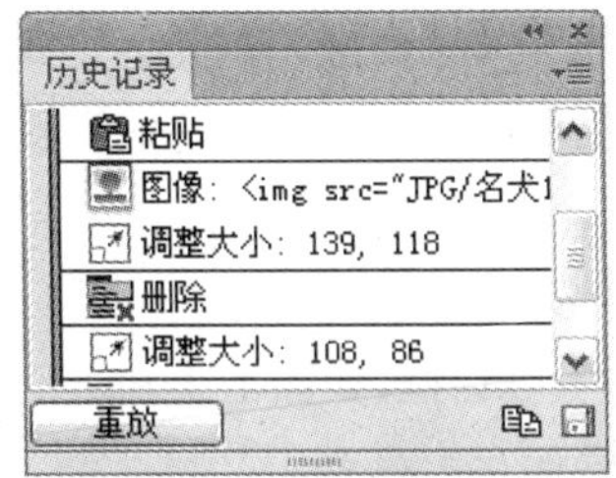

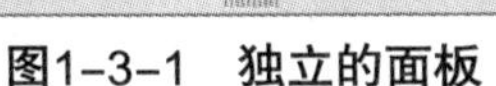
图1-3-1　独立的面板

图1-3-2　将面板拖动到其他面板

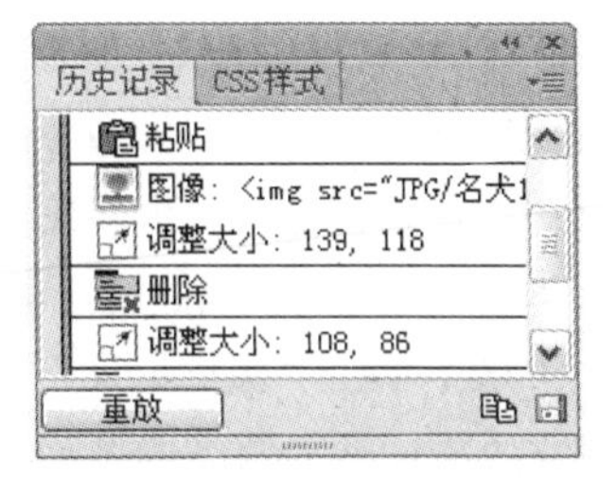

图1-3-3　构成面板组

（2）面板的折叠 / 展开：Dreamweaver CS6 有一些功能强大的面板。单击面板组中的面板标签，可以切换到相应的面板。单击面板组或面板右上角的按钮，可以将面板组或面板收缩，如图 1-3-4 所示。单击面板组或面板右上角的按钮，可以将面板组或面板展开。双击收缩的面板组或面板标题栏，可以将面板和面板组展开；单击展开的面板组或面板标题栏，可以将面板组或面板收缩。

2．面板的大小调整与关闭

（1）调整面板的大小：将鼠标指针移到面板的边缘，当鼠标指针变成双向箭头时，单击并拖动面板的边框，达到所需的大小后松开左键即可。

（2）关闭面板：单击面板（组）标题栏右上角的按钮，或右击面板标题栏，调出它的快捷菜单，如图 1-3-5 所示，单击其内的“关闭”命令，都可以关闭面板组；单击该菜单内的“关闭标签组”命令，可关闭当前面板。单击面板内右上角的按钮，可调出它的面板菜单，如图 1-3-6 所示，利用该菜单也可以关闭面板和面板组。单击“窗口”→“××”（面板名称）命令，使该命令取消，也可以关闭指定的面板。

图1-3-4　面板组收缩

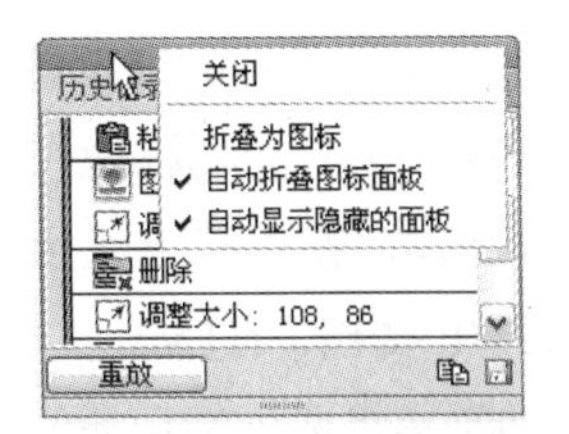

图1-3-5　面板快捷菜单

图 1-3-6　面板菜单

1.3.2 “历史”面板

单击“窗口”→“历史记录”命令，可以调出“历史记录”面板。

1．撤销和重复操作

（1）“历史记录”面板记录了每一步操作，如图 1-3-7 所示。利用它可以撤销一些操作。例如，要返回第 1 步操作效果时，只需将该面板内左侧的指针拖动至第 2 步操作即可。

另外，单击“编辑”→“撤销”命令，可以撤销刚刚进行的操作，单击“编辑”→“重做”命令，可以重复刚刚撤销的操作。

（2）重复操作：按住【Ctrl】键，单击选中该面板内的2条需要重复的步骤，如图1-3-8所示。也可以拖动选中需要执行的步骤，再单击该面板中的“重放”按钮。

2. 自定义命令

利用“历史记录”面板重复步骤只能应用于同一个文件内的对象，如果要应用到其他文件，可以将这些步骤保存为命令，在其他文件中即执行“命令”菜单中的相应命令，调用这些步骤。利用“历史记录”面板自定义命令的方法如下：

（1）按住【Ctrl】键，单击选中“历史记录”面板中需要保存的步骤。

（2）单击“历史记录”面板内右下角按钮，调出“保存为命令”对话框，如图1-3-9所示。在文本框中输入命令的名称。再单击“确定”按钮，即可将选中步骤保存为命令。

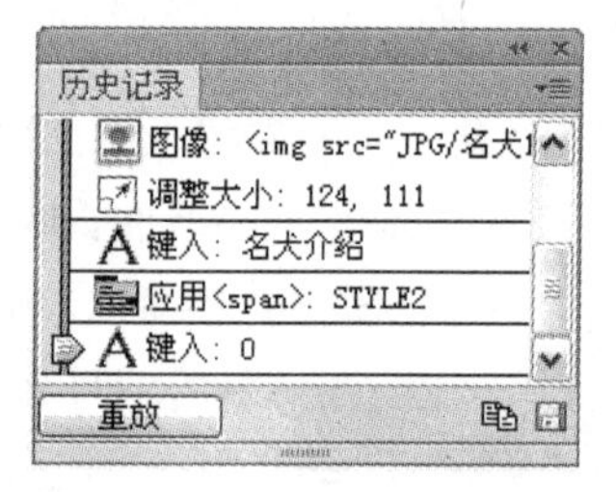

图1-3-7 “历史记录”面板

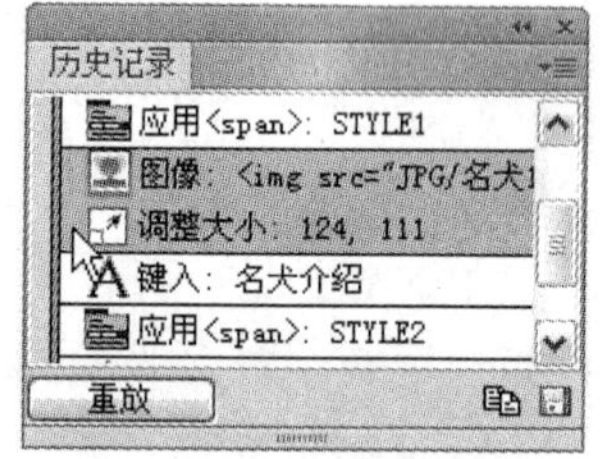

图1-3-8 选择2条操作

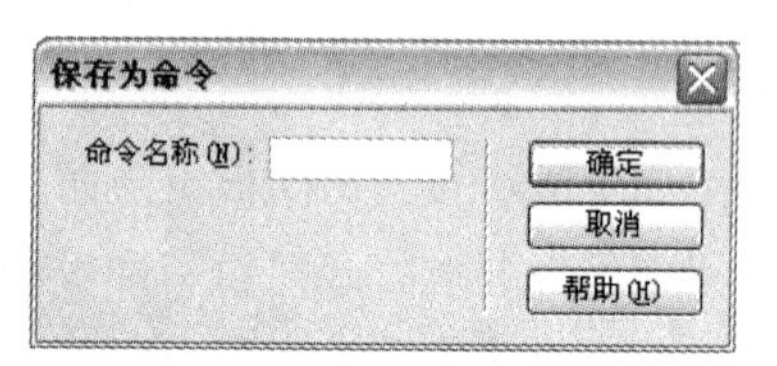

图1-3-9 “保存为命令”对话框

（3）这时在“命令”菜单中就可以看到刚刚命名的命令，以后就可以像使用系统命令那样使用这个自定义命令了。

删除自定义命令：单击“命令”→“编辑命令列表”命令，调出“编辑命令列表”对话框，可以修改自定义命令名称。单击“删除”按钮，可以删除选中的命令。

1.4 网页文档的基础知识和操作

1.4.1 HTML网页文档

HTML（超文本置标语言）是一种用来制作网页文档的简单置标标识语言，它是全球广域网上描述网页内容和外观的标准。HTML使用了一些约定的标识，对WWW上的各种信息进行标注，IE等浏览器会自动将HTML标识进行翻译，在屏幕上显示出相应的内容，而标识符号不会显示出来。只要有浏览器就可以运行HTML文档。HTML文档是标准的ASCII文本文件，它由许多被称为标识（又称为标签）的特殊字符串组成。标识通常由尖括号“<”和“>”以及其中所包含的标记元素组成。

1. 输入HTML文档

使用Windows记事本软件来创建HTML文件。打开Windows的记事本软件，输入如下的HTML文档。注意：一定要在英文输入方式下输入HTML文件中的各种英文标识。

```
<HTML>
<HEAD>
<TITLE>用HTML语言编写的第一个网页——圣诞节</TITLE>
```

```
</HEAD>
<BODY BGCOLOR=#EEEE55>
<CENTER><H3 style=" color: #F00; font-size: 28px;" >用HTML语言编写的第一个网页——圣诞节</H3></CENTER>
<p><IMG SRC="GIF/T1.GIF" width="92" height="75" ALING=left>
    <B style=" font-size: 24px; color: #00F; font-weight: bold;" >圣诞节</B><BR>
</p>
<PRE style="font-size: 18px">
    圣诞节(Christmas)，这个名称是“基督弥撒”的缩写。弥撒是教会的一种礼拜仪式。圣诞节是一个宗教节。因为把它当作耶稣的诞辰来庆祝，因而又名耶诞节。这一天，世界所有的基督教会都举行特别的礼拜仪式。每年12月25日，是基督徒庆祝耶稣基督诞生的庆祝日，在圣诞节，大部分的天主教教堂都会先在12月24日的耶诞夜，亦即12月25日凌晨举行子夜弥撒，而一些基督教会则会举行报佳音，然后在12月25日庆祝圣诞节；而基督教的另一大分支——东正教的圣诞节庆祝则在每年的1月7日。
</PRE>
</BODY>
</HTML>
```

2．保存和打开网页

（1）保存网页：为了便于管理，在“D:\WEBZD1”磁盘目录下建立一个名字为“HTML网页文档”的文件夹，在该文件夹内保存各种HTML文档。再在该文件夹下建立一些文件夹，用来存储网页中的各种素材。

单击Windows的记事本软件菜单栏内的“文件”→“另存为”命令，调出“另存为”对话框，在该对话框内的“保存在”下拉列表框内选中“D:\ WEBZD1\”文件夹，在“文件名”文本框中输入“HTML1-0.htm”，注意：一定要输入HTML文档的扩展名“.htm”或“.html”。然后，单击“保存”按钮，即可保存名字为“HTML1-0.htm”的HTML文档。

（2）打开和修改网页：单击Windows的记事本软件菜单栏内的“文件”→“打开”命令。调出“打开”对话框，在“文件类型”下拉列表框中选择“所有文件”选项，选中要打开的文件“HTML1-0.htm”，单击“打开”按钮，在记事本中显示“HTML1-0.htm”网页文档的代码。以后即可修改网页。修改好网页后，单击“文件”→“保存”命令，可将修改后的代码保存。

（3）刷新网页：再将鼠标指针移到网页之上，右击鼠标，调出其快捷菜单，再单击该菜单中的“刷新”命令，即可看到修改后的网页。

3．HTML文档中基本结构标识解释

HTML语言的标识种类很多，“HTML1-0.htm”HTML文档中所用标识的含义介绍如下：

（1）<HTML>/</HTML>：它是最基本的标识，不可缺少。<HTML>表示HTML文档的开始，</HTML>表示HTML文档的结束。

（2）<HEAD>/</HEAD>：<HEAD> 与 </HEAD> 就是一对标记，称为文件头部标记，它可以提高网页文档的可读性，向浏览器提供一个信息。它可以忽略，但一般不予忽略。

（3）<BODY>/</BODY>：其内包含网页正文内容，一般不可少。

（4）<TITLE>/</TITLE>：网页的标题，它是 <HEAD>/</HEAD> 标识内不可少的标识。

（5）<BODY BGCOLOR=#RRGGBB>：使用 <BODY> 标识中的 BGCOLOR 属性，可以设置网页的背景颜色。使用的格式有以下两种。

◎ 格式 1：`<BODY BGCOLOR=#RRGGBB>`

其中，RR、GG、BB 可以分别取值为 00~FF 的十六进制数。RR 用来表示颜色中的红色成分多少，数值越大，颜色越深。GG 用来表示绿色成分多少，BB 用来表示蓝色成分多少。红、绿、蓝三色按一定比例混合，可以得到各种颜色。例如：RR =FF，GG=FF，BB=FF，则为白色；如果 RRGGBB 取值为 000000，则为黑色；RRGGBB 取值为 FF8888，则为浅红色。

◎ 格式 2：`<BODY BGCOLOR="颜色的英文名称">`

该种格式是直接使用颜色的英文名称来设定网页的背景颜色。例如：

```
<BODY BGCOLOR=blue>
```

用来设置网页的背景颜色为蓝色。

（6）<H3>/</H3>：它是正文的第三级标题标识。此外，还有第一到第六级标题标识，分别为 <H1>/</H1>、<H2>/</H2>、……、<H6>/</H6>。级别越高，文字越小。

（7）<IMG>：它是图像标识。用来加载 GIF 图像与动画。在网页中加载 GIF 动画的方法与加载 GIF 图像的方法一样。GIF 动画文件的扩展名也是 .gif，文件格式是 GIF89A 格式。制作 GIF 动画的软件有很多，例如，Photoshop 和 Fireworks 等。

（8）SRC：它是依附于其他标识的一个属性，依附于 <IMG> 标识时，用来导入 GIF 图像与动画。其格式如下：

```
<IMG SRC="图像文件的目录与文件名">  width="高度" height="高度" ALING=位置
```

其中高度和宽度用像素个数表示，位置用 left 等表示。

如果图像文件“T1.gif”在该 HTML 文档所在文件夹的 GIF 文件夹内，则应写为 <IMG SRC="GIF\T1.gif ">。如果文件的目录或文件名不对，则在浏览器中显示网页时，图像的位置处会显示一个带“×”的小方块。

width、height 和 ALING=left 分别用来设置图像宽度、高度和居左分布的属性。

（9）
：它是换行标识。表示以后的内容移到下一行。它是单向标识，没有 </BR>。

（10）<PRE>/</PRE>：它是保留文本原来格式的标识。它的作用是将其中的文本内容按照原来的格式显示。否则浏览器会自动取消文本中的空格。

（11）<B>/</B>：它是粗体标识。可使其中的文字变为粗体。

（12）<CENTER>/</CENTER >：文本回车标记。

（13）style="font-size: 24px; color: #00F; font-weight: bold;"：用来设置内联样式，文字颜色为黑色，大小为 24px，加粗风格。

4．浏览网页

（1）方法一：双击“D:\WEBZD1\HTML 网页文档”文件夹内的“HTML1-0.htm”网页

HTML 文档图标，调出浏览器窗口，同时打开选中的网页，如图 1-4-1 所示。

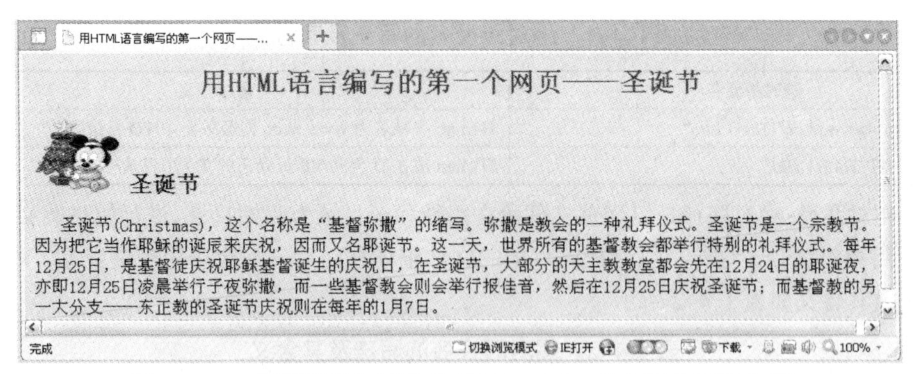

图1-4-1　在浏览器中打开“HTML1-0.htm”HTML网页文档

（2）方法二：在 Dreamweaver CS6 内打开网页，按【F12】键，可用浏览器浏览网页。

（3）方法三：单击“开始”→“运行”命令，调出“运行”对话框，如图 1-4-2（“打开”文本框内还没有内容）所示。单击“浏览”按钮，调出“浏览”对话框，如图 1-4-3 所示。选择“所有文件”文件类型，选择“D:\WEBZD1\HTML 网页文档”文件夹内的“HTML1-0.htm”文档，单击“打开”按钮，回到“运行”对话框，在“运行”对话框内的“打开”文本框内已有选中的文件目录与名字，如图 1-4-2 所示。单击“确定”按钮，即可在浏览器中打开选择的网页文档。

（4）方法四：双击浏览器图标，调出浏览器窗口。单击浏览器窗口内的“文件”→“打开”命令，调出“打开”对话框，与图 1-4-2 所示相似。单击“浏览”按钮，调出一个对话框，与图 1-4-3 所示相似。选择 HTML 文件，单击“打开”按钮，回到“打开”对话框。单击“确定”按钮，即可在浏览器中打开选择的网页文档。

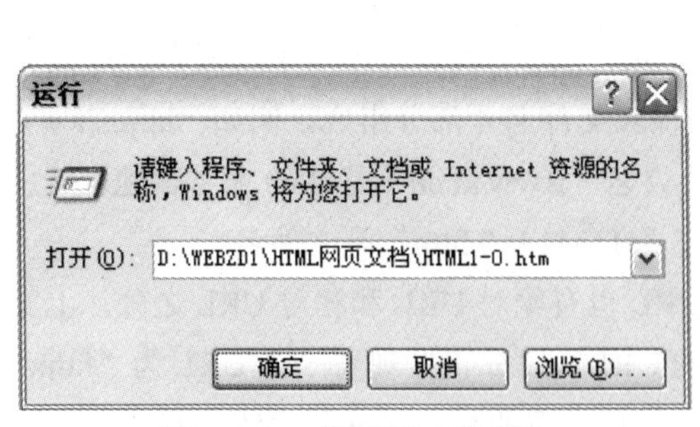

图1-4-2　“运行”对话框

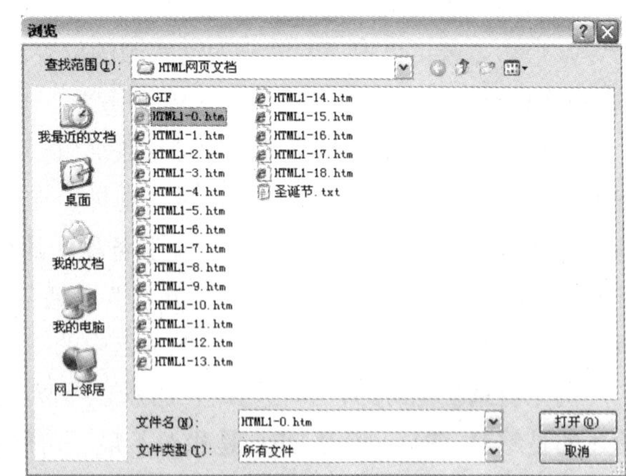

图1-4-3　“浏览”对话框

1.4.2　URL和文件的路径名

1. 文件的路径名

（1）绝对路径：绝对路径是写出全部路径，系统按照全部路径进行文件的查找。绝对路径中的盘符后用“：\”或“：/”，各个目录名之间以及目录名与文件名之间，应用“\”或“/”

分隔开。绝对路径名的写法及其含义如表 1-4-1 所示。

表1-4-1　绝对路径名的写法及其含义

绝对路径名	含　义
HREF="http://www.td.cn/TD/H1.htm"	H1.htm 在域名为 www.td.cn 的服务器中 TD 目录下
HREF="D:\YF\TD\H1.htm"	H1.htm 放在 D 盘的 YF 目录下的 TD 子目录中

（2）相对路径：相对路径是以当前文件所在路径和子目录为起始目录，进行相对的文件查找。通常都采用相对路径，这样可以保证站点中的文件整体移动后，不会产生断链现象。相对路径名的写法及其含义如表 1-4-2 所示。

表1-4-2　相对路径名的写法及其含义

相对路径名	含　义
HREF="H1.htm"	H1.htm 是当前目录下的文件名
HREF="YF/H1.htm"	H1.htm 是当前目录中“YF”目录下名为 H1.htm 的文件
HREF="YF/TD/H1.htm"	H1.htm 是当前目录中“YF/TD”目录下名为 H1.htm 的文件
HREF="../H1.htm"	H1.htm 是当前目录的上一级目录下名字为 H1.htm 的文件
HREF="../ ../H1.htm"	H1.htm 是当前目录的上两级目录下名字为 H1.htm 的文件

2．URL

在单机系统中，定位一个文件需要路径和文件名；对于遍布全球的 Internet，显然还需要知道文件存放在哪个网络的哪台主机中才行。另外，单机系统中，所有的文件都由统一的操作系统管理，因而不必给出访问该文件的方法；而在 Internet 上，各个网络，各台主机的操作系统都不一样，因此必须指定访问该文件的方法。

URL 即统一资源定位器，文件名的扩展，指出了文件在 Internet 中的位置。它存在的目的是统一 WWW 上的地址编码，给每一个网页指定唯一的地址。在查询信息时，只要给出 URL 地址，WWW 服务器就可以根据它找到网络资源的位置，并将它传送给计算机。单击网页中的链接时，就将 URL 地址的请求传送给了 WWW 服务器。

一个完整的URL地址通常由通信协议名（访问该资源所采用的协议，即访问该资源的方法）、Web 服务器地址（存放该资源主机域名地址，在 Internet 上，主机名可以用主机域名地址或 IP 地址，通常以字符形式出现）、文件在服务器中的路径和文件名 4 部分组成。例如“http://www.td.cn/YF/TD/HTML1-0.htm”，其中“http://”是通信协议名，“www.td.cn”是 Web 服务器地址（主机域名地址），“/YF/TD/”是文件在服务器中的路径，“HTML1-0.htm”是文件名。

与单机系统绝对路径和相对路径的概念类似，URL 也有绝对 URL 和相对 URL 之分。上文所述的是绝对 URL。相对 URL 是相对于最近访问的 URL。比如正在观看一个 URL 为“http://www.td.cn/YF/TD/HTML1-0.htm”的文件，如想看同一目录下的另一个文件“HTML1-1.htm”，可直接使用“HTML1-1.htm”，这时“HTML1-1.htm”就是一个相对 URL，它的绝对 URL 为“www.td.cn/YF/TD/ HTML1-1.htm”。

1.4.3　文档基本操作和页面属性设置

1．文档基本操作

（1）新建网页文档：1.1.2 节中介绍了新建网页文档的几种方法，这里不再赘述。

（2）打开网页文档：单击“文件”→“打开”命令，调出“打开”对话框。在其内选中要打开的HTML文档，单击“打开”按钮，即可打开选定的HTML文档。另外，单击图1-1-1所示欢迎界面内的“打开”链接打开...，也可调出“打开”对话框。

（1）保存网页文档：单击“文档”→“保存”命令，可以以原名称保存当前的文档。

（2）更名网页文档：单击“文档”→“另存为”命令，即可调出“另存为”对话框。利用该对话框可以将当前的文档以其他名字保存。

（3）保存正在编辑的所有文档：单击“文档”→“保存全部”命令，可将正在编辑的所有文档以原名保存。

（4）关闭当前文档：单击“文档”→“关闭”命令，即可关闭打开的当前文档。如果当前文档在修改后没有存盘，则会调出一个提示对话框，提示用户是否保存文档。

（5）关闭所有文档：单击“文档”→“全部关闭”命令，即可关闭所有打开的文档。

2. 页面属性设置

将鼠标指针移到网页文档窗口的空白处右击，调出一个快捷菜单，再单击快捷菜单内的“页面属性”命令，调出“页面属性”对话框，如图1-4-4所示。单击网页文档内空白处，再单击“属性”栏内的“页面属性”按钮，也可以调出“页面属性”对话框。

利用“页面属性”对话框，可以设置页面的标题文本、页面字体、页面背景色或图像、页面大小与位置、背景图像的透明度等。设置网页参数的方法简介如下：

（1）背景颜色设置：单击“背景颜色”按钮，会调出一个颜色面板，如图1-4-5所示。利用该颜色面板可以设置网页的背景颜色。

图1-4-4　“页面属性”对话框

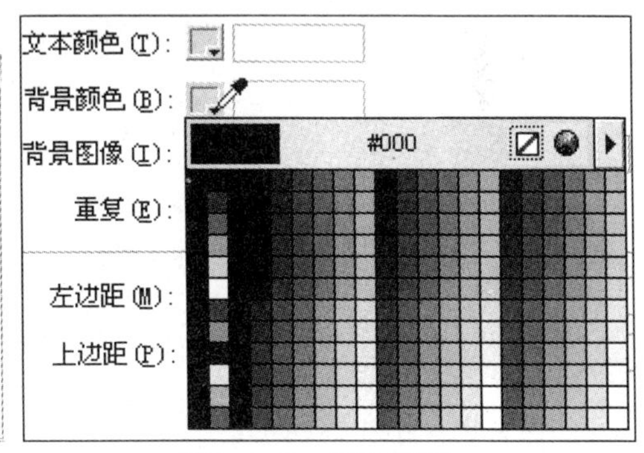

图1-4-5　颜色面板

单击颜色面板中的按钮，可设置为无背景色。单击按钮，调出一个面板菜单，单击其中的命令，可以更换颜色面板中色块的颜色。如果在颜色面板中没有找到合适的颜色，可以单击颜色面板右上角的图标，调出Windows的“颜色”对话框，如图1-4-6所示，利用该对话框可以设置所需要的颜色。

（2）背景图像设置：单击“页面属性”（外观）对话框中“背景图像”文本框右边的“浏览”按钮，调出“选择图像源文件”对话框，如图1-4-7所示。利用该对话框选择网页背景图像，再单击“确定”按钮，即可给网页背景填充选中的图像。如果图像文件不在本地站点的文档夹内，则单击“确定”按钮后，会提示用户将该图像文档复制到本地站点的图像文件夹内。

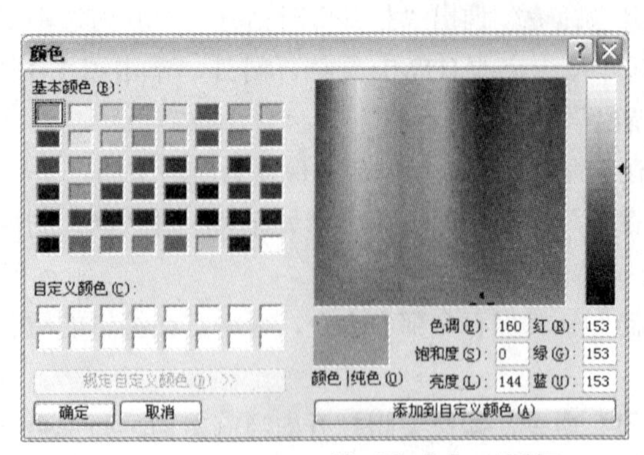

图1-4-6　Windows的“颜色”对话框

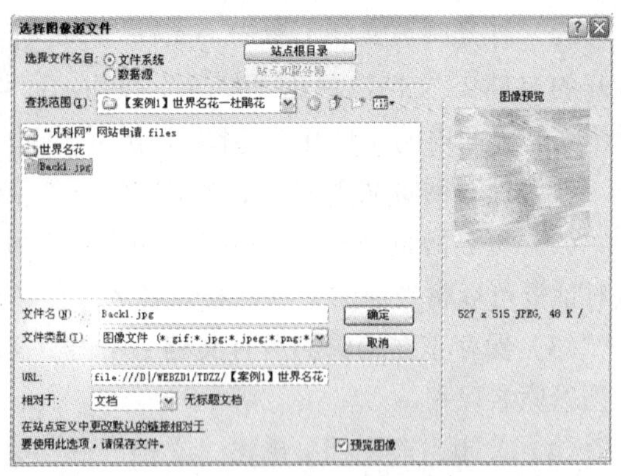

图1-4-7　“选择图像源文件”对话框

（3）文本颜色设置：单击“文本颜色”按钮，会调出一个颜色面板，利用它可以设置文本颜色，其方法与设置背景颜色的方法一样。

（4）页面4个方向的边距设置：通过4个文本框可以设置页面4个方向的边距，单位为像素。

（5）页面文本的字体和大小设置：利用该对话框中的“页面字体”和“大小”下拉列表框可以设置页面中文本的字体和文本大小。

（6）页面文字设置：选中“分类”列表框中的“标题/编码”选项，此时的“页面属性”对话框如图1-4-8所示。利用该对话框可以设置网页标题、文档的类型和网页的编码等，在对话框底部还显示“站点”文件夹的位置等信息。

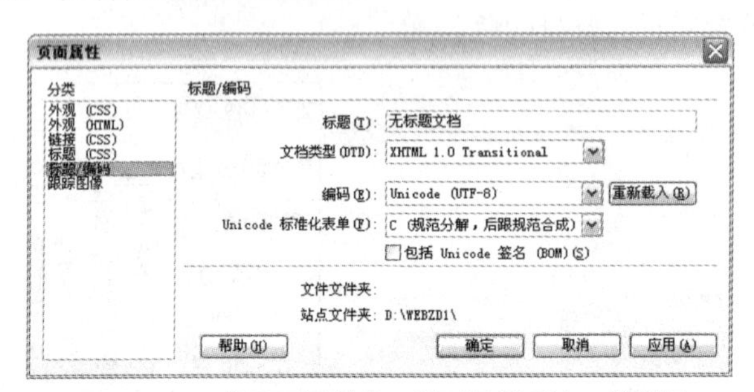

图1-4-8　“页面属性”（标题/编码）对话框

（7）标题大小和颜色设置：选择“页面属性”对话框中“分类”列表框中的“标题”选项，此时“页面属性”（标题）对话框如图1-4-9所示。在“标题字体”下拉列表框中选择一种标题的字体（此处选择“(同页面字体)”选项），在“标题1”至“标题6”栏可以设置标题的大小和颜色。

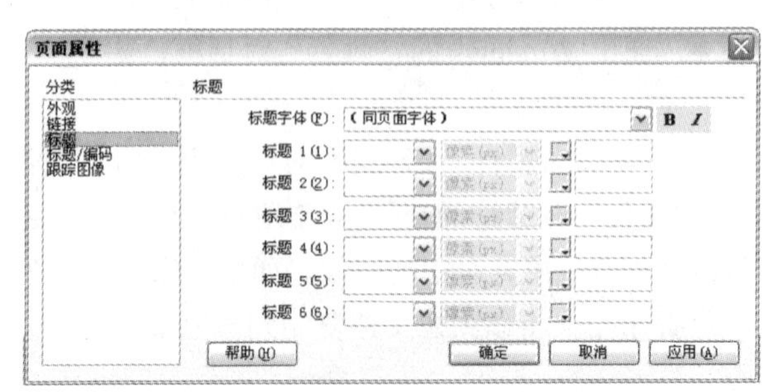

图1-4-9　“页面属性”（标题）对话框

（8）链接字属性的设置：选择“页面属性”对话框中“分类”列表框中的“链接”选项，此时切换到“页面属性”（链接）对话框。可以利用该对话框内的“链接字体”下拉列表框和“链接颜色”文本框设置链接字（热字）的字体、大小、风格、颜色等。“变换图像链接”文本框的作用是当图像不能显示时，页面将显示设置的颜色。“已访问链接”文本框的作用是设置单击后链接字的颜色。“活动链接”文本框的作用是设置获得焦点的链接字的颜色。“下画线样式”作用是设置链接字的下画线样式。

（9）跟踪图像属性设置：选择“页面属性”对话框中“分类”列表框中的“跟踪图像”选项，此时切换到“页面属性”（跟踪图像）对话框。利用该对话框可以设置跟踪图像的属性，跟踪图像也称为描图。“跟踪图像”文本框用来设置在页面编辑过程中使用描图图像的地址和名称。“透明度”标尺的作用是调整描图的透明度。

思考与练习1-1

1．填空

（1）Dreamweaver CS6 的工作区主要由________、________、________、________、________、________、________、________、________和________等组成。

（2）单击“________”→“________”命令，可以显示面板组和“属性”栏。单击“________”→“________”命令，可以显示或隐藏面板组和“属性”栏。

（3）单击“________”→“________”命令，可以打开或关闭“属性”栏。

（4）文档窗口主要有________、________和________3 种视图窗口。

（5）单击“________”→“________”→“________”命令，可在显示和隐藏网格之间切换。

（6）URL 的含义是____________，它是________上的地址编码，指出了文件在________中的位置。一个完整的 URL 地址通常由________、________、________和________4 部分组成。

（7）绝对路径是________路径，系统按照________进行文件的查找。相对路径是以________________为起始目录，进行相对的文件查找。

（8）HTML 文件是标准的________文件，它由许多被称为________的特殊字符串组成。

2．回答问题

（1）打开浏览器同时观看网页有几种方法？如何操作？

（2）安装和启动中文 Dreamweaver CS6，进入“设计人员”风格的中文 Dreamweaver CS6 工作区。调整面板，再将新的 Dreamweaver CS6 工作区以名称“我的工作区 1”保存。

（3）在 Dreamweaver CS6 内，打开“CSS 样式”、“框架”和“历史记录”面板，将这 3 个面板组成一个面板组，然后关闭这 3 个面板组成的面板组。

（4）用记事本软件创建一个简单的“自我介绍”网页。通过该网页介绍自己的简历，还有自己的照片等资料。

第2章　插入文字、图像和表格

本章通过完成 4 个案例，掌握在网页文档中输入和编辑文本、插入和编辑图像、图文混排、翻转图像、拼图等操作方法和技巧，初步掌握创建图文并茂的网页文档的方法。

2.1 案例1 “世界名花——杜鹃花”网页

 案例效果和操作

“世界名花——杜鹃花”网页是“世界名花”网站中的一个网页，“世界名花——杜鹃花”网页的显示效果如图 2-1-1 所示。可以看出，该网页内有一幅杜鹃花图像以及有关杜鹃花的文字介绍。这些文字可以在 Dreamweaver CS6 内通过键盘直接输入，也可以将 Word 中的文字复制到剪贴板中，再粘贴到 Dreamweaver CS6 内网页文档窗口内，然后再进行文字属性设置和修改。除了设置颜色、文字大小和字体等属性外，还需要修改标题，一些文字需要进行移动和复制等操作。通过制作该网页，可以掌握创建网页内的文本、编辑文本、网页内插入图像的基本方法。

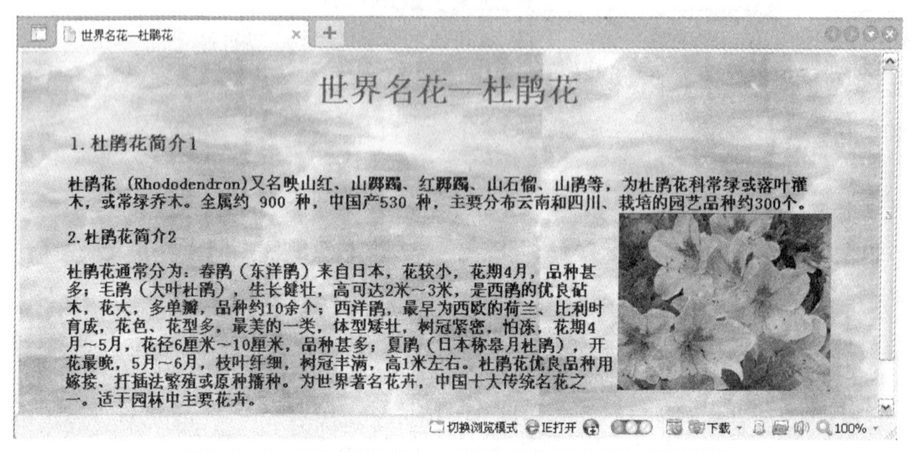

图2-1-1 “世界名花——杜鹃花”网页的显示效果

1．输入文字

（1）启动中文 Dreamweaver CS6，单击“文件”→“新建”命令，调出“新建文档”对话框，如图 1-1-6 所示。选中左边栏内的“空白页”选项，在“页面类型”栏内可选中“HTML”选项，单击“创建”按钮，创建一个空页面。

然后，将网页以名称“世界名花——杜鹃花 .htm”保存在“D:\WEBZD1\TDZZ\【案例 1】世界名花——杜鹃花”文件夹内。

（2）切换到网页文档的“设计”视图窗口，单击文档窗口内部，单击“属性”栏内的“页面属性”按钮，调出“页面属性”对话框，如图 2-1-2 所示。利用该对话框导入一幅“Back1.jpg”纹理图像，作为网页的背景图像；设置网页标题文字为“世界名花——杜鹃花”。“Back1.jpg”图像存放在“D:\WEBZD1\TDZZ\【案例 1】世界名花——杜鹃花\世界名花”文件夹中，

本网页用到的其他图像也保存在该文件夹内。

图2-1-2　“页面属性”对话框

（3）单击网页文档窗口内部，输入“世界名花——杜鹃花”文字，然后拖动选中这些文字，如图 2-1-3 所示。

图2-1-3　鼠标拖动选中文字

（4）在文字的“属性”栏内，单击按下“HTML”按钮，在“格式”下拉列表框中选择“标题 1”选项，使文字为标题 1 格式，如图 2-1-4 所示。单击按下“CSS”按钮，单击“文本颜色”按钮，调出颜色面板，设置文字的颜色为红色；单击“居中对齐”按钮，使文字居中排列；单击按钮，使文字加粗。此时的“属性”栏设置如图 2-1-5 所示。

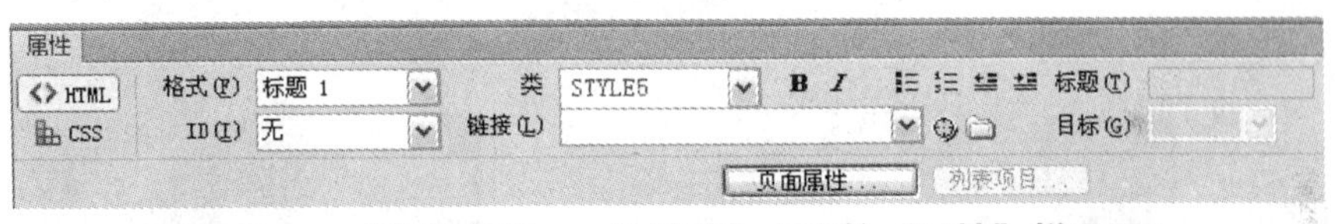

图2-1-4　“世界名花——杜鹃花”文字的“属性”栏设置1

图2-1-5　文字的“属性”栏设置2

（5）按【Enter】键，输入文字“1. 杜鹃花简介 1”，拖动选中这些文字，在文字的“属性”栏内，在“格式”下拉列表框中选择“标题 3”选项，使文字为标题 3 格式；单击“文本颜色”按钮，调出颜色面板，利用它设置文字的颜色为蓝色。

（6）按【Enter】键，将 Word 文档中关于“杜鹃花”的文字复制到剪贴板中，再将剪贴板中的文字粘贴到网页文档窗口内的光标处，拖动选中这些文字，在文字的“属性”栏内，单击按下“HTML”按钮，在“格式”下拉列表框中选择“段落”选项，使文字为段落格式。单击按下“CSS”按钮，单击“文本颜色”按钮，调出颜色面板，利用它设置文字的颜色为蓝色；在“大小”下拉列表框中选择“16”选项，使文字大小为 16 px；在“字体”下拉列表框中选择“宋体”选项，使文字字体设置为宋体。此时，“属性”栏设置如图 2-1-6 所示。

按照上述方法，继续创建其他文字，进行这些文字的属性设置。“1. 杜鹃花简介 2”文字的输入与设置方法与“1. 杜鹃花简介 1”文字的设置一样。

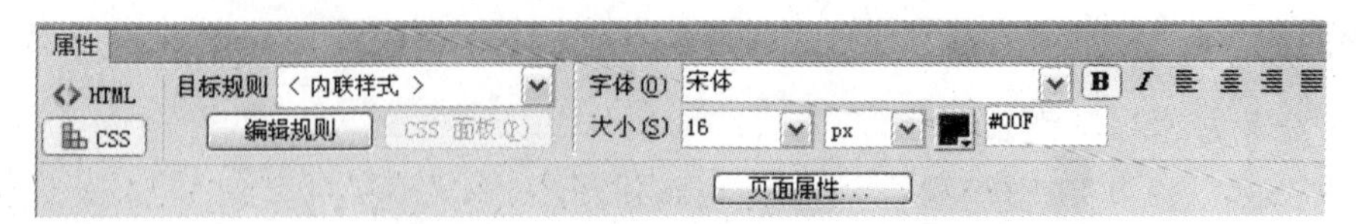

图2-1-6　段落文字的“属性”栏设置

2．插入图像

（1）拖动“插入”（常用）面板内的按钮到网页内，可以调出“选择图像源文件”对话框，如图 2-1-7 所示。在该对话框内选中“世界名花”文件夹中的“杜鹃花 .jpg”图像文件，“相对于”下拉列表框中选择“文档”选项，在 URL 文本框内会给出该图像文件相对于当前网页文档的路径和文件名，然后单击“确定”按钮，即可将选定的图像插到页面的光标处。

（2）选中插入的图像，拖动图像，调整它的位置；拖动图像四周的黑色方形控制柄，调整它的大小。此时，插入的图像如图 2-1-8 所示。

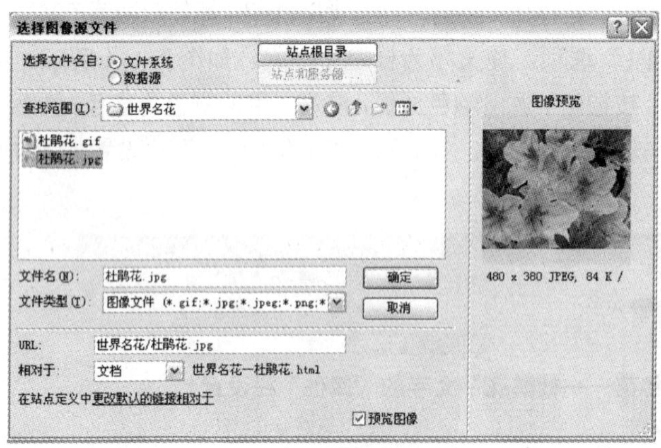

图2-1-7　“选择图像源文件”对话框

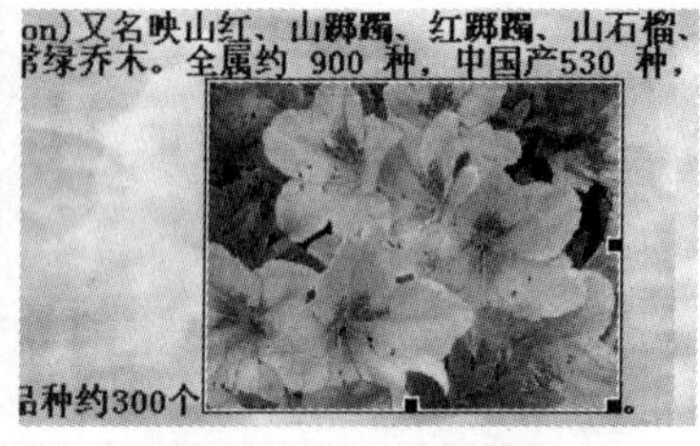

图2-1-8　插入的图像

（3）右击插入的图像，调出它的快捷菜单，将鼠标指针移到该菜单内的“对齐”命令上，调出其子菜单，如图 2-1-9 所示。单击该菜单内的“右对齐”命令，此时的图像和文字关系如图 2-1-10 所示。

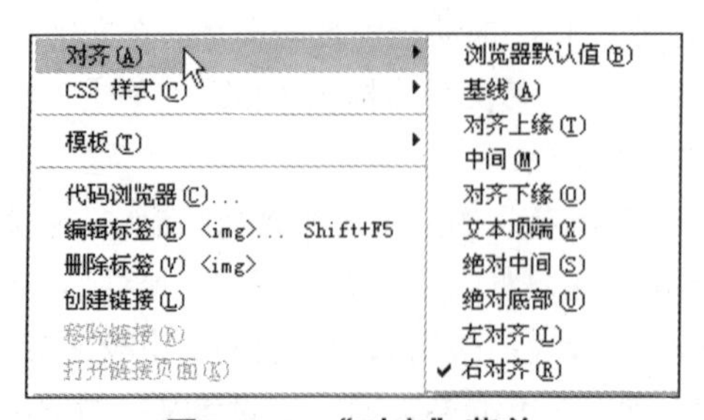

图2-1-9　“对齐”菜单

图2-1-10　右对齐后的图像

然后，将“世界名花—杜鹃花 .htm”网页保存在“世界名花—杜鹃花”文件夹内。

相关知识——创建和编辑网页文本

1．创建网页文字的其他方法

（1）键盘输入文字：最简单和最直接的输入方法是通过键盘输入。在Dreamweaver CS6“设计”视图窗口中，对文本的许多操作与在Word中的操作基本一样。例如，选取文字、删除文字和复制文字等。在网页文档的窗口内，拖动选中的文字，可以移动文字；按住【Ctrl】键的同时拖动选中的文字，可以复制文字。还可以采用剪贴板进行复制与移动。

在“设计”视图窗口中，直接按【Enter】键的效果相当于插入代码<p>（从状态栏的左边可以看出），除了换行外，还会多空一行，表示将开始一个新的段落。如果觉得这样换行后间距过大，可在输入文字后，按【Shift+Enter】组合键，这相当于插入代码
，表示一个新行将产生在当前行的下面，但仍属于当前段落，并使用该段落的现有格式。

（2）复制粘贴文字：在其他窗口中选中一些文本，按【Ctrl+C】组合键，将文字复制到剪贴板上；然后，回到Dreamweaver CS6“设计”视图，按【Ctrl+V】组合键，将其粘贴到光标所在位置，不仅可以保留文字，还可以保留段落的格式和文字的样式。

（3）利用Microsoft Word制作的网页：启动Microsoft Word，打开要转换为网页的Word文档，单击“文件”→“另存为”命令，调出“另存为”对话框，在该对话框的“保存类型”下拉列表框中选择“网页”或“筛选过的网页”选项，将打开的Word文档（可以包含文字与图像）保存成扩展名为“.htm”或“.html”的HTML格式网页文件。

然后，单击“命令”→“清理Word生成的HTML”命令，调出“清理Word生成的HTML”对话框，如图2-1-11所示。单击“确定”按钮后，系统自动对Word生成的HTML格式文件进行清理和优化。然后调出一个如图2-1-12所示的信息对话框，单击“确定”按钮。完成文件清理和优化任务，使网页文件的字节数减少。

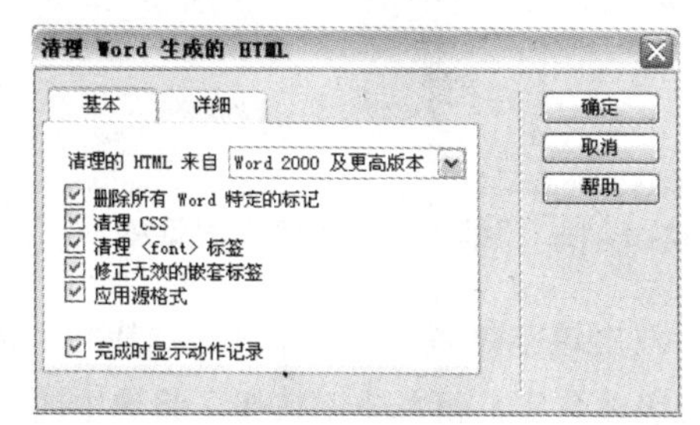

图2-1-11　“清理Word生成的HTML”对话框

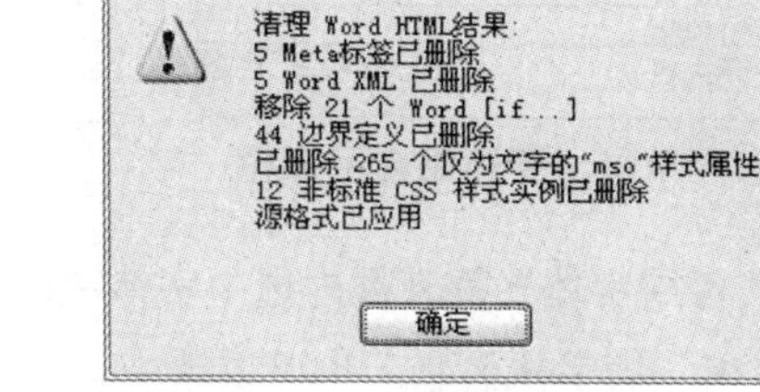

图2-1-12　信息对话框

（4）使用“插入”（文本）面板：单击“插入”工具栏中的“文本”标签，切换到“文本”面板，如图2-1-13所示。

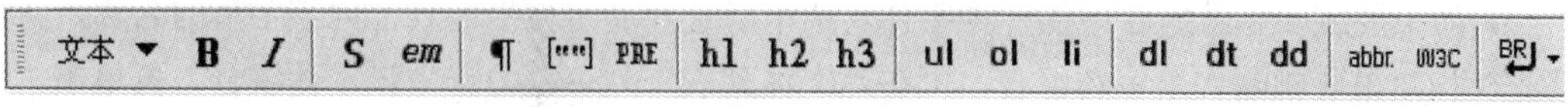

图2-1-13　“插入”（文本）面板

2．文本属性的设置

文本的属性（标题格式、字体、字号、大小、颜色、对齐方式、缩进和风格等）可以由文本“属性”栏和“格式”菜单来设定。单击按下“HTML”按钮后，文本“属性”栏如图2-1-4所示；

单击按下“CSS”按钮后，文本“属性”栏如图 2-1-5 所示。

（1）文字标题格式的设置：根据 HTML 代码规定，页面的文本有 6 种标题格式，它们所对应的字号大小和段落对齐方式都是设置好的。在“格式”下拉列表框内，可以选择各种格式，其中各选项的含义如下所述。

◎“无”选项：无特殊格式的规定，仅决定于浏览器本身。

◎“段落”选项：正文段落，在文字的开始与结尾处有换行，各行的文字间距较小。

◎“标题 1”至“标题 6”选项：设置标题 1 至标题 6，约为中文 1~6 号字大小。

◎“预先格式化的”选项：设置预定义的格式。

（2）创建字体组合：Dreamweaver CS6 使用字体组合的方法，取代了简单地给文本指定一种字体的方法，字体组合是多个不同字体依次排列的组合。在设计网页时，可给文本指定一种字体组合。在网页浏览器中浏览该网页时，系统会按照字体组合中指定的字体顺序自动寻找用户计算机中安装的字体。采用这种方法可以兼容各种浏览器和安装不同操作系统的计算机。

◎ 单击“字体”下拉列表框的按钮，可以选择 Dreamweaver 提供的各种字体组合选项，如图 2-1-14 所示。单击某一个字体组合的名称，即可设置该字体组合。

◎ 单击图 2-1-14 所示的字体组合列表框中的“编辑字体列表”选项，调出“编辑字体列表”对话框，如图 2-1-15 所示。选中该对话框中“字体列表”列表框内的“（在以下列表中添加字体）”选项。

图2-1-14　字体组合列表框

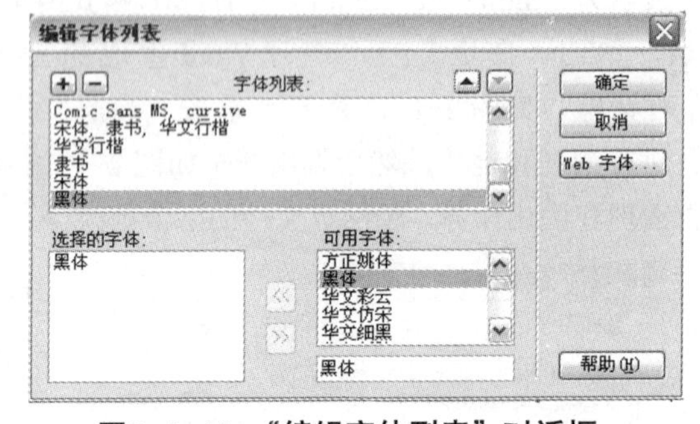

图2-1-15　“编辑字体列表”对话框

◎ 在“可用字体”列表框内选中字体，然后双击该字体名称，即可在“选择的字体”列表框内显示出相应的字体名字；也可以选中某一个字体名字，再单击按钮，将选中的字体添加到“选择的字体”列表框内。

按照上述方法，依次向“选择的字体”列表框内加入字体组合中的各种字体。同时，在“字体列表”列表框内最下边会显示出新的字体组合。单击“确定”按钮，即可完成字体组合的创建。

◎ 如果要删除字体组合中的一种字体，选中“选择的字体”列表框内该字体的名称，再单击按钮；如果要删除一个字体组合，可在“字体列表”列表框内选中该字体组合，再单击“编辑字体列表”对话框中的按钮。

◎ 如果要增加字体组合，可以单击“编辑字体列表”对话框中的按钮，在“字体列表”列表框内会增加“（在以下列表中添加字体）”选项。

（3）文字其他属性设置：利用“属性”栏，可以设置文字的大小、颜色、对齐方式、缩进和风格等属性，设置方法如下所述。

◎ 文字大小设置：在“属性”（CSS）栏中，选中“大小”下拉列表框中的一个数字，即可完成文字大小的设置。数字越大，文字也越大。在“大小”下拉列表框中还可以通过选择“xx-small”（极小）到“xx-large”（极大）以及“smaller”（较小）和“large”（较大）列表项的方法设置文字的大小。

◎ 文字颜色设置：单击文字“属性”（CSS）栏内的“文本颜色”按钮，调出颜色面板，利用它可以设置文字的颜色。

◎ 文字风格设置：选中网页中的文字，单击“粗体”按钮，即可将选中的文字设置为粗体；单击“斜体”按钮，即可将选中的文字设置为斜体。

利用命令也可以改变文字风格。单击“格式”→“样式”命令，调出“样式”菜单，单击该菜单内的一个文字风格命令，可以将选中的文字样式做相应的改变。

◎ 文字缩进设置：要改变段落文字的缩进量，可以选中文字，再单击文字“属性”栏内的（减少缩进，向左移两个单位）按钮或（增加缩进，向右移两个单位）按钮。

◎ 文字对齐设置：文字对齐是指一行或多行文字在水平方向对齐。在选中页面内的文字后，单击文字“属性”栏内的（左对齐）、（居中对齐）、（右对齐）和（两端对齐）按钮即可对齐文字。如果文字直接输入到页面中，则会相对浏览器的边界线对齐。

◎ 文字样式的设置：在“样式”下拉列表框中单击“管理样式”项目，可以调出“编辑样式表”对话框。单击“新建”按钮可以为文字添加样式。

3．文字的列表设置

（1）设置列表：

◎ 设置无序列表和有序列表：选中要排列的文字段，单击文字“属性”栏（HTML）内的按钮，可设置无序列表；选中要排列的文字段，单击按钮，可设置有序列表。

◎ 定义列表方式：选中要排列的文字段，再单击“格式”→“列表”→“定义列表”命令。采用这种列表方式的效果是：奇数行靠左，偶数行向右缩进，如图 2-1-16 所示。

（2）修改列表属性：

◎ 首先将列表的文字按照无序或有序列表方式进行列表。然后将光标移到列表文字中，再单击“格式”→“列表”→“属性”命令，调出“列表属性”对话框，如图 2-1-17 所示。

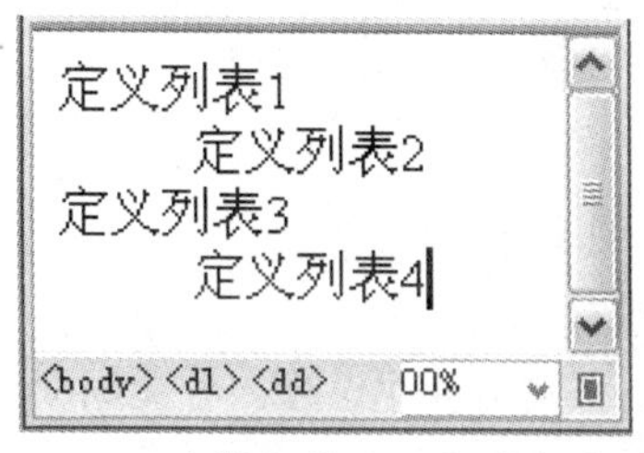

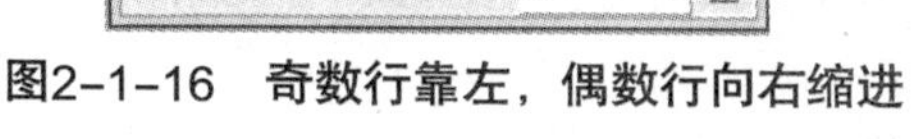

图2-1-16　奇数行靠左，偶数行向右缩进

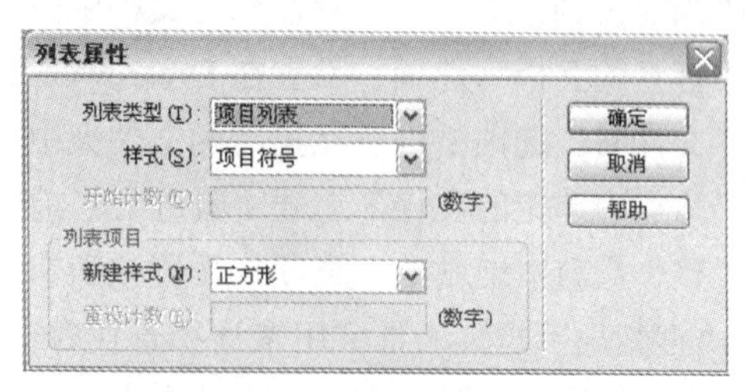

图2-1-17　“列表属性”对话框

◎ 在“列表类型”下拉列表框内选择项目列表、编号列表、目录列表和菜单列表 4 种选项之一。项目列表的段首为图案标志符号，是无序列表；编号列表的段首是数字，是有序列表。选择“编号列表”选项后，该对话框中的隐藏选项会变为有效。

◎ 在“样式”下拉列表框中可以选择列表的风格，其中各选项的含义是：“[默认]”选项是默认方式，段首标记为实心圆点；“项目符号”选项是段首标记为项目的图案符号；“正方形”

选项是段首标记为实心方块。

◎ 在“新建样式”下拉列表框中也有上述 4 个选项，用来设置光标所在段和以下各段的列表属性。

◎ 在“列表类型”下拉列表框中选择“编号列表”列表项目后，在“样式”下拉列表框中可以选择列表的风格。选择“[默认]”选项和“数字”选项，段首标记为阿拉伯数字；选择“小写罗马数字”选项，段首标记为小写罗马数字；选择“大写罗马数字”选项，段首标记为大写罗马数字；选择“小写字母”选项或“大写字母”选项，段首标记为英文小写或大写字母。

◎ 在“开始计数”文本框内可以输入起始的数字或字母，以后各段的编号将根据起始数字或字母自动排列。

◎ 在“列表属性”（编号列表）对话框的“新建样式”下拉列表框中也有上述 6 个选项，用来设置光标所在段和以下各段的列表为另一种新属性。

◎ 在“重设计数”文本框内可输入光标所在段和以下各段的列表的起始数字或字母。

4．文字的查找与替换

单击“编辑”→“查找和替换”命令，调出“查找和替换”对话框，如图 2-1-18 所示。该对话框内各选项的作用如下：

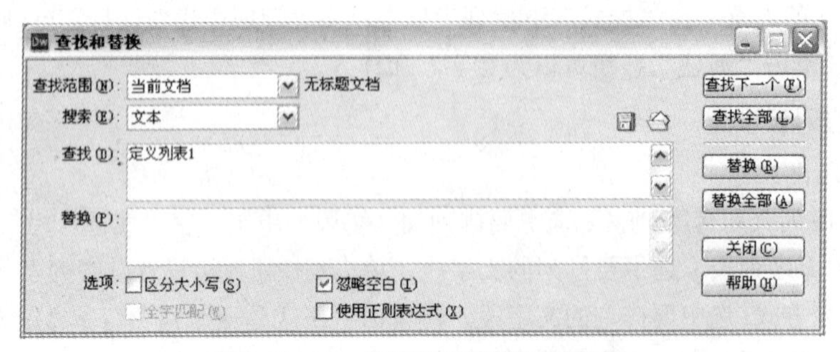

图2-1-18 “查找和替换”对话框

（1）“查找范围”下拉列表框用来选择查找的范围。其内有 6 个选项，介绍如下：

◎ “所选文字”选项：设置在当前网页中所选中的文字中查找。

◎ “当前文档”选项：设置在当前文档中查找。

◎ “打开的文档”选项：设置在 Dreamweaver 中已经打开的文档中查找。

◎ “文件夹”选项：设置在指定的文件夹中查找。

◎ “站点中选定的文件”选项：设置在当前站点选中的文件中查找。

◎ “整个当前本地站点”选项：设置在当前站点中查找。

（2）“搜索”下拉列表框：用来选择查找内容的类型。其内有 4 个选项，含义如下：

◎ “文本”选项：设置在网页中的文本中查找文本。

◎ “源代码”选项：设置在 HTML 源代码中查找文本。

◎ “文本（高级）”选项：设置用高级方式查找文本。

◎ “指定标签”：用来设置查找 HTML 标记。

（3）“查找”列表框：用来输入要查找的内容。

（4）“替换”列表框：可输入要替换的字符或选择要替换的字符。

（5）对话框的下部有 4 个复选框，其含义如下：

◎“区分大小写”：选中后，可以区分大小写。

◎“忽略空白”：选中后，可以忽略文本中的空格。

◎“全字匹配”：选中后，查找的内容必须与被查内容完全匹配。

◎“使用正则表达式”：选中后，可以使用规定的表达式。

（6）对话框右侧有 8 个按钮，部分作用如下：

◎“查找下一个”按钮：查找从光标处开始第一个要查找的字符，光标移至此处。

◎“查找全部”按钮：在指定的范围内，查找全部符合要求的字符，并在“查找和替换”对话框下边延伸出的列表内显示。双击列表内的某一项，可定位到相应字符处。

◎“替换”按钮：替换从光标处开始第一个查找到的字符。

◎“替换全部”按钮：在指定的范围内，替换全部查找到的字符。

◎ （保存）按钮：单击该按钮，会调出一个保存查找内容的对话框，输入文件名，单击“保存”按钮，即可将要查找的文字保存到文件中。

◎ （打开）按钮：单击该按钮，会调出包括查找内容文件的对话框，输入文件名，单击“打开”按钮，即可将文件中的查找文字加载到“替换”文本框内。

5．图文混排

当网页内有文字和图像混排时，系统默认的状态是图像的下沿和其所在文字行的下沿对齐。如果图像较大，则页面内的文字与图像的布局会很不协调，因此需要调整它们的布局。调整图像与文字混排的布局需要使用图像“属性”栏。

右击网页内插入的图像，调出“对齐”菜单，如图 2-1-19 所示。“对齐”菜单内有 10 个选项，用来进行图像与文字相对位置的调整。这些选项的含义如下：

◎“浏览器默认值”：使用浏览器默认的对齐方式，不同的浏览器会稍有不同。

◎“基线”：图像的下缘与文字的基线水平对齐。基线不到文字的最下边。

◎“对齐上缘”：图像的顶端与当前行中最高对象（图像或文本）的顶端对齐。

◎“中间”：图像的中线与文字的基线水平对齐。

◎“对齐下缘”：图像的下缘与文字的基线水平对齐。

◎“文本顶端”：图像的顶端与文本行中最高字符的顶端对齐。

◎“绝对中间”：图像的中线与文字的中线水平对齐。

◎“绝对底部”：图像下缘与文字底边对齐。文字底边是文字的最下边。

◎“左对齐”：图像在文字的左边缘，文字从右侧环绕图像。

◎“右对齐”：图像在文字的右边缘，文字从左侧环绕图像。

文字的顶端、文字的中线、底部、左边缘和右边缘之间的关系如图 2-1-20 所示。

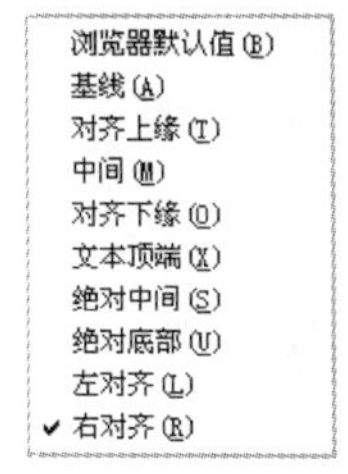

图2-1-19　“对齐”菜单

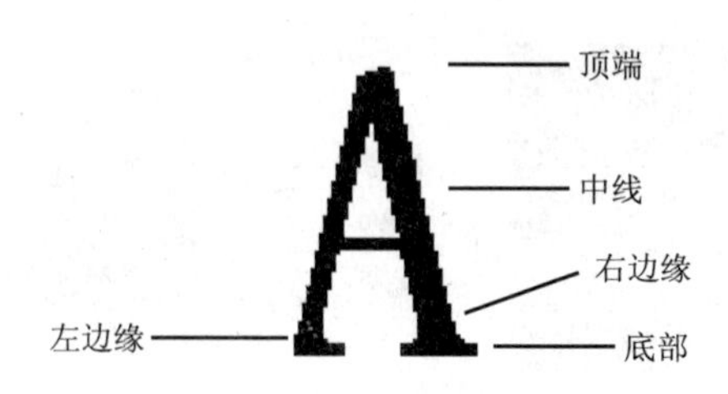

图2-1-20　文字对齐含义

思考与练习2-1

1．参考【案例 1】的制作方法，制作一个“世界名花——东方罂粟”网页，该网页也是“世界名花”网站中的一个网页，如图 2-1-21 所示。

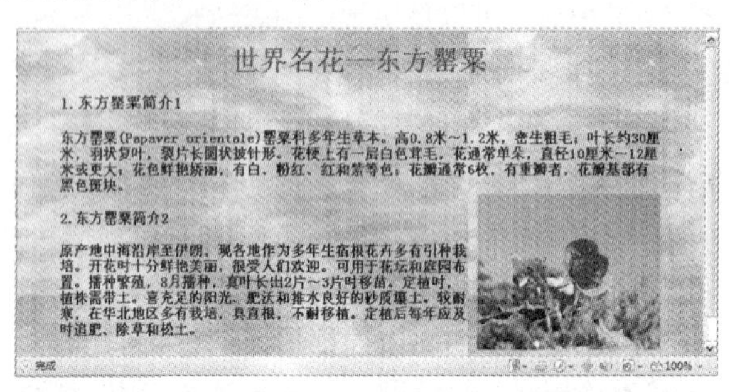

图2-1-21 “世界名花——东方罂粟”网页显示效果

2．参考【案例 1】的制作方法，制作一个“北京名胜——颐和园”网页。

2.2 案例2 “世界名花——荷花”网页

案例效果和操作

“世界名花——荷花”网页内有大量的荷花图像和相应的文字说明，显示效果如图 2-2-1 所示。当鼠标移到第 1 幅图像时，图像会翻转为另外一幅荷花图像，同时显示“这是一幅荷花图像”文字，如图 2-2-2 所示。将鼠标指针移到左起第 2 幅荷花图像时，也会显示“这是一幅荷花图像”文字；单击第 1 幅或第 2 幅荷花图像，会调出“荷花简介 .htm”网页，如图 2-2-3 所示。

图2-2-1 “世界名花——荷花”网页的显示效果

图2-2-2 图像翻转

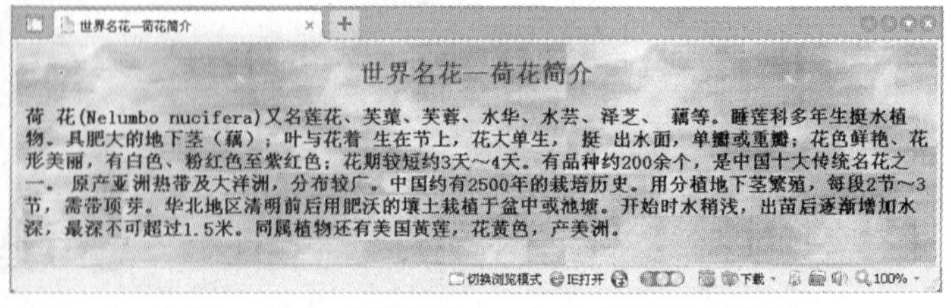

图2-2-3 “荷花简介.htm”网页显示效果

通过制作该网页，可以掌握插入图像，移动、复制和删除图像，图像的属性设置，翻转图像等基本操作方法。制作该网页的具体方法如下：

1．制作网页文字和插入图像

（1）启动 Dreamweaver CS6，单击网页文档“设计”视图窗口内部，单击“属性”栏内“页面属性”按钮，调出“页面属性”对话框。利用该对话框导入一幅“Back1.jpg”纹理图像，作为网页的背景图像；设置网页标题文字为“世界名花——荷花”。将该网页保存在“【案例 2】世界名花——荷花”文件夹内，命名为“世界名花——荷花 .htm”。

（2）按照制作“世界名花——杜鹃花”网页中文字的创建方法，在“世界名花——荷花”网页中输入文字“世界名花——荷花”标题文字和段落文字。“世界名花——荷花”标题文字采用标题 1 格式、红色、居中，段落文字采用段落格式、蓝色、18 磅。

（3）将光标定位在第 1 段文字的下边，单击“插入”（常用）栏内的按钮，调出“选择图像源文件”对话框。在该对话框中选中“世界名花”文件夹内的“荷花 1.jpg”图像，在“相对于”下拉列表框内选择“文档”选项，在 URL 文本框内会自动生成该图像文件相对于当前网页文档的路径和文件名“世界名花 / 荷花 1.jpg”，如图 2-2-4 所示。然后，单击“确定”按钮，即可将选定的图像加入到页面的光标处。

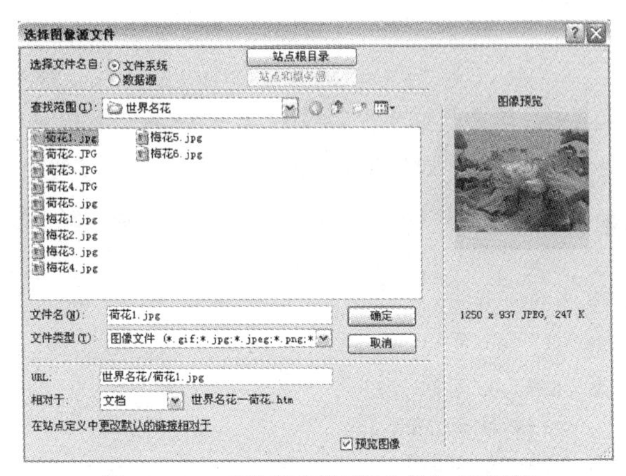

图2-2-4 “选择图像源文件”对话框

（4）按照上述方法再依次插入“世界名花”文件夹内的“荷花 2.jpg”、“荷花 3.jpg”和“荷花 5.jpg”3 幅图像。选中第 1 幅图像，在其“属性”栏内的“高”文本框中输入“160”，在“宽”文本框中输入“130”，将选中图像调整为高 160 像素，宽 130 像素。

（5）按照上述方法，调整其他 3 幅图像，使它们的高度均为 160 像素、宽度均为 130 像素。此时网页中的图像如图 2-2-5 所示。

图2-2-5 加载4幅图像并调整高度均为160像素、宽度均为130像素

（6）将光标定位在第 1 幅图像的右边，加载一幅“Back1.jpg”图像（即背景图像），在其

“属性”栏内的“高”文本框中输入“160”，在“宽”文本框中输入“60”，将选中的背景图像调整为高 160 像素，宽 60 像素。其目的是在第 1 幅和第 2 幅图像之间插入一些空，使两幅图像之间显示有一定的间隔。

（7）按【Ctrl】键并用鼠标拖动背景图像到第 2 幅图像和第 3 幅图像之间，或复制一幅背景图像到第 2 幅图像和第 3 幅图像之间。按照相同的方法，在第 3 幅图像和第 4 幅图像之间分别复制一幅背景图像。最后效果如图 2-2-6 所示。

图2-2-6　在4幅图像之间插入背景图像

（8）在 4 幅图像的下边，输入文字“荷花 hehua”，它们采用段落格式、红色、居中、18 磅大小，如图 2-2-1 所示。

（9）制作一个“荷花简介 .htm”网页，由读者自行完成，该网页保存在“【案例 2】世界名花——荷花”文件夹内。

2．制作翻转图像

（1）单击选中第 1 幅图像，单击“插入”（常用）栏“图像”下拉菜单中的“鼠标经过图像”按钮，调出“插入鼠标经过图像”对话框，如图 2-2-7 所示（还没有设置）。

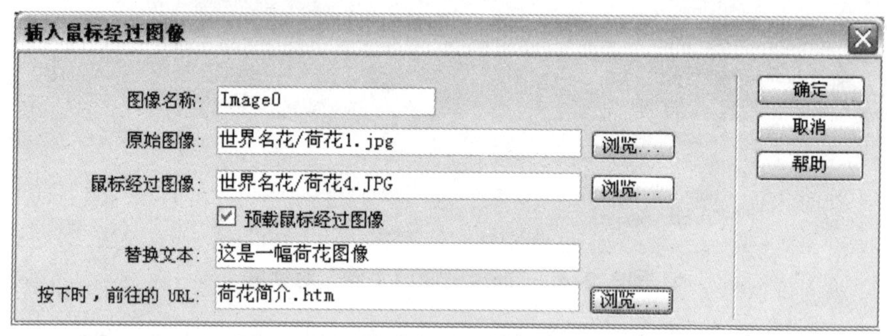

图2-2-7　“插入鼠标经过图像”对话框

（2）在“图像名称”文本框内输入“Image0”。可以使用脚本语言（JavaScript、VBScript 等）对其进行引用。

（3）单击该对话框中“原始图像”文本框右边的“浏览”按钮，调出“原始图像”对话框，利用该对话框选择一幅图像文件“荷花 1.jpg”，即加载原始图像。

（4）单击该对话框中“鼠标经过图像”文本框右边的“浏览”按钮，调出“鼠标经过图像”对话框，利用该对话框选择一幅图像文件“荷花 4.jpg”，即加载了翻转图像。

（5）选中“预载鼠标经过图像”复选框（默认状态）后，当页面在浏览器显示时，会将翻转图预先载入，而不必等到鼠标指针移到图像上时才下载翻转图，这样可使翻转图的变化连贯。通常选中该复选框。

（6）在该对话框的“替换文本”文本框中输入“这是一幅荷花图像”文字。

（7）单击“插入鼠标经过图像”对话框中“按下时，前往的 URL”文本框右边的“浏览”按钮，调出“按下时，前往的 URL”对话框，利用它选择“荷花简介 .htm”网页文件，设置该网页为与翻转图像链接的网页。

设置好的“插入鼠标经过图像”对话框如图 2-2-7 所示。单击“确定”按钮，即可制作好翻转图像。

（8）选中原来网页中的第 1 幅图像，按【Delete】键删除它。再选中新创建的翻转图像，在其“属性”栏内的“高”文本框中输入“160”，在“宽”文本框中输入“130”，将选中的背景图像调整为高 160 像素，宽 130 像素。

此时，翻转图像的“属性”栏如图 2-2-8 所示。

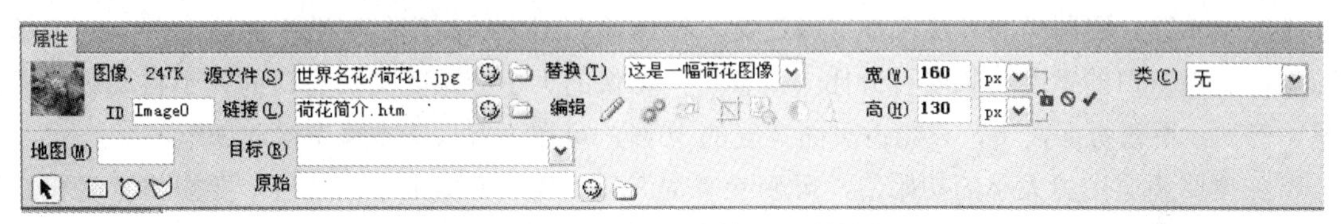

图2-2-8　翻转图像的“属性”栏

相关知识——插入图像和编辑图像

1．在网页中插入图像的方法

（1）单击“插入”（常用）栏内的“插入图像”按钮，或拖动按钮到网页内，均可以调出“选择图像源文件”对话框，如图 2-2-4 所示。如果“插入图像”按钮处显示的不是该按钮，可以单击旁边下三角按钮，调出其下拉菜单，单击该菜单中的“插入图像”按钮。

（2）选中图像文件后，在“URL”文本框内会给出该图像的路径。在“相对于”下拉列表框内，如果选择“文档”选项，则“URL”文本框内会给出该图像文件相对于当前网页文档的路径和文件名，例如：“TU/ 荷花 1.jpg”。如果选择“站点根目录”选项，则“URL”文本框内会给出以站点目录为根目录的路径，例如：“/TU/ 荷花 1.jpg”。选择“站点根目录”选项后，如果整个站点文件夹移动了位置，也不会出现断链现象。

（3）单击“确认”按钮，可关闭该对话框，并将选定的图像加入到页面的光标处。

另外，可以在 Windows 的“我的电脑”或“资源管理器”中，拖动一个图像文件的图标到网页文档窗口内，也可以将图像加入到页面内的指定位置。双击页面内的图像，将调出“选择图像源”对话框，供用户更换图像。

2．图像的移动、复制、删除和调整大小

（1）移动和复制图像：单击要编辑的图像，这时图像周围出现几个黑色方形小控制柄。拖动图像到目标点，可移动图像；按住【Ctrl】键并拖动图像到目标点，可复制图像。

（2）删除图像：选中要删除的图像，按【Delete】键。

（3）简单调整图像大小：选中要调整的图像，拖动其控制柄即可。按住【Shift】键，同时拖动图像周围的小控制柄，可以在保证图像长宽比不变的情况下调整图像大小。

3．利用图像“属性”栏编辑图像

选中页面中加入的图像后，图像的“属性”栏如图 2-2-9 所示。其设置方法如下：

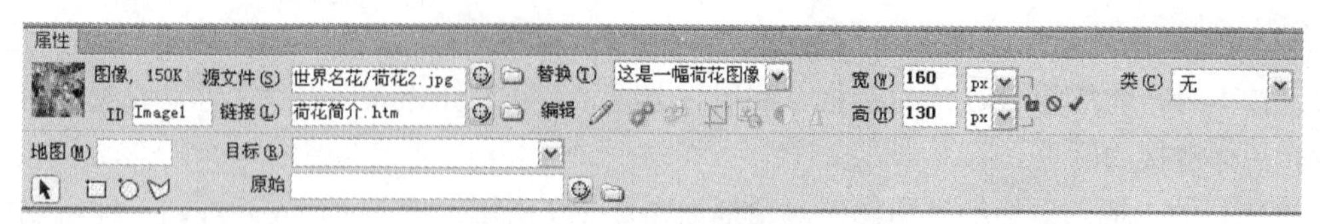

图2-2-9　图像的“属性”栏

（1）ID：在“属性”栏内左上角会显示选中图像的缩略图，右边会显示它的字节数。在ID文本框内输入图像名字，以后可以使用脚本语言（JavaScript等）对它进行引用。

（2）精确调整图像大小：在“宽”文本框内输入图像宽度，系统默认的单位是像素（px），如果要使用其他单位，则在数字右边再输入单位名称，例如：in（英寸）、mm（毫米）、pt（磅），pc（派卡）等。用同样的方法可在“高”文本框内输入图像的高度。在数字右边加入%，表示图像占文档窗口的宽度和长度百分比，设置后，图像的大小会跟随文档窗口的大小自动进行调整。例如，不管页面大小，只想占页面宽度的30%，可在“宽”文本框中输入30%。

如果要还原图像大小的初始值，可删除“宽”和“高”文本框中的数值；要想将宽度和长度全部还原，则可单击“重置为原始大小”按钮。

（3）图像的路径：“源文件”文本框内给出了图像文件的路径。文件路径可以是绝对路径，也可以是相对路径（例如，JPG/L1.jpg，相对网页文档所在目录）。单击“源文件”文本框右边的按钮，调出“选择图像源文件”对话框，利用它可以更换图像。

（4）链接：“链接”文本框内给出了被链接文件的路径。超级链接所指向的对象可以是一个网页，也可以是一个具体的文件。设置图像链接后，用户在浏览网页时只要单击该图像，即可打开相关的网页或文件。建立超级链接有如下3种方法。

◎ 直接输入链接地址URL。

◎ 拖动指向文件图标到“站点”窗口要链接的文件上。

◎ 单击该文本框右边的按钮，调出“选择文件”对话框，利用它可以选定文件。

（5）图像中添加文字提示说明：选中图像，在图像“属性”栏的“替换”下拉列表框内输入图像文字说明（例如：“这是一幅荷花图像”）。用浏览器调出图像页面后，将鼠标移到加文字说明的图像上，会显示相应的提示文字；在发生断链现象时，在图像位置处会显示相应的提示文字，如图2-2-10所示。

（6）利用网页中图像“属性”栏内的图像编辑工具，如图2-2-11所示，可以对图像进行编辑。图像编辑工具中部分按钮作用如下：

◎ 编辑图像：选中图像，单击“编辑”按钮，可以运行Photoshop，同时打开选中的图像，利用Photoshop编辑图像，即可编辑网页中选中的图像。

◎ 编辑图像设置：选中图像，单击“编辑图像设置”按钮，可以调出“图像优化”对话框，如图2-2-12所示。利用该对话框可以编辑图像和优化图像。

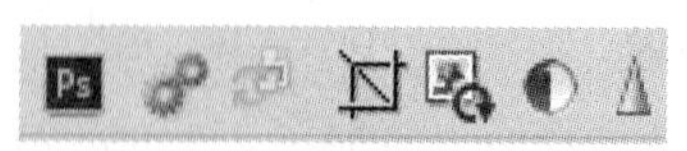

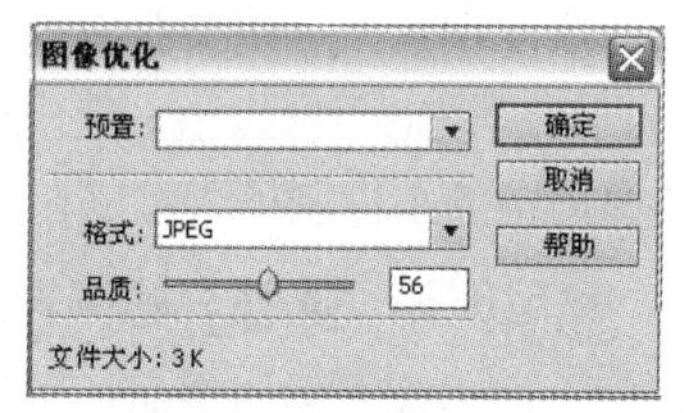

图2-2-10　显示文字提示　图2-2-11　图像编辑工具　图2-2-12　“图像优化“对话框

◎ 裁切图像：单击“裁切”按钮，选中的图像四周会显示 8 个黑色控制柄。拖动这些控制柄，按【Enter】键即可裁切图像。

◎ 调整图像的亮度和对比度：单击“亮度和对比度”按钮，会调出“亮度和对比度”对话框，利用该对话框可以调整选中图像的亮度和对比度。

◎ 调整图像的锐度：单击“锐度”按钮，会调出“锐度”对话框，利用该对话框可以调整选中图像的锐度。

◎ 重新取样：在图像调整后，“重新取样”按钮变为有效，单击它可使图像重新取样。

4．拼图显示图像

如果网页中有较大的图像，则浏览器通常是将图像文件的内容全部下载后，才在网页中显示该图像。这样会使网页的浏览者等待较长的时间。为此，可采用拼接图像的方法来解决长时间等待的问题。拼接图像的方法就是用图像处理软件（例如，照片编辑器、Fireworks 和 Photoshop 等）将一幅较大的图像切割成几部分，每部分图像分别以不同的名字保存成文件。在网页中再将它们分别打开，并“无缝”地拼接在一起，形成一个完整的图像。采用这种方法，并不能使整幅图像的下载时间减少，但它可以让浏览者看到图像的部分下载过程，减少等待中的枯燥情绪。此处介绍用 Photoshop 软件进行图像的切割和在 Dreamweaver CS6 中进行拼图显示图像的方法。操作步骤如下：

（1）运行中文 Photoshop 软件，单击“文件”→“打开”命令，调出“打开”对话框。选中所需的图像文件，单击“打开”按钮，即可将图像打开。为了切割准确，可单击“视图”→“标尺”命令，调出图形左边与上边的标尺，如图 2-2-13 所示。

（2）单击“工具”栏内的“裁切工具”按钮，在图像左上角单击并向右下边拖动，拖动出一个占图像 1/5 大小的虚线矩形，释放鼠标键，图像如图 2-2-14 所示。表示选中虚线矩形内的图像，没有选中的图像蒙上了一层透明的红色。

图2-2-13　打开的图像

图2-2-14　占图像1/5大小的虚线矩形

（3）按【Enter】键，即可将虚线框内的 1/5 图像裁切出来，如图 2-2-15 所示。

（4）单击“文件”→“存储为”命令，调出“存储为”对话框，将切割出的图像以其他名字保存到磁盘中，例如名字为 PC1.jpg，存放在 JPG 文件夹内。单击“存储为”对话框内的“保存”按钮，调出“JPG 选项”对话框，单击“确定”按钮，即可将图像保存。

（5）单击“窗口”→“历史记录”命令，调出“历史记录”面板，单击该面板内的“打开”选项，如图 2-2-16 所示。此时，画布窗口又还原为图 2-2-13 所示状态。

（6）按照上述方法，依次从上到下切割出另外4幅图像，分别将它们以名字PC2.jpg、PC3.jpg、PC4.jpg和PC5.jpg存入相同的文件夹内。

注 意

切割图像时一定要认真，不要出现选出的虚线矩形中有白边或少选的现象。

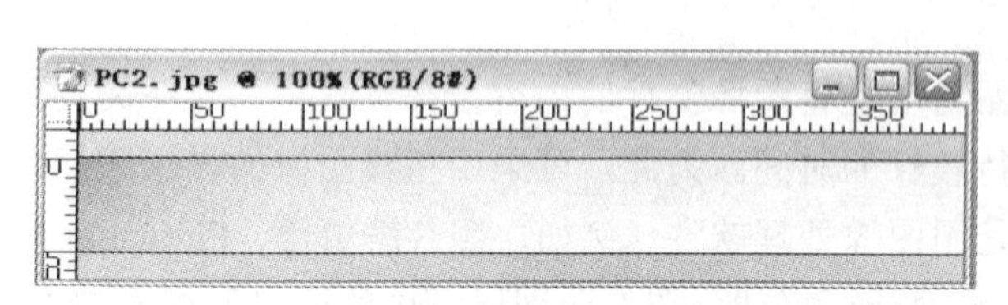

图2-2-15 裁切出的第一个1/5大小的图像

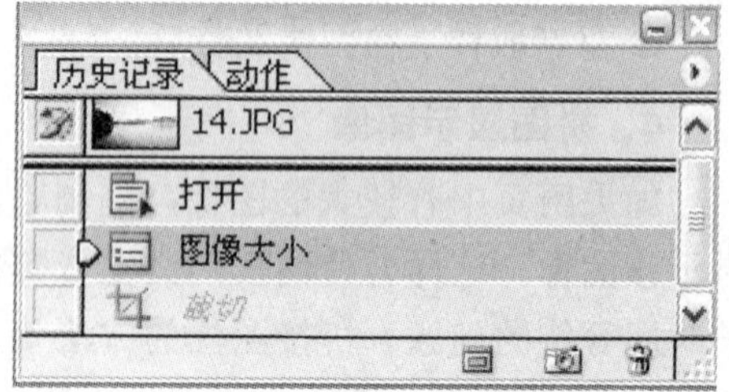

图2-2-16 “历史记录”面板

（7）启动Dreamweaver CS6软件，将光标移到Dreamweaver CS6页面编辑窗口内新一行的左边。然后在光标处插入第1幅切割的图像，例如PC1. jpg图像。

（8）单击“插入”（字符）面板中的“换行符”按钮，在第一行的图像末尾插入一个行中断标记
，即回车符。

（9）将光标移到下一行，然后插入第2幅切割图像PC2.jpg。按上述方法再依次插入第3、4和5幅切割的图像PC3.jpg、PC4.jpg和PC5.jpg。最终效果如图2-2-17所示。

图2-2-17 切割出的5个1/5大小的图像

5．设置附属图像处理软件

设置外部图像处理软件为Dreamweaver CS6附属图像处理软件的方法如下：

（1）单击“编辑”→“首选参数”命令，调出“首选参数”对话框。再单击“分类”列表框内的“文件类型/编辑器”选项，此时“首选参数”对话框如图2-2-18所示。

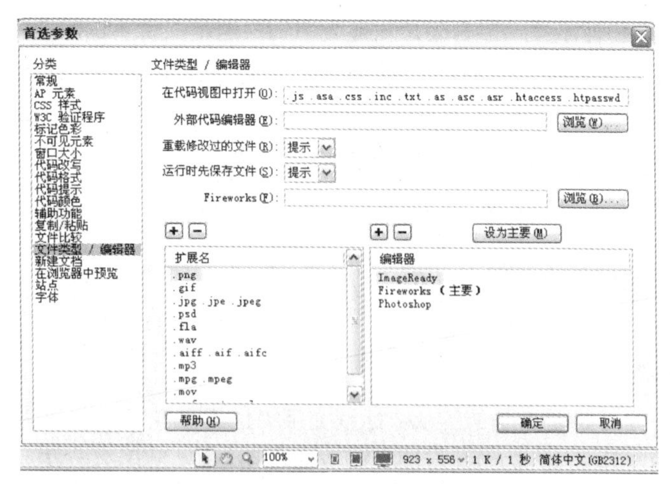

图2-2-18　“首选参数”（文件类型/编辑器）对话框

（2）选中“扩展名”列表框内的一个选项，再选中“编辑器”列表框内原来链接的外部文件名选项，然后单击“编辑器”列表框上边的⊟按钮，删除选中的扩展名；单击⊞按钮，可以在“扩展名”列表框内添加扩展名。

（3）单击“编辑器”列表框上边的⊞按钮，调出“选择外部编辑器”对话框，利用该对话框，选择外部图像处理软件的执行程序，再单击“打开”按钮，将该外部图像处理软件设置成Dreamweaver CS6的附属图像处理软件编辑器并且可以设置多个外部图像处理软件；单击⊟按钮，可以删除原来链接的外部图像处理软件。

（4）设置多个外部图像处理软件后，选中“编辑器”列表框内的一个图像处理软件的名称，再单击“编辑器”列表框上边的“设为主要”按钮，设置选中的图像处理软件为默认的Dreamweaver CS6的附属图像处理软件编辑器。

（5）单击该对话框内的“确定”按钮，即可完成外部图像处理软件编辑器的设置。

思考与练习2-2

1．参考【案例2】的制作方法，制作一个“香山红叶”网页。该网页的显示效果如图2-2-19所示。

图2-2-19　“香山红叶”网页的显示效果

2．在 Photoshop 软件中将一幅图像裁切成 4 幅等份图像，这 4 幅图像水平拼接在一起可以构成原图像，然后使用 Dreamweaver CS6 插入到网页中，形成拼图显示图像。

3．制作一个“世界名花欣赏”网页，使该网页可以浏览 20 幅图像。网页中的小图像分别为 5 行、8 列。标题文字内容不变，文字大小和颜色改变。

4．参考【案例 2】的制作方法，制作一个“中国名胜浏览”网页。

2.3 案例3 “花展值班表”网页

案例效果和操作

“花展值班表”网页如图 2-3-1 所示。标题文字“世界名花花展值班表”图像两边各有一个卡通小孩图像（GIF 格式），它们与标题之间有花纹图案。“世界名花花展值班表”标题图像的下边是一个值班表格。通过该网页的制作，可以掌握创建表格的方法，调整表格的方法，以及设置整个表格和表格单元格属性的方法等。

世界名花花展值班表

		101展厅	102展厅	201展厅	202展厅	301展厅	302展厅
星期一	上午	赵明远	李梦华	洪晓红	肖倪普	王豪轩	贾曾巩
	下午	王晓华	贾廷华	符晓平	侯荣华	李曼曼	付晓萍
星期二	上午	赵明远	赵明远	贾廷华	符晓平	沈新宇	黄幅赭
	下午	贾曾巩	王晓华	李梦华	洪晓红	肖倪普	肖倪普
星期三	上午	贾廷华	王豪轩	赵明远	黄幅赭	武则天	符晓平
	下午	武则天	王晓华	付晓萍	符晓平	贾曾巩	洪晓红
星期四	上午	李梦华	贾曾巩	黄幅赭	洪晓红	黄幅赭	王晓华
	下午	付晓萍	符晓平	贾廷华	赵明远	肖倪普	王豪轩
星期五	上午	洪晓红	李梦华	王豪轩	黄幅赭	肖可	贾曾巩
	下午	符晓平	黄幅赭	王晓华	贾廷华	贾廷华	赵明远
星期六	上午	肖倪普	贾曾巩	付晓萍	王晓华	符晓平	贾廷华
	下午	李梦华	符晓平	洪晓红	赵明远	洪晓红	黄幅赭

图2-3-1 “花展值班表”网页的显示效果

（1）将光标定位在第 1 行，单击“插入”（常用）栏内的按钮，调出“选择图像源”对话框。利用该对话框插入“GIF”文件夹内的“儿童 1.gif”文件。然后，适当调整图像的大小。在其“属性”栏内的“高”文本框中输入“67”，在“宽”文本框中输入“60”，将选中插入的图像调整为高 67 像素，宽 60 像素。

（2）在动画右边插入一个“GIF”文件夹内的“小花 1.gif”动画，再插入一幅“世界名花花展值班表 .jpg”图像，一个“小花 2.gif”动画。然后，适当调整这些动画和图像的大小。两个 GIF 格式动画画面的大小调整为高 34 像素，宽 34 像素。

（3）按住【Ctrl】键，同时拖动 GIF 格式动画“小花 1.gif”3 次到其右边，复制 3 个 GIF 格式动画“小花 1.GIF”。按【Ctrl】键，同时拖动 GIF 格式动画“小花 2.gif”到其右边，复制 3 个 GIF 格式动画“小花 2.gif”。按【Ctrl】键，同时拖动“儿童 1.gif”动画到最右边，复制一个“儿童 1.gif”动画。

（4）按【Enter】键，将光标移到下一行。单击“插入”（常用）栏内的“表格”按钮，调出“表格”对话框。如图 2-3-2 所示进行设置，再单击“确定”按钮，即可制作出一个 13 行、8 列、边框粗细为 8 个像素、宽度 200 像素的表格，如图 2-3-3 所示。

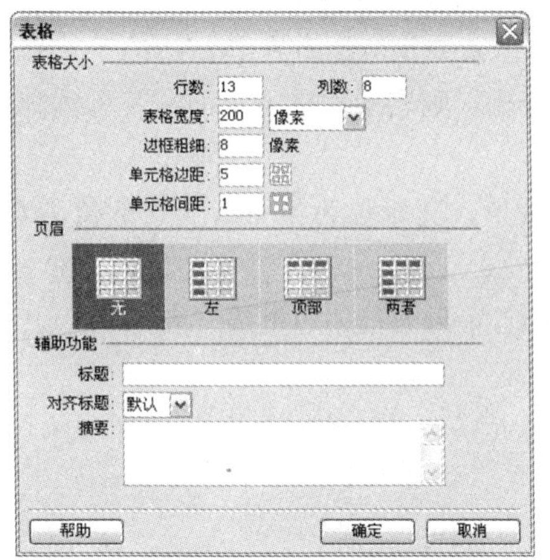

图2-3-2　“表格”对话框

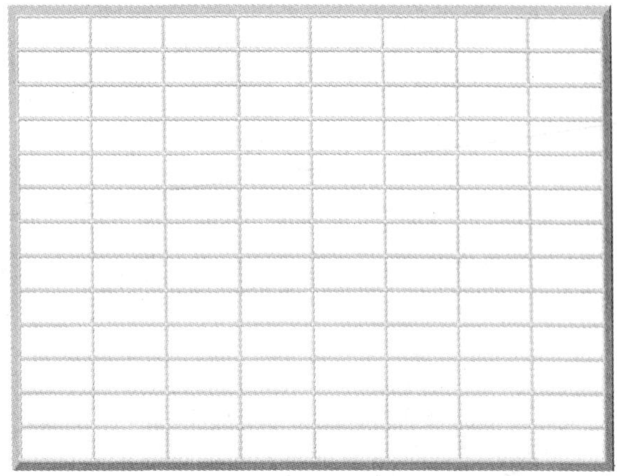

图2-3-3　制作的第1个表格

（5）拖动选中第 2 行第 1 列和第 3 行第 1 列两个单元格，如图 2-3-4 所示。鼠标指针移到两个单元格中，右击并调出表格的快捷菜单，再单击该菜单中的“表格”→“合并单元格”命令，即可将选中的两个单元格合并成一个单元格，如图 2-3-5 所示。

按照上述方法，将第 1 列的第 4 和第 5 个单元格合并，将第 1 列的第 6 和第 7 个、第 8 和第 9 个、第 10 和第 11 个、第 12 和第 13 个单元格合并，最后效果如图 2-3-1 所示。

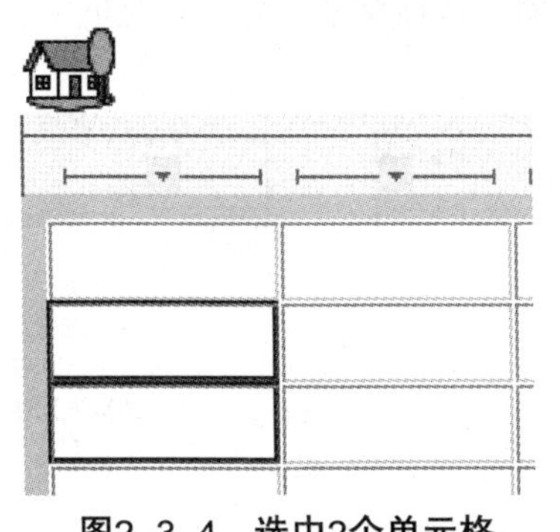

图2-3-4　选中2个单元格

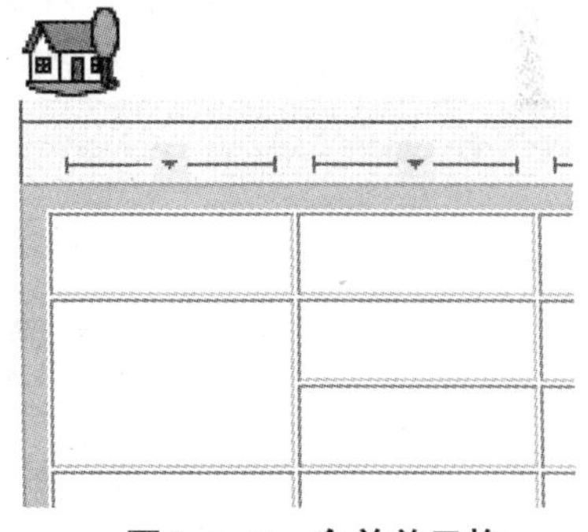

图2-3-5　合并单元格

（6）拖动选中第 1 行的所有单元格。在表格的“属性”栏内“背景颜色”文本框中输入“#FFCCCC”，按【Enter】键后，即可将第 1 行的所有单元格背景色设置为浅粉色。使用同样的方法，第 1 列的第 2 行到第 13 行单元格也设置为浅粉色背景色，将其他单元格中的偶数行单元格设置浅黄背景色，其他单元格中的奇数行单元格设置浅蓝背景色。

（7）在表格的各单元格中输入不同颜色的文字，如图 2-3-1 所示。第 1 行单元格的文字颜色为红色，其他单元格中文字的颜色为蓝色。设置第 1 行单元格的文字字体为宋体、大小为 4 号字；设置其他各单元格内蓝色文字的字体为宋体、大小为 5 号字。

（8）将鼠标指针移到表格线之上，当鼠标指针呈双箭头状时，按照箭头指示的方向拖动可以调整一行或一列单元格的宽度和高度，最终效果如图 2-3-1 所示。

相关知识——插入表格

1．“表格”对话框各选项的作用

（1）“行数”和“列数”文本框：输入表格的行数和列数，例如，设置13行、8列。

（2）“表格宽度”文本框：输入表格宽度，单位为像素或百分比，在其右边的下拉列表框中选择。例如，设置表格宽度700像素。如果选择百分比，则表示表格占页面或其母体容量宽度的百分比。

（3）“边框粗细”文本框：输入表格边框的宽度数值，其单位为像素。当它的值为0时，表示没有表格线。例如，设置8。

（4）“单元格边距”文本框：输入的数表示单元格之间两个相邻边框线（左与右、上和下边框线）间的距离。例如，设置5。

（5）“单元格间距”文本框：输入单元格内的内容与单元格边框间的空白数值，其单位为像素。这种空白存在于单元格内容的四周。

（6）“标题”栏：用来设置表格的标题形式。

（7）“辅助功能”选项组：“标题”文本框用来输入表格的标题，“摘要”文本框用来输入表格的摘要。

2．表格和单元格快捷菜单

（1）表格标签：选择表格后，在表格的上边或下边会用绿色显示出表格的宽度，如图2-3-6（a）所示。单击表格标签上边的三角按钮，可以调出“表格”快捷菜单。

（2）单元格标签：选择表格后，在表格标签的上面会显示出每一列单元格的标签，如图2-3-6(b)所示。单击单元格标签的三角按钮，可以调出“单元格”快捷菜单，利用该菜单中的命令，可以对表格的单元格进行选择、清除和插入操作。

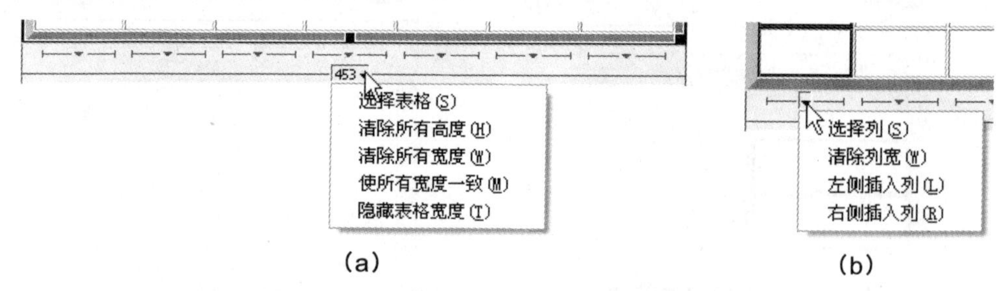

图2-3-6　表格和单元格标签及其快捷菜单

（3）“表格”和“单元格”快捷菜单内部分命令的作用如下：

◎“清除所有高度”：可以将表格内的单元格的高（即单元格顶部与表格顶端的间距）清除。如果表格内没有单元格，则自动建立充满布局表格的单元格。

◎“清除所有宽度”：可以将表格内的单元格的宽清除。

◎“使所有宽度一致”：使所有布局单元格的宽度一样。

◎“隐藏表格宽度”：使表格宽度表示数字隐藏。

3．选择和调整表格

（1）选择表格：选择表格和表格中的单元格有以下几种方法。

◎ 选择整个表格：将鼠标指针移到表格左上角边框处，当鼠标指针右下方出现一个小表格时，单击表格的外边框，可以选中整个表格，此时表格右边、下边和右下角会出现三个方形黑色控制柄。

◎ 选择多个表格单元格：按住【Ctrl】键，同时依次单击所有要选择的表格单元格。

◎ 选择表格的一行或一列单元格：将鼠标移到一行的最左边或移到一列的最上边，当鼠标指针呈黑色箭头时单击鼠标，即可选中一行或一列。

◎ 选择表格的多行或多列单元格：按住【Ctrl】键，将鼠标依次移到要选择的各行或各列，当鼠标指针呈黑色箭头时单击，可选中多行或多列。还可以将鼠标指针移到要选择的多行或多列的起始处，当鼠标指针呈黑色箭头时拖动，也可选择多行或多列单元格。

（2）调整整个表格的大小：单击表格的边框，选中该表格，此时表格右边、下边和右下角会出现三个方形的黑色控制柄。再用鼠标拖动控制柄，即可调整整个表格的大小。

（3）调整表格中行或列的大小：将鼠标指针移到表格线处，当鼠标指针变为双箭头横线或双箭头竖线时，可拖动调整表格线的位置，从而调整了表格行或列的大小。

4．设置整个表格的属性

将鼠标指针移到表格的外边框，当鼠标指针形状呈表格状后单击，选中整个表格，此时表格的“属性”栏如图2-3-7所示。表格“属性”栏内各选项的作用如下：

（1）“表格”下拉列表框：用来选择和输入表格的名称。

（2）“行”和“列”文本框：用来输入表格的行数与列数。

（3）“宽”文本框：用来输入表格的宽度数。它们的单位可利用其右边的下拉列表框来选择，其中的选项有“%”（百分数）和“像素”。

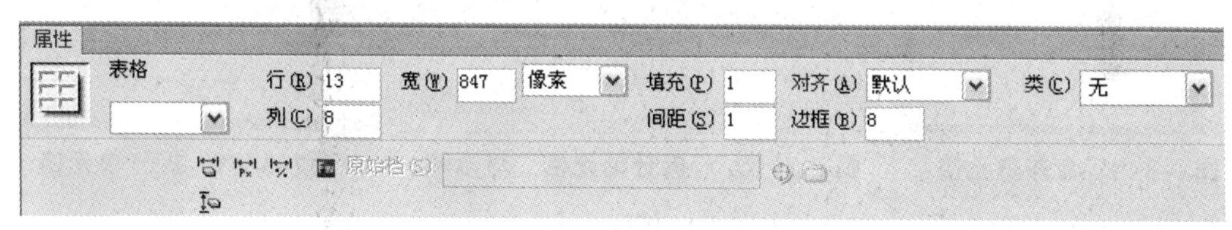

图2-3-7　表格的“属性”栏

（4）“填充”文本框：用来输入单元格内的内容与单元格边框间的空白数，单位为像素。

（5）“间距”文本框：用来输入单元格之间两个相邻边框线间的距离。

（6）“对齐”下拉列表框：用来设置表格的对齐方式。该下拉列表框内有“默认”、“左对齐”、“居中对齐”和“右对齐”4个选项。

（7）“边框”文本框：用来输入表格边框宽度，单位为像素。

（8）“类”下拉列表框：用于设置表格的样式。

（9）4个按钮：按钮用来清除列宽，按钮用来清除行高，按钮用来将表格宽度的单位转换为像素，按钮用来将表格高度的单位改为百分比。

5．设置表格单元格的属性

选择几个单元格，此时的“属性”栏（分别按下“HTML”或“CSS”按钮）如图2-3-8所示。在表格单元格的“属性”栏中，上半部分用来设置单元格内文本的属性，它与文本“属性”栏的选项基本一样。其下半部分用来设置单元格的属性，各选项的作用如下：

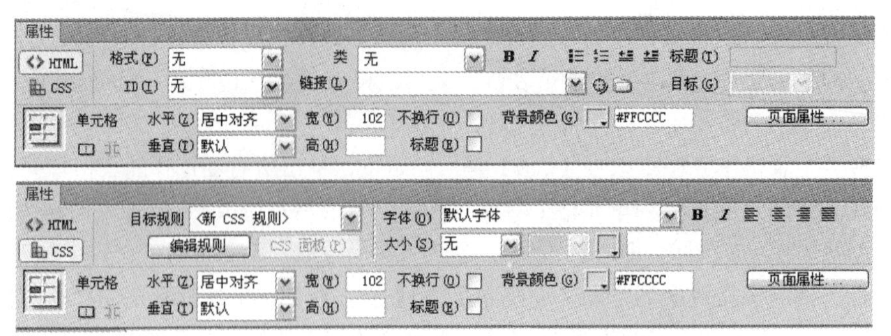

图2-3-8　表格单元格的“属性”栏

（1）“合并所选单元格”按钮：选择要合并的单元格，单击按钮，即可将选择的单元格合并（将表格左上角的 3 行 3 列单元格合并），其效果如图 2-3-9 所示。

（2）“拆分单元格”按钮：选中一个单元格，再单击按钮，调出“拆分单元格”对话框，如图 2-3-10 所示。选中“行”单选按钮，表示要拆分为几行；选中“列”单选按钮，表示要拆分为几列。在“行数”数值框内选择行或列的值数。再单击“确定”按钮即可。将图 2-3-9 所示的表格中左上角的单元格拆分为两行，其效果如图 2-3-11 所示。

（3）“水平”和“垂直”下拉列表框：用来选择水平对齐方式和垂直对齐方式。

（4）“宽”和“高”文本框：设置单元格宽度与高度。

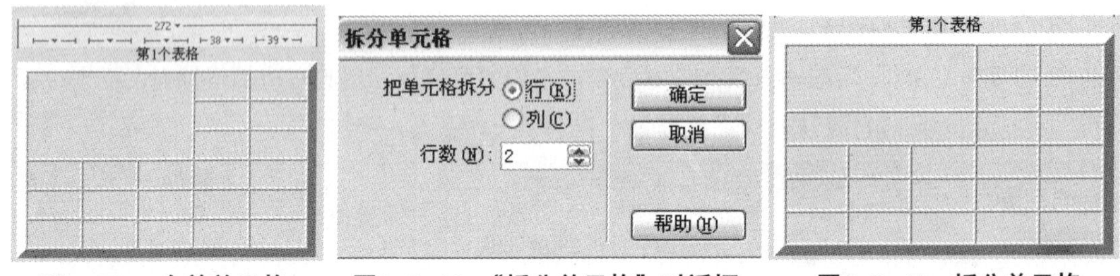

图2-3-9　合并单元格　　图2-3-10　“拆分单元格”对话框　　图2-3-11　拆分单元格

（5）“不换行”复选框：选择该复选框，则当单元格内的文字超过单元格的宽度时，不换行，自动将单元格的宽度加大到刚刚可以放下文字；没选择该复选框，则当单元格内的文字超过单元格的宽度时，自动换行。

（6）“标题”复选框：如果选择该复选框，则单元格中的文字以标题的格式显示（粗体、居中）；如果没选择该复选框，则单元格中的文字不以标题的格式显示。

（7）“背景颜色”按钮与文本框：单击“背景”按钮，可以调出颜色板，利用它可以给表格单元格加背景色。在“背景颜色”文本框中也可以直接输入颜色数据。

6．表格基本操作

（1）插入一行或一列：选中行（或列），右击表格并调出它的快捷菜单，单击该菜单中的“表格”→“插入行”或“表格”→“插入列”命令，即可在选中行的上边插入一行表格，或者在选中列的左边插入一列表格。

（2）插入多行或多列：选中行（或列），右击并调出它的快捷菜单，单击该菜单中的“表格”→“插入行或列”命令，调出“插入行或列”对话框，如图 2-3-12 所示。利用该对话框可以插入多行或多列表格。

（3）利用表格的快捷菜单删除表格中的行与列：选中要删除的行（或列），右击并调出它的快捷菜单，单击该菜单中的“表格”→“删除行”或“表格”→“删除列”命令，即可删除选定的行或列。例如，选中图 2-3-11 所示表格中最下边的 1 行，再删除该行，其效果如图 2-3-13 所示。

（4）利用清除命令删除表格中的行与列：选中要删除的行或列，再单击“编辑”→“清除”命令，即可删除选定的行或列。

（5）复制和移动表格的单元格：选中要复制或移动的表格的单元格，则其构成一个矩形。单击“编辑”→“复制”或“编辑”→“剪切”命令。然后，将光标移到要复制或移动处，再单击“编辑”→“粘贴”命令。

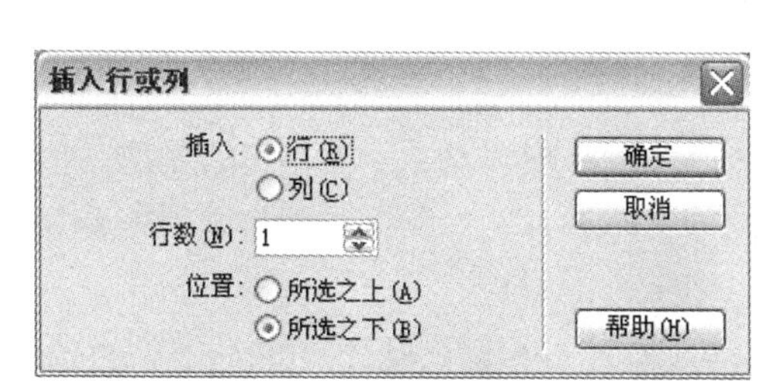

图2-3-12　“插入行或列”对话框

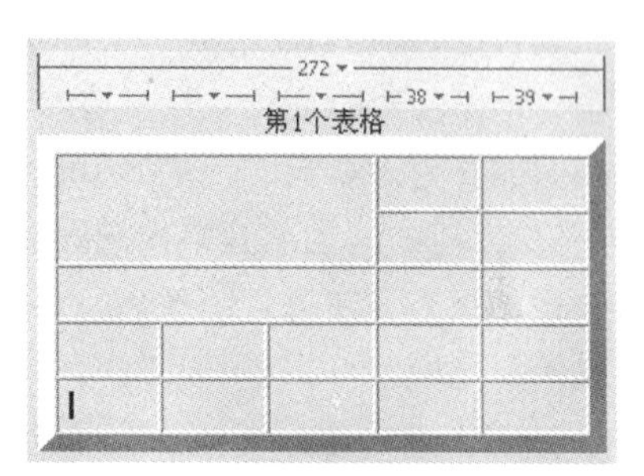

图2-3-13　删除表格下边1行后效果

思考与练习2-3

1. 参考【案例 3】的制作方法，制作一个本班级的“课程表”网页。
2. 参考【案例 3】的制作方法，制作一个自己的“通讯录”网页。

2.4　案例4　“世界名花——梅花”网页

案例效果和操作

“世界名花——梅花”网页是利用表格编排的网页，它在浏览器中的显示效果如图 2-4-1 所示。可以看到，整个网页分为几个单元格，各单元格内分别插入 GIF 格式动画、标题图像、文字。利用表格来编排网页可使页面更紧凑、丰富和多彩。通过该网页的制作，可以掌握利用表格编排网页的方法，在表格中插入图像和 GIF 动画的方法等。

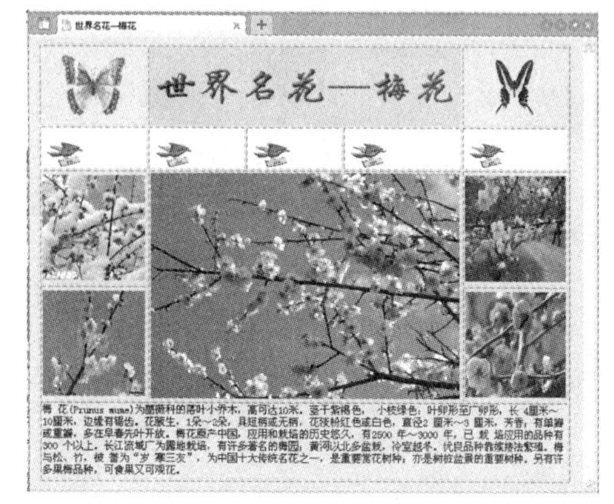

图2-4-1　“世界名花——梅花”网页的显示效果

（1）新建一个网页文档，将该网页文档以名称“世界名花——梅花.htm”保存到“【案例 4】世界名花——梅花”文件夹内。利用插入表格的方法，插入一个 5 行 5 列的表格，然后进行表格的合并和调整。在表格“属性”栏内设置“填充”和“间距”均为 2 像素，“边框”为 1 像素。最终效果如图 2-4-2 所示。

（2）选中第 1 行的所有单元格，单击“属性”栏中的“背景颜色”按钮，将单元格的背景颜色设置成黄色，利用同样方法将第 3、4 和 5 行的单元格的背景颜色设置成黄色。

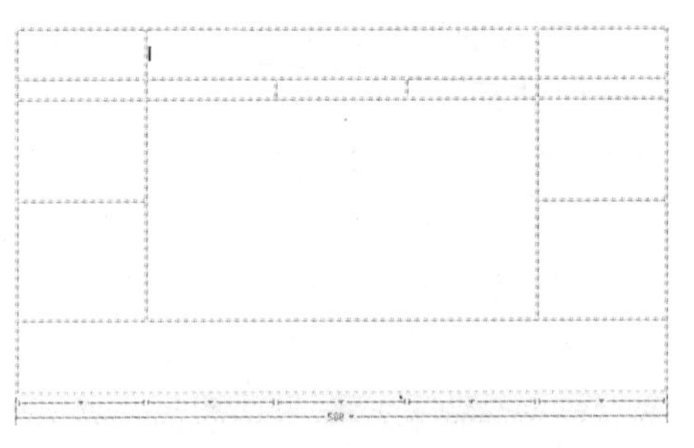
图2-4-2　制作表格进行网页布局

（3）选中第 1 行左边的单元格，单击“插入”（常用）栏内的“图像”按钮，调出“选择图像源文件”对话框。在该对话框选中“【案例 4】世界名花——梅花”文件夹内 GIF 文件夹中的“蝴蝶 1.gif”动画，在“相对于”下拉列表框内选择“文档”选项。单击“确定”按钮，将选定的 GIF 动画加入到光标处。然后，在该图像的“属性”栏“宽”文本框内输入“100”，在“高”文本框内输入 80。

（4）按照上述方法，在第 1 行右边的单元格内插入 GIF 格式动画“蝴蝶 2.gif”。调整它的大小，使动画画面的高为 100 像素，宽为 100 像素。

（5）在第 1 行中间的单元格内导入红色立体文字“GIF/ 世界名花 - 梅花 .gif”图像，居中分布，调整该图像的大小。在插入图像后，会使单元格变大，调整图像大小后，需要调整表格线，即调整表格的单元格大小。

（6）按照上述方法，在第 2 行左边的单元格内插入 GIF 格式动画“050.gif”，再选中该动画画面。然后，按【Ctrl】键，同时拖动它，复制到第 2 行的其他单元格内。

（7）按照上述方法，在第 3 行左边的单元格内插入“世界名花 / 梅花 1.jpg”图像，调整它的宽和高均为 140 像素；在第 3 行右边的单元格内插入“世界名花 / 梅花 4.jpg”图像，调整它的宽和高均为 140 像素；在第 4 行左边的单元格内插入“世界名花 / 梅花 3.jpg”图像，调整它的宽和高均为 140 像素；再在第 4 行右边的单元格内插入“世界名花 / 梅花 5.jpg”图像，调整它的宽和高均为 140 像素。在第 3 行中间的单元格内插入“世界名花 / 梅花 2.jpg”图像，调整它的宽为 420 像素，高为 300 像素，再调整表格线。最后效果如图 2-4-3 所示（还没有输入文字）。

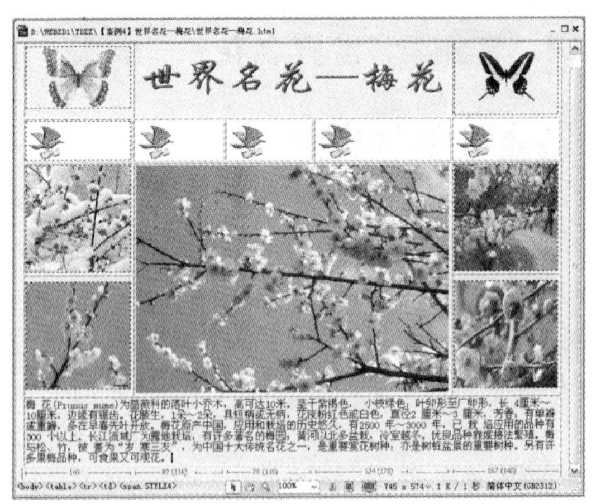

图2-4-3　“世界名花——梅花”网页在网页设计窗口中的显示效果

（8）在 Word 编辑窗口内选中一段文字，将它复制到剪贴板内。再返回到 Dreamweaver CS6 的网页文档窗口，在第 5 行单元格内单击，再按【Ctrl+V】组合键，将剪贴板内的文字粘贴到第 5 行单元格内，此时网页中的文字如图 2-4-3 所示。

（9）单击表格的边框，选中整个表格，在表格属性栏内的“边框”文本框内输入“0”，取消显示表格线。单击“文件”→“保存”命令，保存网页文档。按【F12】键，可以在浏览器中观看“世界名花——梅花”网页的显示效果。

相关知识——表格中插入对象和表格数据排序

1．在表格中插入对象

（1）在表格中插入表格：单击要插入表格的单元格内部。按照上述创建表格的方法建立一个 3 行、3 列表格，如图 2-4-4 所示。

（2）在表格中插入图像或文字：单击要插入对象的单元格内部，按照以前所述方法在单元格内输入文字或粘贴文字。也可以在单元格内插入图像或动画，如图 2-4-5 所示。

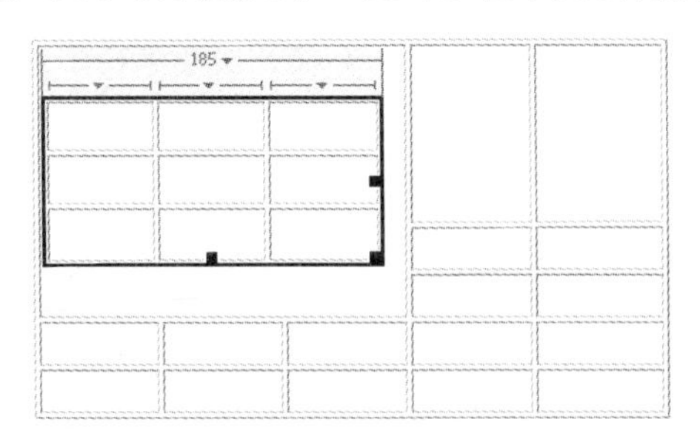

图2-4-4　在表格单元格内插入表格

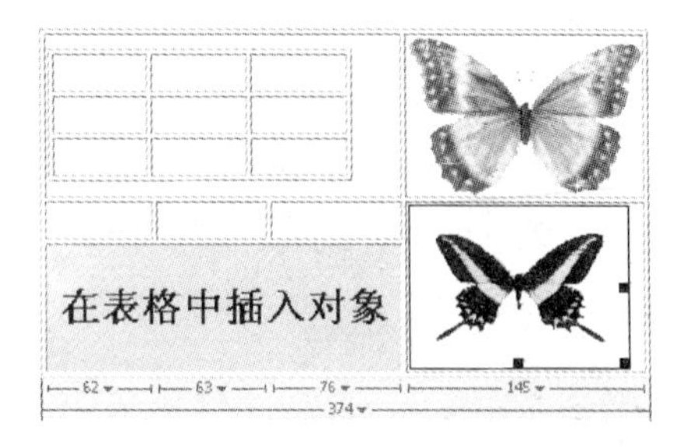

图2-4-5　在表格单元格内插入文字和图像

2．表格数据的排序

（1）对表格单元格中数据排序的要求：对表格单元格中的数据排序，要求表格的行列是整齐的，而且没有进行合并和拆分过。单击“命令”→“排序表格”命令，调出“排序表格”对话框，如图 2-4-6 所示。利用该对话框可以对表格中的数据进行排序。

图 2-4-7(a)所示表格按照图 2-4-6 中设置进行排序后的结果如图 2-4-7(b)所示。从图 2-4-7 可以看出，首先按照左起第 1 列的数值进行升序排序，在数值相同的情况下，再按左起第 2 列的字母降序排序，同时第 1 行也参加排序。

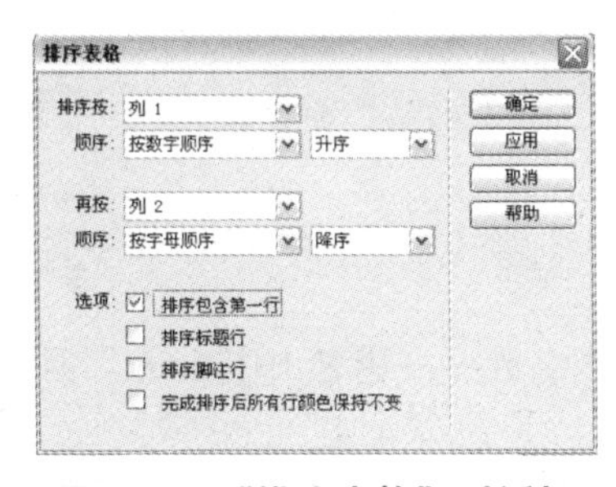

图2-4-6　“排序表格”对话框

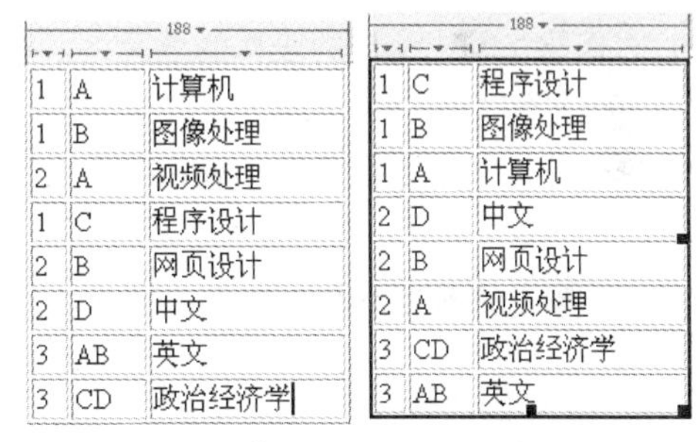

1	A	计算机
1	B	图像处理
2	A	视频处理
1	C	程序设计
2	B	网页设计
2	D	中文
3	AB	英文
3	CD	政治经济学

（a）设置前

1	C	程序设计
1	B	图像处理
1	A	计算机
2	D	中文
2	B	网页设计
2	A	视频处理
3	CD	政治经济学
3	AB	英文

（b）设置后

图2-4-7　待排序的表格和排序后的表格

（2）“排序表格”对话框选项的含义如下：

◎“排序按”下拉列表框：选择对第几列进行排序。列号为“列 1”、“列 2”等。

◎“顺序”下拉列表框：在左边的下拉列表框内选择按字母或数字排序。在右边的下拉列表框内选择按升序或降序排序。字母排序不分大小写。

◎“再按”下拉列表框：按照“排序按”排序时，如果有相同的数据，则按照该下拉列表框的选择排序。该下拉列表框的选项为“列 1”、“列 2”等。它下边的“顺序”下拉列表框的作用同上边的“顺序”下拉列表框一样。

◎“选项”选项组：选中“排序包含第一行”复选框后，表格的第 1 行也参加排序，否则不参加排序。选择第 4 个复选框后，保持排序后的单元格的行特点不变。

◎“应用”按钮：单击该按钮，可以完成排序，再单击该按钮还可以还原。

3．删除表格中的行或列

（1）利用表格的快捷菜单删除表格中的行与列：选中要删除的行（或列），右击调出其快捷菜单。单击该菜单中的“表格”命令，调出“表格”菜单，如图 2-4-8 所示。单击“删除行”（或“删除列”）命令，即可删除选定的行或列。例如，选中图 2-4-7（b）所示表格中最下边的 1 行，再删除该行，其效果如图 2-4-9 所示。

（2）利用清除命令删除表格中的行与列：选中要删除的行或列。再单击“编辑”→“清除”命令，即可删除选定的行或列。

表格(B)
段落格式(P)
列表(L)
对齐(G)
字体(N)
样式(S)
CSS 样式(C)
模板(T)
InContext Editing(I)
元素视图(W)
代码浏览器(C)...
编辑标签(E)... Shift+F5
插入HTML(H)...
创建链接(L)

选择表格(S)
合并单元格(M) Ctrl+Alt+M
拆分单元格(P)... Ctrl+Alt+S
插入行(N) Ctrl+M
插入列(C) Ctrl+Shift+A
插入行或列(I)...
删除行(D) Ctrl+Shift+M
删除列(E) Ctrl+Shift+-
增加行宽(R)
增加列宽(A) Ctrl+Shift+]
减少行宽(W)
减少列宽(U) Ctrl+Shift+[
✓表格宽度(T)
扩展表格模式(X)

图2-4-8 “表格”菜单

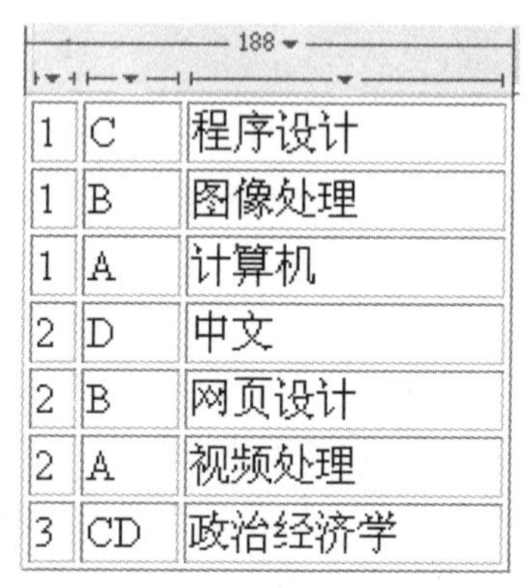

1	C	程序设计
1	B	图像处理
1	A	计算机
2	D	中文
2	B	网页设计
2	A	视频处理
3	CD	政治经济学

图2-4-9 删除表格下边1行

4．复制和移动表格的单元格

（1）选择要复制或移动的表格的单元格，它们应构成一个矩形。

（2）单击“编辑”→“复制”或“编辑”→“剪切”命令。

（3）将光标移到要复制或移动处，再单击“编辑”→“粘贴”命令。

思考与练习2-4

1．参考【案例 4】的制作方法，制作一个“中国名胜——避暑山庄.html”网页，该网页在浏览器内的显示效果如图 2-4-10 所示。

2．参考【案例 4】的制作方法，制作一个“世界名花.html”网页。该网页内有 5 行、4 列单元格内分别插入不同的鲜花图像，每幅图像下面的单元格内有相应的文字。

3．参考【案例 4】的制作方法，制作一个“世界名花——樱花.html”网页。

图2-4-10 “中国名胜——避暑山庄.html”网页效果

第3章　AP Div、框架与描图

本章通过完成 4 个案例，掌握在 Dreamweaver CS6 中创建和编辑有框架网页的方法、创建和编辑 AP Div 的方法，以及掌握网页描图的方法。

3.1 案例5 “世界名花——牡丹”网页

案例效果和操作

“世界名花——牡丹”网页在浏览器中的显示效果如图 3-1-1 所示。该网页是利用 AP Div 编排的网页，AP Div 类似于以前 Dreamweaver 版本中的层，可以把它视为一种用来插入各种网页对象、可自由精确定位和容易控制的容器。在 AP Div 中可以嵌套其他的 AP Div，而且可以重叠，可以控制对象的位置和内容，从而实现网页对象的重叠和立体化等特效，还可以实现网页动画和交互效果；利用 AP Div 的显示和隐藏属性可以实现一些简单的动画效果（例如，制作调出式菜单等）。通过该网页的制作，可以掌握创建 AP Div 的方法，以及 AP Div 的基本操作方法。

图3-1-1　“世界名花——牡丹”网页的显示效果

（1）新建一个网页文档，以名称“世界名花——牡丹 .htm”保存在“【案例 5】世界名花——牡丹”文件夹内。然后，设置网页的背景图像为一个纹理图像 Back1.jpg。

（2）在页面中创建 AP Div。单击“插入”（布局）栏内的“绘制 AP Div”按钮，将鼠标指针定位在网页内最上边要插入“世界名花——牡丹”立体文字图像的左上角，此时鼠标指针变为十字线形状，拖动出一个矩形，创建一个 AP Div。

（3）单击 AP Div 内部，将光标定位在 AP Div 内。插入“【案例 5】世界名花——牡丹 \ 世界名花 \ 世界名花——牡丹 .jpg”文字图像，然后调整 AP Div 和 AP Div 内图像的大小，使它们的大小基本一样。

（4）在第 1 个 AP Div 左下边创建第 2 个 AP Div，将光标定位到 AP Div 内，然后输入图 3-1-1 所示的文字（网页内图像左侧的文字），设置文字的颜色为蓝色，字体为宋体，大小为 16 磅、加粗。

（5）在第 2 个 AP Div 的右边创建第 3 个 AP Div，将光标定位到 AP Div 内，插入“【案例 5】世界名花——牡丹 \ 世界名花 \ 牡丹 .jpg”文字图像，然后调整 AP Div 和 AP Div 内图像的大小，使它们的大小合适。

（6）在第 3 个 AP Div 的右边创建第 4 个 AP Div，并适当调整它们的大小。然后，在该 AP Div 内输入图 3-1-1 所示的文字（网页内图右侧的文字），设置文字的颜色为蓝色，字体为宋体，大小为 16 磅、加粗。

按住【Shift】键，单击各 AP Div 的边缘，选中这 4 个 AP Div，如图 3-1-2 所示。

图3-1-2 “世界名花——牡丹”网页的初步设计

按照上述方法，还可以继续创建其他 AP Div，在其内插入图像和动画，并输入文字。

（7）单击“文件”→“保存”命令，将网页文档以名称“世界名花——牡丹 .html”保存在“【案例 5】世界名花—牡丹 \ 世界名花”文件夹中。

相关知识——AP Div基础

1．设置 AP Div 的默认属性

单击“编辑”→“首选参数”命令，调出“首选参数”对话框，再单击选中该对话框内“分类”列表框中的“AP 元素”选项，如图 3-1-3 所示。其内各个选项的作用如下：

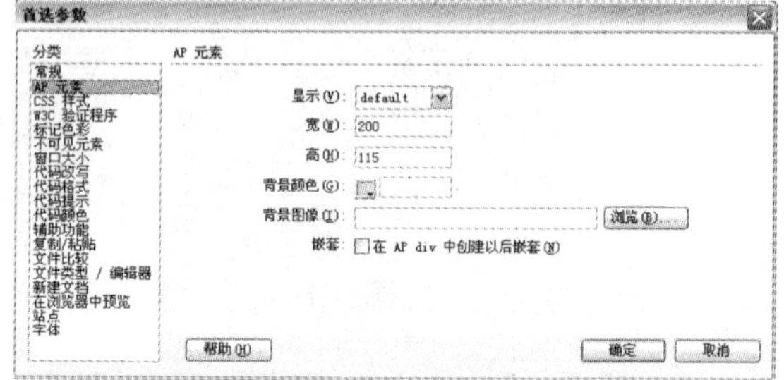

图3-1-3 “首选参数”（AP 元素）对话框

（1）“显示”下拉列表框：设置默认状态下 AP Div 的可视度。可选择“default”（浏览器默认状态）、“inherit”（继承母体可视度）、“visible”（可视）和“hidden”（隐藏）。

（2）“宽”和“高”文本框：设置默认状态 AP Div 宽和高，单位像素。

（3）“背景颜色”按钮与文本框：设置默认状态下插入 AP Div 的背景颜色，默认为透明。单击□按钮，调出颜色板，选择颜色；或在文本框内输入颜色代码。

（4）“背景图像”文本框与“浏览”按钮：用来输入 AP Div 的背景图像路径和名称。单击“浏览”按钮，可调出“选择图像源”对话框，用来选择 AP Div 的背景图像文件。

（5）“嵌套”复选框：选择它后，可以在将 AP Div 拖动到其他 AP Div 时实现嵌套。

2．AP Div 的基本操作

（1）选定 AP Div：在改变 AP Div 的属性前应先选中 AP Div，会在 AP Div 矩形的左上角产生一个双矩形状控制柄图标回，同时在 AP Div 矩形四周产生 8 个黑色的方形控制柄。选中一个 AP Div 的情况如图 3-1-4 所示。选中 AP Div 的几种方法如下：

◎ 单击 AP Div 的边框线，即可选定该 AP Div。

◎ 单击 AP Div 的内部，会在 AP Div 矩形的左上角产生一个双矩形状控制柄图标回，单击

该控制柄图标回，即可选定与它相应的 AP Div。

◎ 按住【Shift】键，分别单击要选择的各 AP Div 内部或边框线，可选中多个 AP Div，如果选定的是多个 AP Div，则只有一个 AP Div 的方形控制柄是黑色实心的，其他选定的 AP Div 的方形控制柄是空心的，如图 3-1-5 所示。

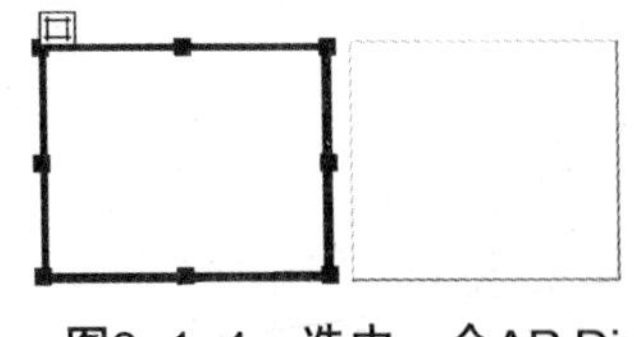

图3-1-4　选中一个AP Div

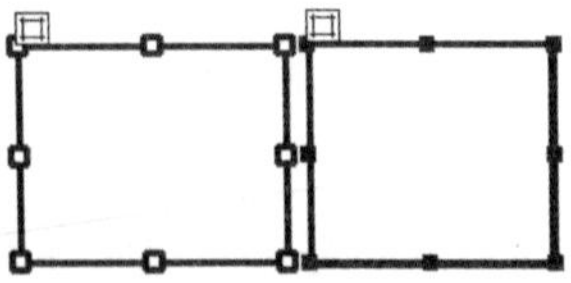

图3-1-5　选中多个AP Div

（2）调整一个 AP Div 大小：选中一个 AP Div，改变 AP Div 大小的方法如下所述。

◎ 鼠标拖动调整的方法：将鼠标移到 AP Div 的方形控制柄处，当鼠标指针变为双箭头状时，拖动鼠标，即可调整 AP Div 的大小。

◎ 按键调整的方法：按住【Ctrl】键，同时按【→】或【←】键，可使 AP Div 在水平方向增加或减少 1 像素；每按【↓】或【↑】键，可使 AP Div 在垂直方向增加或减少 1 像素。

◎ 按住【Ctrl+Shift】组合键的同时，按光标移动键，可每次增加或减少 5 像素。

◎ 利用 AP Div“属性”栏进行设置的方法：在其“属性”栏内的“宽”和“高”文本框内分别输入修改后的数值（单位是像素），即可调整 AP Div 的宽度和高度。

（3）调整多个 AP Div 的大小：选中多个 AP Div，改变它们的大小有如下方法。

◎ 用命令的方法：单击“修改”→“排列顺序”命令，调出“排列顺序”菜单，如图 3-1-6 所示。单击该菜单内的“设成宽度相同”命令，即可使选中的 AP Div 宽度相等，其宽度与最后选中的 AP Div（它的方形控制柄是黑色实心的）的宽度一样。

◎ 利用 AP Div“属性”栏进行设置的方法：选中多个 AP Div 后，其“属性”栏变为多 AP Div“属性”栏。在其多个 AP Div 元素的“属性”栏内的“宽”和“高”文本框中分别输入修改后的数值（单位是像素），即可调整选中的多个 AP Div 的宽度和高度。

（4）多个 AP Div 排列顺序：设置的方法如下所述。

◎ 用命令的方法：选中多个 AP Div，单击“修改”→“排列顺序”命令，调出“排列顺序”菜单，如图 3-1-6 所示。选择其中的一个命令，即可获得相应的对齐效果。例如，单击“修改”→“排列顺序”→“上对齐”命令，即可将各 AP Div 以最后选中的 AP Div（它的方形控制柄是黑色实心的）的上边线对齐，如图 3-1-7 所示。

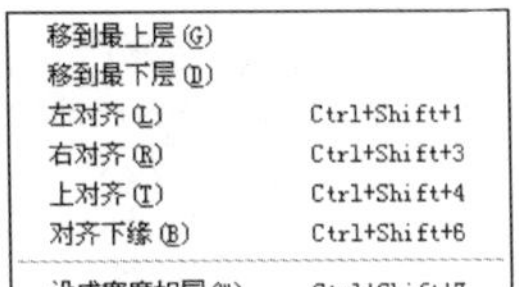

图3-1-6　“排列顺序”菜单

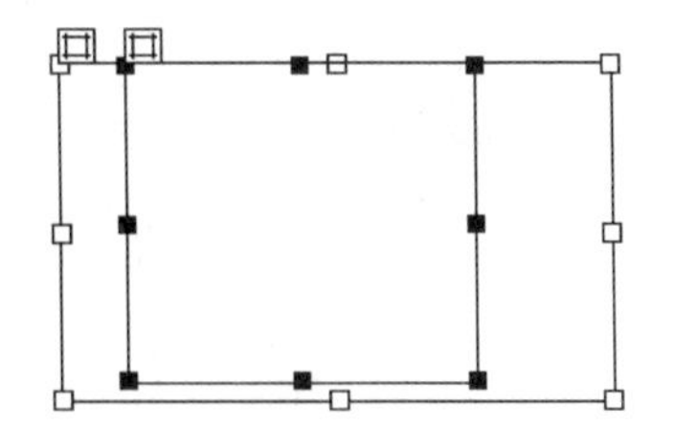

图3-1-7　上对齐后的多个AP Div

◎ 用按键的方法：按住【Ctrl】键，同时按光标移动键，即可将选中的多个 AP Div 对齐。按【→】键可右对齐，按【←】键可左对齐，按【↓】键可下对齐，按【↑】键可上对齐。

◎ 利用 AP Div“属性”栏进行设置的方法：选中多个 AP Div 后，在其多 AP Div“属性”栏内的“左”或“上”文本框内输入修改后的数值，即可使多个 AP Div 的左边线或上边线以修改的数值对齐。

（5）调整 AP Div 的位置：可以采用以下几种方法。

◎ 鼠标拖动调整的方法：选中要调整位置的一个或多个 AP Div，将鼠标移到 AP Div 的方形轮廓线处或双矩形状控制柄图标▣处，当鼠标指针变为✥状时，拖动鼠标，即可调整 AP Div 的位置。

◎ 按键调整的方法：每按一次【→】或【←】键，可使 AP Div 向右或向左移动 1 像素；每按一次【↓】或【↑】键，可使 AP Div 向下或向上移动 1 像素。

◎ 按住【Shift】键的同时，按光标移动键，也可以调整 AP Div 位置，每次移动 5 像素。

◎ 利用 AP Div“属性”栏进行设置的方法：选中要调整大小的 AP Div，在其单个 AP Div“属性”栏内的“左”文本框中输入修改后的数值（单位是像素），即可调整 AP Div 的水平位置；在“上”文本框内输入数值，即可调整 AP Div 的垂直位置。

（6）在 AP Div 中插入对象：在 AP Div 内部可插入能够在页面内插入的所有对象。单击 AP Div 的内部，使该 AP Div 中出现光标；接着就像在页面内插入对象的方法那样，在选中的 AP Div 内插入网页对象。图 3-1-8 所示为在 AP Div 内插入文字和图像后的页面效果。

图3-1-8 在AP Div内插入文字和图像后的页面

3．利用 AP Div 的“属性”栏设置 AP Div 的属性

AP Div“属性”栏有两种，一种是单 AP Div“属性”栏，这是在选中一个 AP Div 时出现的；另一个是多 AP Div“属性”栏，这是在选中多个 AP Div 时出现的。单 AP Div“属性”栏如图 3-1-9 所示，多 AP Div“属性”栏如图 3-1-10 所示。可以看出，多 AP Div“属性”栏内除了基本的属性设置选项外，增加了关于文本属性的设置选项。

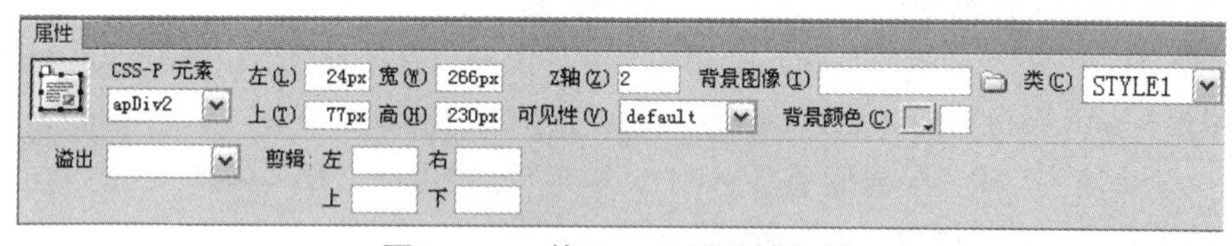

图3-1-9 单AP Div“属性”栏

图3-1-10 多AP Div“属性”栏

“属性”栏中各个选项的作用如下：

（1）“AP Div 编号”下拉列表框：用来输入和选择 AP Div 的名称，它会在“AP 元素”面板中显示出来。

（2）“左”和“上”文本框：用来确定 AP Div 在页面中的位置，单位为像素。“左”文本框内的数据是 AP Div 左边线与页面左边缘的间距，“上”文本框内的数据是 AP Div 顶边线与页面顶边缘的间距。对于嵌套中的子 AP Div，是相对于父 AP Div 的位置。

（3）“宽”和“高”文本框：用来确定 AP Div 的大小，单位为像素。

（4）“Z 轴”文本框：用来确定 AP Div 的显示顺序，数值越大，显示越靠上。

（5）“显示”和“可见性”下拉列表框：用来确定 AP Div 的可视性。它有“default”（默认）、“inherit”（与父 AP Div 的可视性相同）、“visible”（可见）和“hidden”（隐藏）选项。

（6）“背景图像”文本框与按钮：用来确定 AP Div 的背景图案。

（7）“背景颜色”按钮与文本框：用来确定 AP Div 的背景颜色。

（8）“标签”下拉列表框用来确定标记方式。

（9）“溢出”下拉列表框：它决定了当 AP Div 中的内容超出 AP Div 的边界时的处理方法。它有 visible（可见，即根据 AP Div 中的内容自动调整 AP Div 的大小，为系统默认）、hidden（剪切）、scroll（加滚动条）和 auto（自动，会根据 AP Div 中的内容能否在 AP Div 中放得下，决定是否加滚动条）4 个选项。选择前 3 个不同选项后，浏览器中的效果如图 3-1-11 所示。

在页面视图窗口内显示的都与图 3-1-11（a）一样。

（10）“剪辑”栏：用来确定AP Div的可见区域，即确定AP Div中的对象与AP Div边线的间距。“左”、“上”、“右”和“下”4个文本框分别用来输入AP Div中的对象与AP Div的左边线、顶部边线、右边线和底部边线的间距，单位为像素。

（a）选择visible

（b）选择hidden

（c）选择scroll

图3-1-11　在“溢出”下拉列表框中选择visible、hidden和sroll后的不同效果

思考与练习3-1

1. 参考【案例 5】网页的制作方法，制作一个“世界名花——玉兰”网页。
2. 参考【案例 5】网页的制作方法，制作一个“世界名花——樱花”网页。

3.2 案例6 “一串卡通动画”网页

案例效果和操作

“一串卡通动画”网页显示效果如图 3-2-1 所示。可以看到，5 个不同的卡通动画重叠在一起，通过该网页的制作，可以掌握 AP Div 属性的设置方法等。

图3-2-1　“一串卡通动画”网页效果

1. 创建 AP Div 并插入图像

（1）在“【案例 6】一串卡通动画\GIF”文件夹中保存了“卡通 1.gif”……“卡通 5.gif”5 个动画。

（2）新建一个网页文档，以名称“不同亮度重叠图像.html”保存在“【案例 6】一串卡通动画”文件夹内。单击“插入”（布局）栏内的“描绘 AP Div”按钮，鼠标指针变为十字线形状，在页面内左边拖动创建一个 AP Div，它的名称自动设置为 apDiv1。

（3）将光标定位到 AP Div 内，插入“GIF”文件夹内的“卡通 1.gif”图像，然后调整 AP Div 的大小，使 AP Div 内图像与 AP Div 大小一样。

（4）在第 1 个 AP Div 的右边创建第 2 个 AP Div，它的名称自动设置为 apDiv2。将光标定位到第 2 个 AP Div 内，插入“GIF”文件夹内的“卡通 2.gif”图像。

（5）按照上述方法，依次创建另外 3 个 AP Div，其名称分别为 apDiv3、apDiv4 和 apDiv5。分别插入“GIF”文件夹内的“卡通 3.gif”、“卡通 4.gif”和“卡通 5.gif”。

（6）按住【Shift】键，单击各 AP Div 的边框，选中 5 个 AP Div，单击“修改”→“排列顺序”→“设成宽度相同”命令，再单击“修改”→“排列顺序”→“设成高度相同”命令，使各 AP Div 的大小一样。

（7）单击“修改”→“排列顺序”→“上对齐”命令，使各 AP Div 的顶部对齐，效果如图 3-2-2 所示。

图3-2-2 调整5个AP Div大小一样且顶部对齐

2. 制作重叠的动画

（1）单击“窗口”→“AP 元素”命令，调出“AP 元素”面板，如图 3-2-3 所示。选中“AP 元素”面板内某一个 AP Div 名称，即可在网页内选中相应的 AP Div。此处不选中“防止重叠”复选框，这样可以将各 AP Div 重叠显示。

（2）用鼠标依次移动左边 4 个 AP Div 的位置到右边第 1 个 AP Div 处，使它们重叠一部分，位置依次向右上方错开一些，如图 3-2-4 所示。

（3）单击“AP 元素”面板内某一个 AP Div 的名称 Z 栏，使光标出现，即可设置该 AP Div 的 Z 值，Z 值越大，相应的 AP Div 越靠上边。按照这种方法，调整各 AP Div 及其内动画的前后位置。最后效果如图 3-2-1 所示。

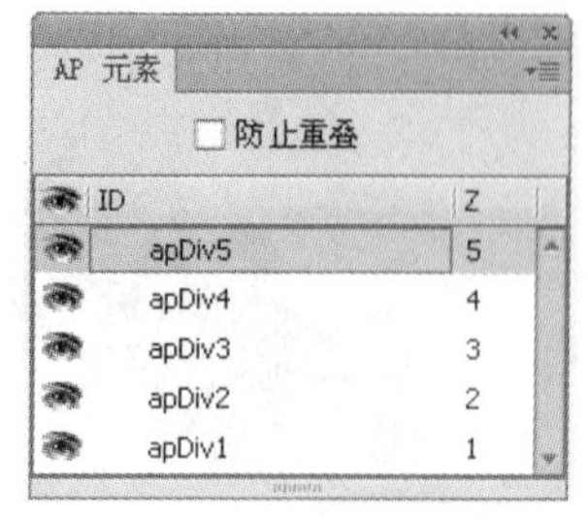

图3-2-3 “AP元素”面板设置

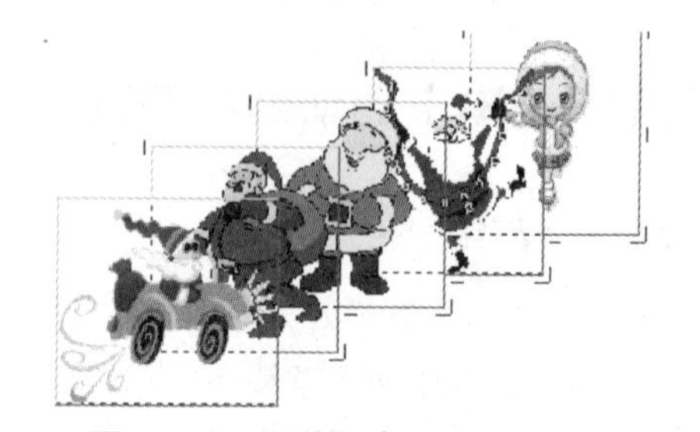

图3-2-4 调整5个AP Div的位置

相关知识——“AP元素”面板和AP Div的其他操作

1．利用“AP 元素”面板设置 AP Div 的属性

利用“AP 元素”面板可以对 AP Div 的可视性、嵌套关系、显示顺序和相互覆盖性等属性进行设置。单击“窗口”→“AP Div”命令，可调出“AP Div”面板，即 AP Div 监视器，如图 3-2-3 所示。

（1）显示 AP Div 的信息：在图 3-2-5 所示的“AP 元素”面板中有 5 个 AP Div，“ID”栏给出了各个 AP Div 的 ID 名称，“Z”栏内的数据给出了各 AP Div 的显示顺序，Z 值越高，显示越靠上。Z 值可以是负数，表示在网页下边，即隐藏起来，网页的 Z 轴数值为 0。

（2）选定 AP Div：单击“AP 元素”面板中 AP Div 的名字，可选中网页中相应的 AP Div。按【Shift】键，同时依次单击“AP 元素”面板中各个 AP Div 的名称，即可选中网页中相应的多个 AP Div。

（3）更改 AP Div 的名称：双击“名称”列内 AP Div 的名字，使此处名称出现白色的矩形框，如图 3-2-5 所示。此时即可输入 AP Div 的新名称。

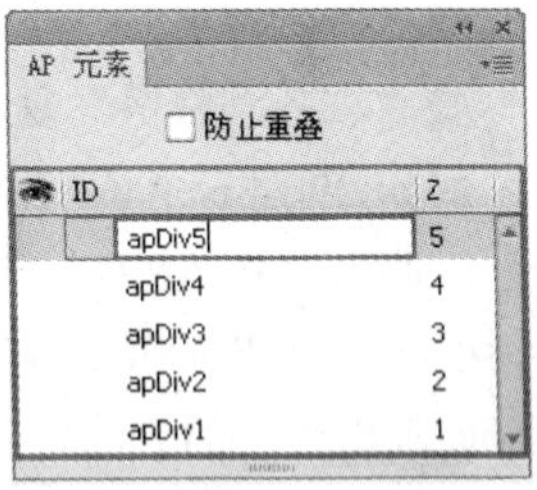

（4）设置是否允许 AP Div 重叠：如果不选中“AP 元素”面板中的“防止重叠”复选框，则表示允许 AP Div 之间有重叠关系；如果选中“防止重叠”复选框，则表示不允许 AP Div 之间有重叠关系。

图3-2-5　更改AP Div的名称

（5）改变 AP Div 的显示顺序：单击要更改显示顺序的 AP Div 的 Z 值（例如“apDiv4”），使它周围出现矩形框，如图 3-2-6 所示。再输入新的 Z 值。另外，在 AP Div 的“属性”栏内的“Z 轴”文本框中也可以改变 Z 值。

（6）设置 AP Div 的可视性：单击“AP 元素”面板内按钮，使按钮列出现许多人眼图像，如图 3-2-7 所示。“AP 元素”面板内的按钮列显示图像（睁开的人眼图像），表示此行的 AP Div 是可视的（即可见的）。

单击图像，可使图像消失，再单击原图像处，会出现图像，表示此行的 AP Div 是不可视的。如果再单击图像，可使它变为图像，表示此行的 AP Div 又变为可视的。将“apDiv3”AP Div 变为不可视后的“AP 元素”面板如图 3-2-8 所示。

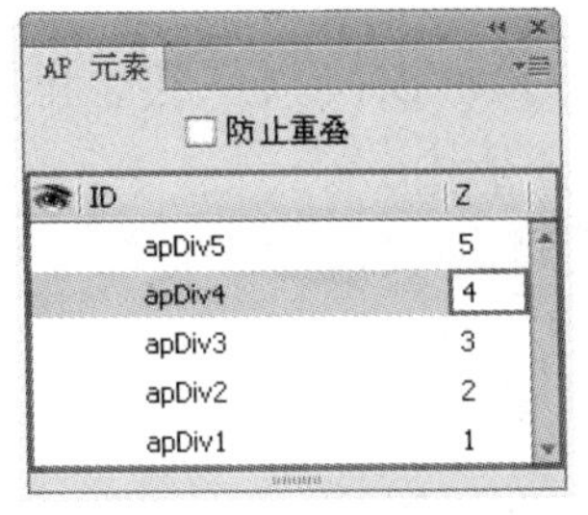

图3-2-6　修改Z值

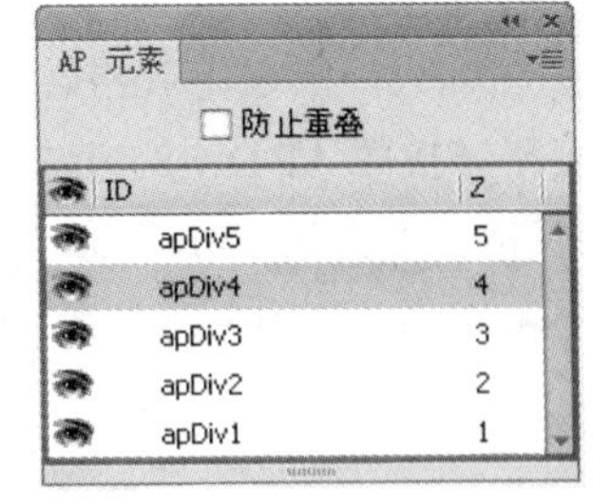

图3-2-7　单击按钮后效果

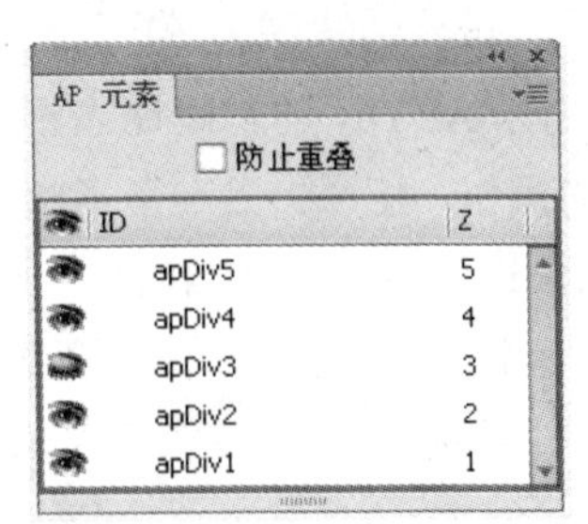

图3-2-8　“apDiv3”AP Div不可视

2．将 AP Div 转换为表格

单击“修改”→“转换”→“将 AP Div 转换为表格”命令，调出“将 AP Div 转换为表格”对话框，如图 3-2-9 所示。该对话框内各选项的作用如下：

（1）“表格布局”选项组内各选项的含义如下：

◎“最精确”单选按钮：表示使用最高的精度转换。转换后的单元格位置基本不变，空白处会产生空白的单元格。

◎“最小：合并空白单元格”单选按钮：选中后，会合并空白单元格。

◎ 小于: 4 像素宽度 文本框：选中“最小：合并空白单元格”单选按钮后，该文本框为有效状态，其内可输入数值，单位为像素。当AP Div与AP Div的间距小于此值时，转换为表格后会自动对齐，而不是以空白单元格去补充，避免产生过多的表格和单元格。

◎“使用透明 GIFs”复选框：选择它后，转换后的表格空白单元格内用透明的 GIF 图像填充。从而保证在任何浏览器中都能正常显示。

◎“置于页面中央”复选框：选择后，转换后的表格在页面内居中显示。不选择时，转换后的表格在页面内左上角显示。

（2）“布局工具”选项组内各选项的含义如下：

◎“防止重叠”复选框：选中后，可防止 AP Div 重叠。

◎“显示 AP 元素面板”复选框：选中后，可显示“AP 元素”面板。

◎“显示网格”复选框：选中后，可显示网格。

◎“靠齐到网格”复选框：选中后，可使网格吸附（捕捉）功能有效。

例如，创建 6 个 AP Div，如图 3-2-9 所示，单击“修改”→“转换”→“将 AP Div 转换为表格”命令，调出“将 AP Div 转换为表格”对话框，如图 3-2-10 所示。单击“确定”按钮，关闭该对话框，即可将 AP Div 转换为表格，如图 3-2-11 所示。如果没有表格，可创建一个简单表格，即可显示出转换的表格，再将刚创建的简单表格删除。

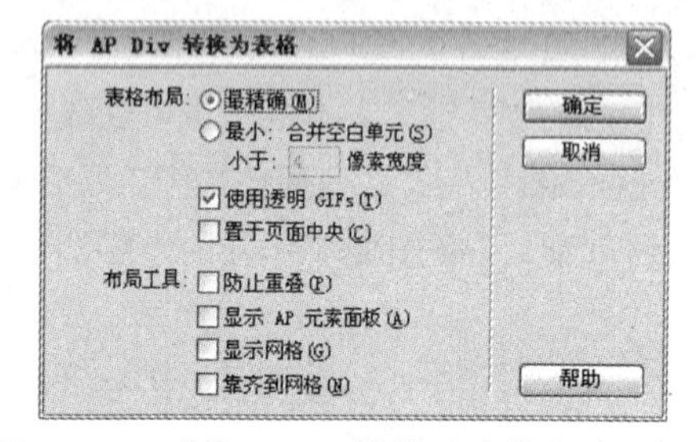

图3-2-9 “将AP Div转换为表格”对话框

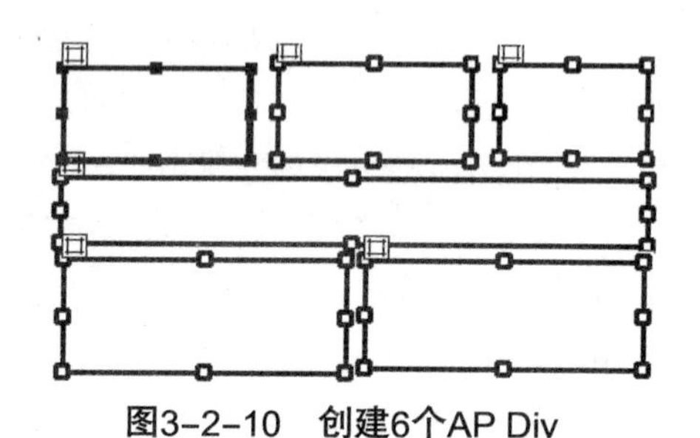

图3-2-10 创建6个AP Div

3．将表格转换为 AP Div

由于 AP Div 的功能比表格的功能要强大，所以将表格转换为 AP Div 以后，可以利用 AP Div 的操作，使网页更丰富多彩。将表格转换成 AP Div 的方法如下所述。

单击“修改”→“转换”→“将表格转换为 AP Div”命令，调出“将表格转换为 AP Div”对话框，如图 3-2-12 所示。该对话框内各复选框的作用与“将 AP Div 转换为表格”对话框内“布局工具”选项组中各选项的含义一样。

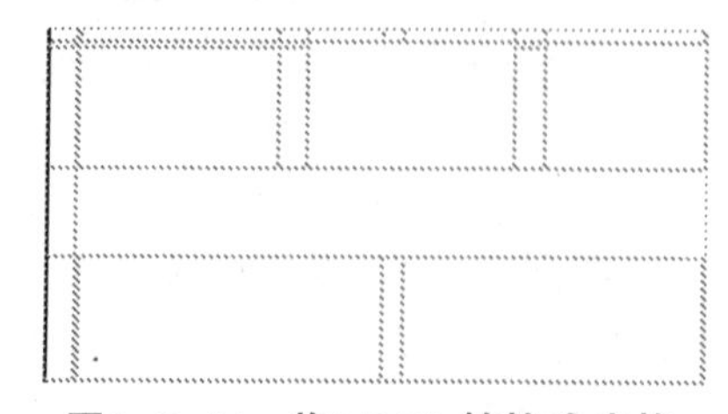

图3-2-11 将AP Div转换为表格

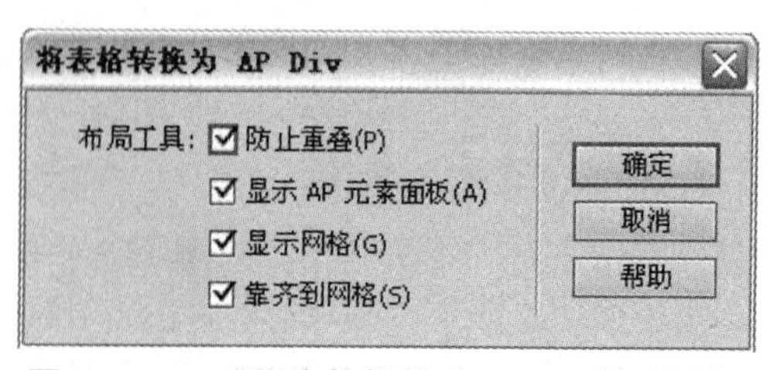

图3-2-12 “将表格转换为AP Div”对话框

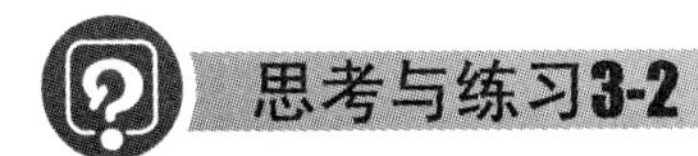

思考与练习3-2

1. 修改【案例 6】“一串卡通动画”网页，使重叠的动画为 10 个。
2. 创建 8 个 AP Div，再将它们转换为表格，并显示出来。

3.3 案例7 “世界名花1”网页

案例效果和操作

“世界名花 1”网页的显示效果如图 3-3-1 所示。网页的上边是标题框架窗口，左边是目录框架窗口，右边用来显示中心内容。单击左边框架窗口内的文字图像，可以在右边的框架窗口中显示相应的内容。例如，单击“倒挂金钟”文字图像后，显示的效果如图 3-3-2 所示。通过该网页的制作，可以掌握创建有框架网页的方法。

图3-3-1　“世界名花1”网页的显示效果

图3-3-2　单击“倒挂金钟”文字图像后的显示效果

框架可以把一个网页页面分成几个单独的区域（即窗口），每个区域就像一个独立的网页，可以是一个独立的 HTML 文件。在框架网页中主要包括两种网页，框架和框架集。每个框架对应一个网页，记录具体的网页内容；框架集记录整个框架网页中各框架的信息，即框架网页由几个框架组成，这些框架的名称、大小和位置等。

因此，框架可以实现在一个网页内显示多个 HTML 网页文件。对于一个有 n 个框架（即区域）的框架网页来说，每个框架（区域）内有一个 HTML 文件，整个框架集结构也是一个 HTML 网页文件，因此该框架网页是一个 HTML 文件集，它有 n+1 个 HTML 网页文件。

1．准备素材和制作框架内网页

（1）在“【案例 7】世界名花 1”文件夹内存放所有与网页有关的网页文件，该目录下还保存有名称为“KB.jpg”的空白图像和 Back1.jpg 纹理图像。在该文件夹内创建“鲜花”、“GIF”、“世界名花”和“按钮和标题”文件夹，其内存放各网页文件内的图像和 GIF 格式动画。

（2）在“【案例 7】世界名花”目录下创建一个名称为 TOP.htm 的网页，它的显示效果如图 3-3-3 所示。其内插入了一幅文字图像“世界名花 .gif”，居中对齐。

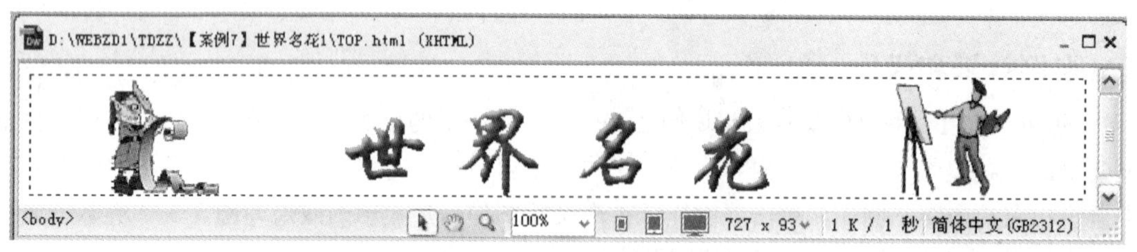

图3-3-3　TOP.htm网页

（3）在“【案例 7】世界名花”文件夹内创建一个名称为“RIGHT.html”的网页，其内插入两幅图像，调整它们的大小，显示效果如图 3-3-4 所示。

（4）在“【案例 7】世界名花 1”文件夹下，创建一个名称为“LEFT.htm”的网页，在第 1 行插入“【案例 7】世界名花 \ 按钮和标题 \ 长寿花文字 2.gif”图像，按【Enter】键后，插入下一幅图像。按照上述方法，从上到下依次插入多个文字图像，如图 3-3-5 所示。所有文字图像均在“【案例 7】世界名花 \ 按钮和标题”目录下。

图3-3-4　RIGHT.html网页

图3-3-5　LEFT.htm网页

（5）选中“长寿花”文字图像，在其“属性”栏内的“链接”文本框内输入“世界名花——长寿花 .html”文字，如图 3-3-6 所示，建立“长寿花”文字图像与“【案例 7】世界名花”文件夹下“世界名花——长寿花 .html”网页的链接。

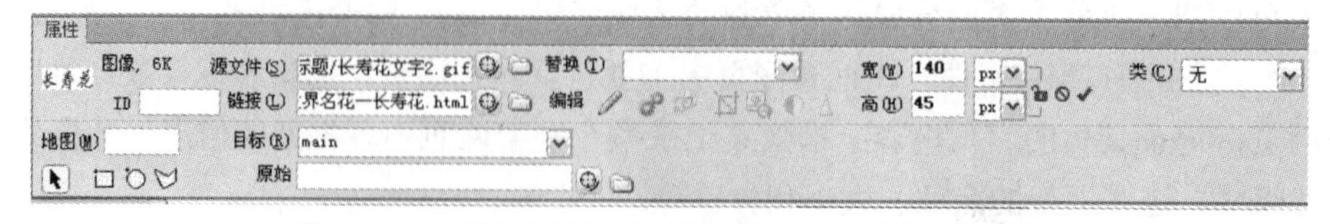

图3-3-6　“长寿花”文字图像的“属性”栏设置

按照上述方法，建立其他文字图像和相应网页的链接，这些网页均在“【案例 7】世界名花”文件夹内。

2．制作框架集网页

（1）在“【案例 7】世界名花 1”文件夹内创建一个名称为“世界名花 1.html”的网页。单击“修改”→“框架集”→“拆分上框架”命令，在空白网页内创建上下两个分栏框架，用鼠标拖动上下两个分栏框架之间的框架线，调整它的位置。

（2）单击下边分栏框架内部，单击“修改”→“框架集”→“拆分左框架”命令，在下边分栏框架内分出左右分栏框架，用鼠标拖动上下两个分栏框架之间的框架线，调整它的位置，如图 3-3-7 所示。

（3）调出“框架”面板，如图 3-3-8（a）所示。可以看出网页框架集由 3 个分栏框架组成，上边一个，下边左右分布两个。单击“框架”面板内上边的分栏框架，在其“属性”栏内“框架名称”文本框内输入分栏框架的名称 TOP，再按【Enter】键；单击“框架”面板内左边的分栏框架，在其“属性”栏内“框架名称”文本框内输入 LEFT，再按【Enter】键；单击“框架”面板内右边的分栏框架，在其“属性”栏内“框架名称”文本框内输入 main，再按【Enter】键。此时的“框架”面板如图 3-3-8（b）所示。

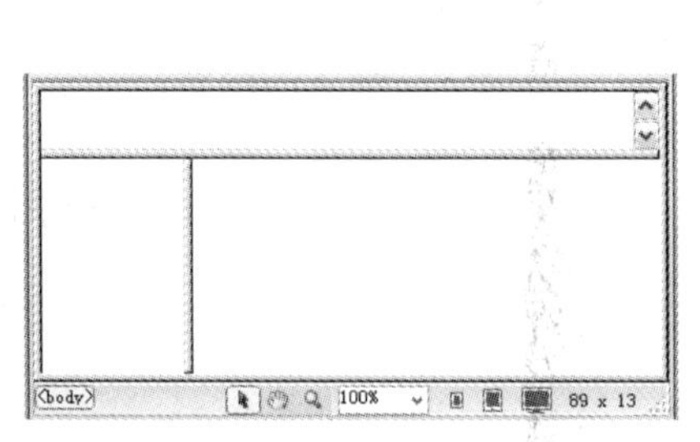

图3-3-7 在页面内创建的框架集

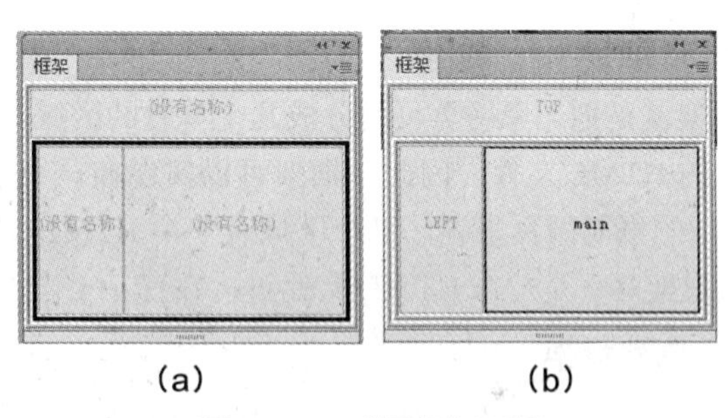

图3-3-8 “框架”面板

（4）按【Alt】键，单击右边分栏框架窗口内部，可以切换到右边分栏框架的“属性”栏。在该“属性”栏内的“源文件”文本框内输入“RIGHT.html”，即在该框架内导入“RIGHT.html”网页；在“滚动”下拉列表框中选择“自动”选项，表示在该框架内的网页内容大于框架大小后自动产生滚动条。此时的“属性”栏设置如图 3-3-9 所示。

另外，也可以在图 3-3-9 所示的“属性”栏内单击“源文件”文本框右边的按钮，调出“选择图像源文件”对话框，利用该对话框可以选择“【案例 7】世界名花 \RIGHT.html”网页文件，在“相对于”下拉列表框中选择“文档”选项，再单击“确定”按钮，将 RIGHT.html 网页导入到 main 分栏框架中。

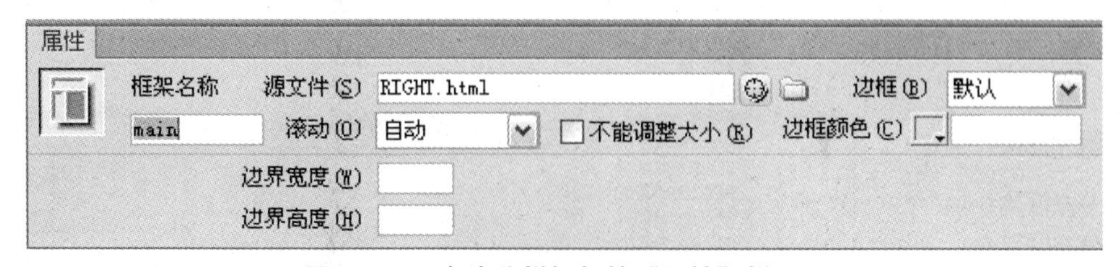

图3-3-9 右边分栏框架的“属性”栏设置

（5）按【Alt】键，单击左边的分栏框架窗口内部，切换到左边分栏框架的“属性”栏。在该“属性”栏内的“源文件”文本框内输入“LEFT.htm”，在“滚动”下拉列表框中选择“自动”选项。

（6）按【Alt】键，单击上边的分栏框架窗口内部，打开上边分栏框架的“属性”栏。在该“属性”栏内的“源文件”文本框内输入“TOP.htm”，在“滚动”下拉列表框中选择“自动”选项。

（7）单击框架内部的框架线，选中整个框架，此时“属性”栏切换到框架集的“属性”栏，在“边框”下拉列表框中选择“默认”选项，在“边框宽度”文本框内输入 3，保证各分栏框架之间有 3 像素的边框。框架集的“属性”栏设置如图 3-3-10 所示。

属性
框架集
行:
1
列:
2
边框 (B)
默认
边框宽度 (W)
3
边框颜色 (C)
值 (V)
单位 (U)
列
174
像素
行列
选定范围

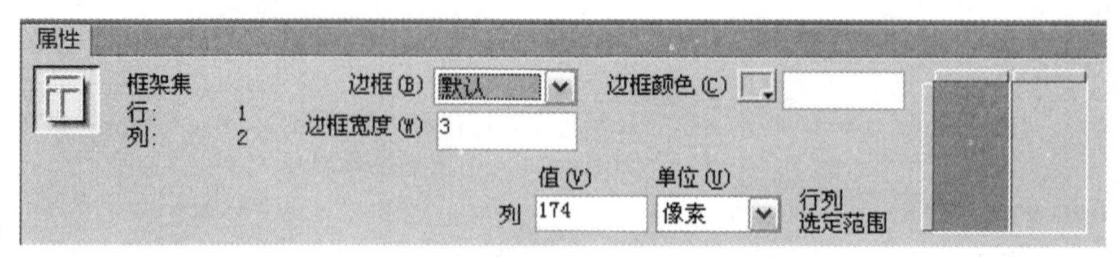

图3-3-10　框架集的“属性”栏设置

（8）单击“文件”→“保存框架页”命令，完成框架集文件的保存。

相关知识——框架

框架就是把一个网页页面分成几个单独的区域，每个区域就像一个独立的网页，可以是一个独立的 HTML 文件。因此，框架可以实现在一个网页内显示多个 HTML 文件。对于一个有 *n* 个区域的框架网页来说，每个区域有一个 HTML 文件，整个框架结构也是一个 HTML 文件，因此该框架网页是一个 HTML 文件集，它有 *n*+1 个 HTML 文件。

1. 创建框架

（1）创建框架操作：在网页中创建框架的常用方法有以下两种。

◎ 创建一个空网页。单击“修改”→“框架集”命令，调出“框架集”菜单，如图 3-3-11 所示。单击该菜单内的命令，可以创建分栏框架，用鼠标拖动框架线，可以调整框架线的位置。单击选中一个框架集，单击“框架集”菜单内的命令，可以在选中的框架分栏中创建新的分栏框架。

◎ 单击“插入”→“HTML”→“框架”命令，调出“框架”菜单，如图 3-3-12 所示。单击该菜单内的命令，即可创建一种相应的框架。

在使用上述两种方法创建框架时，会自动调出“框架标签辅助功能属性”对话框，如图 3-3-13 所示。利用该对话框可以更改框架集内各框架的名称。如果单击“取消”按钮，则采用它的默认名称。

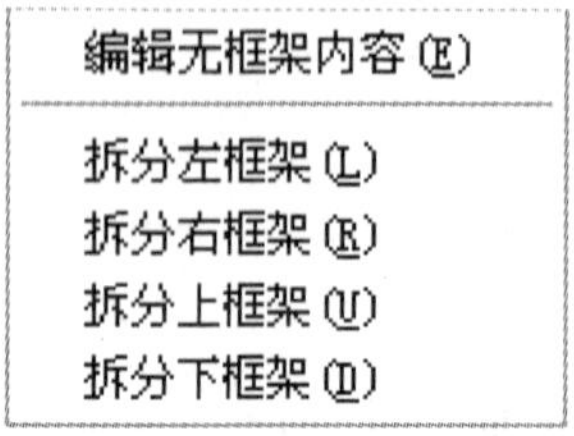

编辑无框架内容 (E)
拆分左框架 (L)
拆分右框架 (R)
拆分上框架 (U)
拆分下框架 (D)

图3-3-11　“框架集”菜单

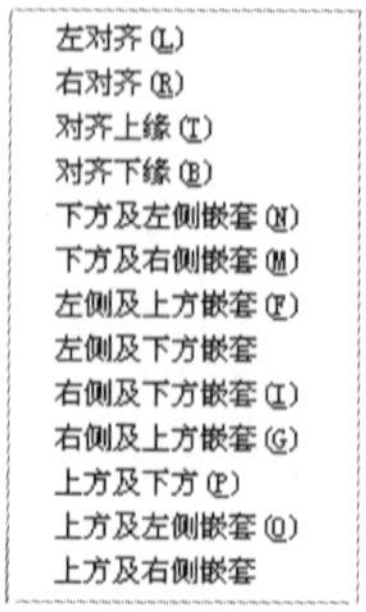

左对齐 (L)
右对齐 (R)
对齐上缘 (T)
对齐下缘 (B)
下方及左侧嵌套 (N)
下方及右侧嵌套 (M)
左侧及上方嵌套 (F)
左侧及下方嵌套
右侧及下方嵌套 (I)
右侧及上方嵌套 (G)
上方及下方 (P)
上方及左侧嵌套 (O)
上方及右侧嵌套

图3-3-12　“框架”菜单

框架标签辅助功能属性
为每一框架指定一个标题。
框架:
bottomFrame1
标题:
bottomFrame1
确定
取消
帮助
如果在插入对象时不想输入此信息
，请更改“辅助功能”首选参数。

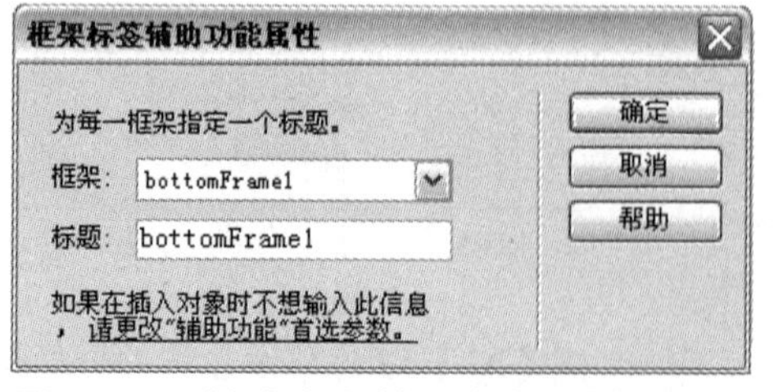

图3-3-13　“框架标签辅助功能属性”对话框

（2）“框架”面板：单击“窗口”→“框架”命令，调出“框架”面板，也叫框架观察器，如图 3-3-8 所示。“框架”面板的作用是显示出框架网页的框架结构（也叫分栏结构）。单击“框架”面板内某个框架，则“框架”面板中该框架边框会变为黑色，表示选中该框架，同时“属性”栏变为该框架“属性”栏。如果单击框架集的外框线，可以选中整个框架集，如图 3-3-8（a）所示，同时“属性”栏变为框架集“属性”栏。单击网页窗口中某个框架内，则该框架内的文字变为黑色，如图 3-3-8（b）所示。

2．框架基本操作

在创建框架后，要增加或删除框架个数，首先应单击框架内部，再单击“查看”→“可视化助理”→“框架边框”命令，使该菜单选项左边出现✔，然后可采用如下方法进行操作。

（1）在框架区域内增加新框架：单击某一个框架区域内部，使光标在此区域内出现，然后按照上述方法即可在框架区域内增加新框架。

（2）增加新框架：将鼠标指针移到框架的四周边缘处，当鼠标指针变为“↔”或“↕”形状时，按住【Alt】键，向鼠标指针箭头方向拖动，可在水平或垂直方向增加一个框架。

（3）调整框架的大小：用鼠标拖动框架线，即可调整框架的大小。

（4）删除框架：用鼠标拖动框架线到另一条框架线或边框处，即可删除框架。

（5）单击“修改”→“框架集”→“×××”命令，可以拆分框架。

3．在框架内插入对象和 HTML 文件

（1）在框架内插入对象：单击框架的一个框架窗口内，使光标在其内出现。再向光标处输入文字或插入对象。然后将该框架中的内容保存为网页文件。

（2）在框架内插入 HTML 文件：使光标在框架内出现，单击“文件”→“在框架中打开”命令，调出“选择 HTML 文件”对话框，如图 3-3-14 所示。利用该对话框可将外部 HTML 文件插入框架内。

（3）单击“框架”面板中的框架内部，选中相应的框架。单击其“属性”栏中“源文件”按钮📁，也可以调出“选择 HTML 文件”对话框。利用该对话框，选择文件夹、要加载的文件，在“相对于”下拉列表框中选择“站点根目录”选项后，URL 文本框中会给出选中文件相对于站点文件夹的相对路径和文件名称；在“相对于”下拉列表框内选择“文档”选项。单击“确定”按钮，完成在框架内插入 HTML 文件的任务。

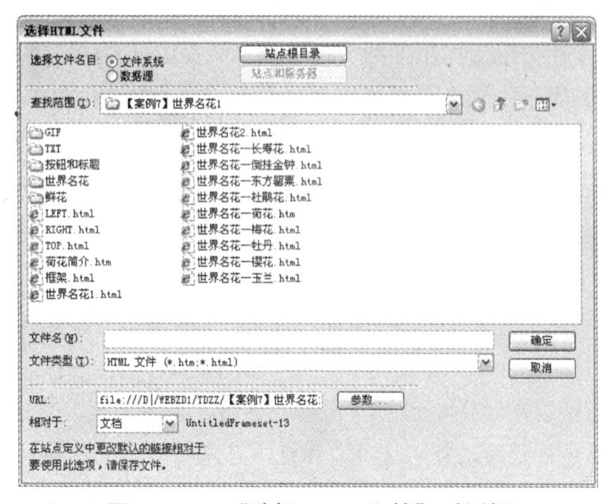

图3-3-14 “选择HTML文件”对话框

4．保存框架文件

在文件菜单内有许多命令用来保存框架集和框架分栏内的网页，而且具有智能化，可以针对需要保存的内容显示可以使用的相应的命令。

（1）如果网页中的框架集是新建的或是进行过修改的，则单击“文件”→“保存全部”命令，调出“另存为”对话框，同时整个框架（即框架集）会被虚线围住。利用该对话框可输入文件名，再单击“保存”按钮，完成整个框架集网页文件的存储，会自动再调出“另存为”对话框，同时某一个框架会被虚线围住。利用该对话框可输入文件名，再单击“保存”按钮，完成该框架内网页文件的存储。以后依次将框架分栏内的内容保存为 HTML 网页文件。保存的是哪个分栏中的网页文件，则该分栏会被虚线围住。

（2）如果网页中的框架集是新建的或修改后的，则单击“文件”→“框架集另存为”命令，或单击“文件”→“保存框架页”命令，可调出“另存为”对话框。利用该对话框可输入文件名，再单击“保存”按钮，完成框架集文件的保存。

（3）单击一个框架分栏内部，使光标出现在该框架窗口内。单击“文件”→“保存框架”命令，调出“另存为”对话框。输入网页的名字，单击“保存”按钮，即可将该框架分栏中的网页保存。

（4）修改后单击“文件”→“关闭”命令关闭框架文件时，会调出一个提示框，提示是否存储各个 HTML 文件。几次单击“是”按钮即可依次保存各框架（先保存光标所在的框架，最后保存整个框架集）。保存的是哪个分栏中的网页文件，则该分栏会被虚线围住。

5．框架集的“属性”栏

单击“框架”面板内框架集的外边框后，可使“属性”栏切换为框架集“属性”栏，如图 3-3-10 所示。其内各选项的作用如下：

（1）“边框”下拉列表框：用来确定是否保留边框。选择“是”选项则保留边框；选择“否”选项则不保留边框；选“默认”选项则采用默认状态，通常是保留边框。

（2）“边框颜色”文本框：用来确定边框的颜色。单击按钮，可调出颜色面板，利用它可确定边框的颜色，也可在文本框中直接输入颜色数据。

（3）“边框宽度”文本框：用来输入边框的宽度数值，其单位是像素。如果在该文本框内输入 0，则没有边框。单击“查看”→“可视化处理”→“框架边框”命令，则网页页面编辑窗口内会显示辅助的边框线（它不会在浏览器中显示出来）。

（4）“值”文本框：用来确定网页左边分栏的宽度或上边分栏的高度。

（5）“单位”下拉列表框：用来选择“值”文本框内数的单位，有“像素”等选项。

6．框架“属性”栏

单击“框架”面板内框架的内部后，可使“属性”栏变为框架“属性”栏，如图 3-3-9 所示，其内各选项的作用如下：

（1）“框架名称”文本框：用来输入分栏的名字。

（2）“源文件”文本框：用来设置该分栏内 HTML 文件的路径和文件的名字。

（3）“滚动”下拉列表框：用来选择分栏是否要滚动条。选择“是”选项，表示要滚动条；选择“否”选项，表示不要滚动条；选择“自动”选项，表示根据分栏内是否能够完全显示出其中的内容来自动选择是否要滚动条；选择“默认”选项，表示采用默认状态。

（4）“不能调整大小”复选框：如果选择它，则不能用鼠标拖动框架的边框线，调整分栏大小；

如果没选择它，则可以用鼠标拖动框架的边框线，调整分栏大小。

（5）“边框”下拉列表框：用来设置是否要边框。当此处的设置与框架集“属性”栏的设置矛盾时，以此处设置为准。

（6）“边框颜色”文本框：用来设置边框的颜色。

（7）“边界宽度”文本框：用来输入当前框架中内容距左右边框的间距。

（8）“边界高度”文本框：用来输入当前框架中内容距上下边框的间距。

思考与练习3-3

1．修改【案例 7】“世界名花 1”网页，使它左边的框架分栏内的网页显示更多的世界名花名称图像，单击添加的文字图像，可以调出相应的网页。

2．制作一个“圣诞树”网页，该网页在浏览器中的显示效果如图 3-3-15（a）所示。网页内上边是标题框架窗口，左边是目录框架窗口，右边用来显示中心内容。单击左边框架窗口内的文字图像，可以在右边的框架窗口中显示相应的内容。例如，单击“各地的过法”文字图像后，显示的效果如图 3-3-15（b）所示。网页中的素材可上网下载。

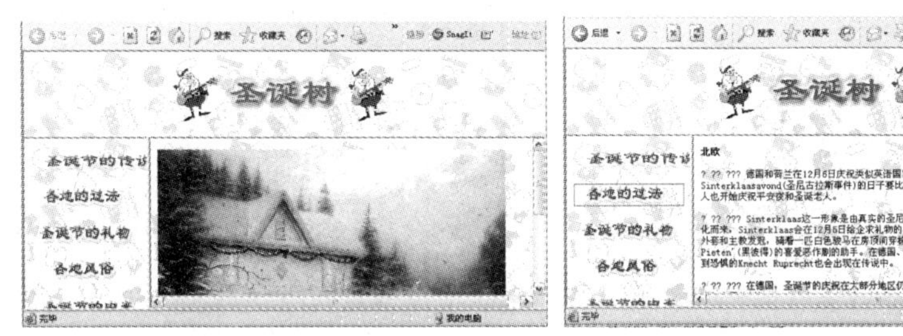

（a）在浏览器中显示效果

（b）单击文字图像后显示效果

图3-3-15　“圣诞树”网页的显示效果

3.4　案例8　“亚洲旅游在线”网页

案例效果和操作

“亚洲旅游在线”网页显示效果如图 3-4-1 所示，它是整个“亚洲旅游在线”网站的主页。在标题栏下的左边是导航栏，导航栏中有一些文字图像，单击这些文字图像可以打开相应的网页。该网页中还有链接图像，单击该链接图像，也可以进入相应的网页。可以看到，该网页中文字量与图像较多，分栏也较多。

在网页的设计中，网页的布局非常重要，也就是网页中的文字、图像与动画等对象如何安排。通常在插入对象以前先进行区域分割。区域的分割可以使用框架、AP Div 或表格，使用最多的是表格。常规的方法是插入表格，但是需要进行表格的合并和拆分等设置。Dreamweaver CS6“布局”栏提供了“布局表格”和“绘制布局单元格”两个布局工具。使用它们可以方便地制作出网页布局的表格。通过该网页的制作，可以掌握布局操作的一些方法。

1．使用描图

制作较复杂的网页可以使用 Dreamweaver CS6 提供的描图工具。描图也称为跟踪图像，它是 Dreamweaver CS6 提供的一种网页辅助制作工具，类似学习毛笔字所用的描红纸。使用描图工具时，原来的背景图像或背景色将变为不可见。描图只会在网页设计窗口内看到，在浏览器中是看不到的，但背景图像或背景色可以显示出来。

（1）制作描图的样图：在图像处理软件（例如：Photoshop）中制作一幅与图3-4-1相似的图像，其中的图像、动画和文字对象可以由其他图像和文字替代。也可以复制一份别人做好的网页图像并按照自己的要求进行修改。这幅图像是用来作为设计网页的描图。然后将图像存成JPG格式文件。这里参考其他网页，在Photoshop中制作的描图图像如图3-4-2所示，将该图像以名称“描图.jpg”保存在“【案例8】亚洲旅游在线”文件夹内。

图3-4-1 “亚洲旅游在线”网页主页显示效果

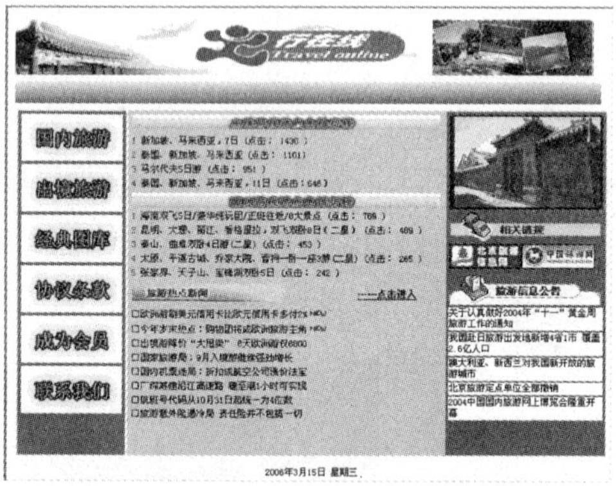

图3-4-2 在Photoshop中制作的描图

（2）载入描图：制作好描图后，在中文 Dreamweaver CS6 下，将设计的描图载入，再按照描图的结构样子进行网页的设计。载入描图的方法如下：

单击“查看”→“跟踪图像”→“载入”命令，调出“选择图像源文件”对话框，选择作为描图的图像，此处选择“【案例 8】亚洲旅游在线 \ 描图 .jpg”图像文件，单击“选择图像源文件”对话框内的“确定”按钮，即可加载“描图 .jpg”图像，同时调出“页面属性”（跟踪图像）对话框，如图 3-4-3 所示（还没有调整）。

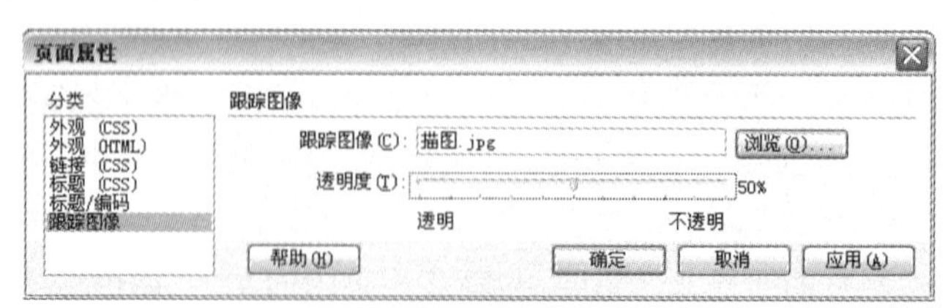

图3-4-3 “页面属性”对话框

（3）这时，“页面属性”对话框内的“跟踪图像”文本框内已经填入了加载图像的路径与文件名。拖动“透明度”滑块，来调整描图的透明度。通常透明度设置为 50% 左右，有利于区分描图和网页的图像，如图 3-4-3 所示。单击“应用”按钮，即可将图像导入网页中。单击“确定”按钮退出该对话框。这时，网页文档窗口内会显示透明度为 50% 的描图图像，作为布局的参考标准，如图 3-4-4 所示。

图3-4-4　显示为透明度50%的描图图像

2．布局设计

“亚洲旅游在线”网页的布局效果如图 3-4-5 所示。制作方法有以下两种。

（1）在图 3-4-4 所示网页设计视图内，按照描图创建多个 AP Div，然后，单击“修改”→“转换”→“将 AP Div 转换为表格”命令，调出“将 AP Div 转换为表格”对话框，如图 3-2-9 所示。单击“确定”按钮，关闭该对话框，将 AP Div 转换为表格，如图 3-4-5 所示。如果没有表格，可创建一个简单表格，即可显示出转换的表格，再将刚创建的简单表格删除。

（2）创建 3 列 20 行表格，调整表格的宽度。然后，将上边一行的 3 列合并为一列，将最下边一行的 3 列合并为一列，将右边一列的第 3 行到第 18 行合并成一行，将左边 18 行合并为 7 行。最后，将表格线“填充”、“间距”和“边框”值均设置为 0。

以上表格布局创建完后，单击网页空白处，单击其“属性”栏内的“页面属性”按钮，调出“页面属性”（跟踪图像）对话框，如图 3-4-3 所示。拖动调整透明度为完全透明，使页面描图消失，页面效果如图 3-4-5 所示。

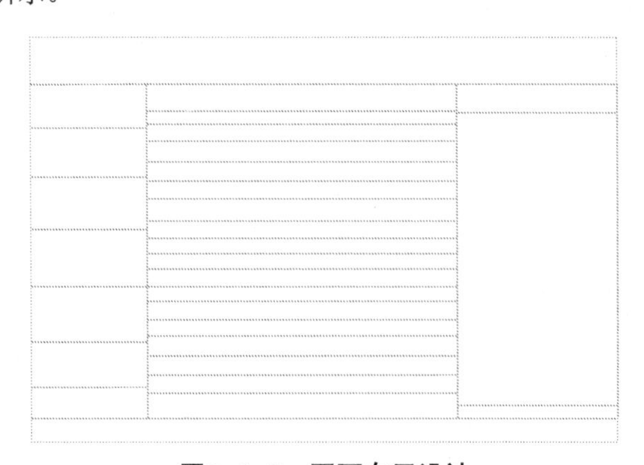

图3-4-5　网页布局设计

相关知识——描图

1．制作和导入描图

（1）制作描图的样图：先在图像处理软件（如 Photoshop）中制作一幅与要设计的网页页

面相似的图像，其中的图像、动画和文字对象可以用其他图像和文字替代。也可以复制一份别人做好的网页图像并按照自己的要求进行修改。这幅图像是用来作为设计网页的描图，然后将图像存成 JPG、GIF 或 PNG 图像格式文件。

制作好描图后，就可以在 Dreamweaver CS6 下将设计的描图导入，再按照描图的结构样子进行网页的设计。

（2）导入描图：单击“查看”→“跟踪图像”→“载入”命令，调出“选择图像源文件”对话框，利用它可以选择作为描图的图像。选择图像后，单击“选择图像源文件”对话框内的“确定”按钮，即可加载图像，同时调出“页面属性”（跟踪图像）对话框。这时，“页面属性”对话框内的“跟踪图像”文本框中已经填入了加载图像的路径与文件名。用鼠标拖动“图像透明度”滑块，来调整描图的透明度。通常透明度调到 50% 左右，有利于区分描图和网页的图像，如 图 3-4-3 所示。单击“应用”按钮，即可将图像导入网页中；单击“确定”按钮，关闭“页面属性”对话框。

单击网页空白处，单击其“属性”栏内的“页面属性”按钮，也可以调出“页面属性”对话框，单击选中其内左边“分类”栏中的“跟踪图像”选项，切换到“跟踪图像”选项卡，如图 3-4-3 所示。单击“浏览”按钮，也可以调出“选择图像源文件”对话框。

（3）将描图与其他对象对齐：选择网页页面内一个对象，例如，图像或文字。单击“查看”→“跟踪图像”→“对齐所选范围”命令，即可将描图的左上角与选中对象的左上角对齐。载入描图和编辑描图后，可以按照描图进行网页的布局设计。

（4）然后可以按照前面介绍的各种方法插入对象和建立链接。

2．显示 / 隐藏描图和调整描图位置

（1）显示 / 隐藏描图：在网页中导入描图后，单击“查看”→“跟踪图像”→“显示”命令，可以在显示描图和隐藏描图之间切换。通过调整“页面属性”（跟踪图像）对话框内描图的透明度，可以在显示描图和隐藏描图之间切换。

（2）调整描图位置：单击“查看”→“跟踪图像”→“调整位置”命令，调出“调整跟踪图像位置”对话框，如图 3-4-6 所示。利用它可以改变描图的位置。在该对话框的 X 和 Y 文本框内分别输入坐标值（单位为像素），即可将描图的左上角以指定的坐标值定位。单击“确定”按钮即可完成重定位。

另外，在打开“调整跟踪图像位置”对话框的情况下，也可以通过按键盘中的方向键来移动描图，每按一次键即可移动 1 像素。按住【Shift】键的同时，按键盘中的方向键也可以移动描图，每按一次键即可移动 5 像素。单击“查看”→“跟踪图像”→“重设位置”命令，即可将描图的位置恢复到调整前的位置。

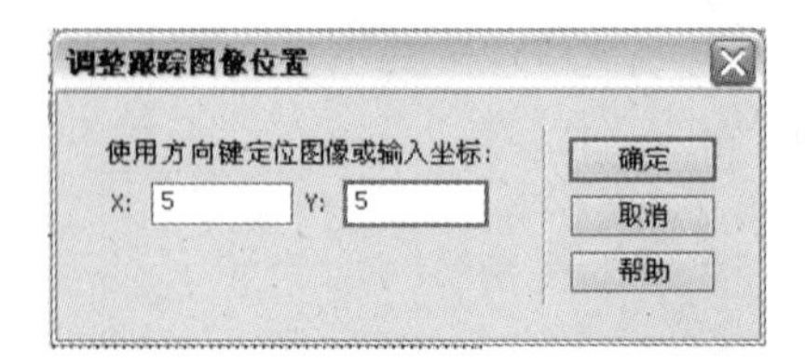

图3-4-6 “调整跟踪图像位置”对话框

思考与练习3-4

1．将 Internet 上的一个网页图像复制粘贴到 Photoshop 中进行加工处理，制作出描图。利用该描图设计网页布局，制作一个介绍中国旅游景点的网页主页。

2．使用网页布局的方法，制作一个“世界名花——菊花”网页。

3．使用网页布局的方法制作一个“求职——我的简历”网页，该网页的显示效果如图 3-4-7 所示。设计标题栏的下边是导航栏，导航栏中有一些文字，单击这些文字可以打开相应的网页。导航栏下边给出了当前的日期和时间，以及当前的网页位置。单击网页中其中有蓝颜色的文字，也可以打开相应的网页。标题栏中的小图像和左边的人物图像都是 GIF 动画。

图3-4-7　“求职——我的简历”网页显示效果

第4章　插入媒体等对象和超级链接

本章通过完成6个案例，掌握在Dreamweaver CS6网页页面中插入时间、插件、Shockwave影片、SWF动画、FLV视频、Applet、ActiveX等对象的方法，掌握锚点、图像热区与邮件等超级链接的方法。

4.1 案例9 “鲜花图像浏览”网页

案例效果和操作

“鲜花图像浏览”网页的显示效果如图4-1-1所示。页面的背景是一幅风景图像的水印画，第1行中间是红色立体文字“鲜花图像浏览”图像，它是该网页的标题；在标题的两边各有两幅小图像，小图像和标题之间有空间；在标题的下面有一个导航栏，显示5幅文字图像，将鼠标移到这些导航文字图像之上时，文字图像会变为相应的小鲜花图像，单击这些小鲜花图像后可以链接到相应的网页页面，显示相应的高清晰大图像或相应的网页。

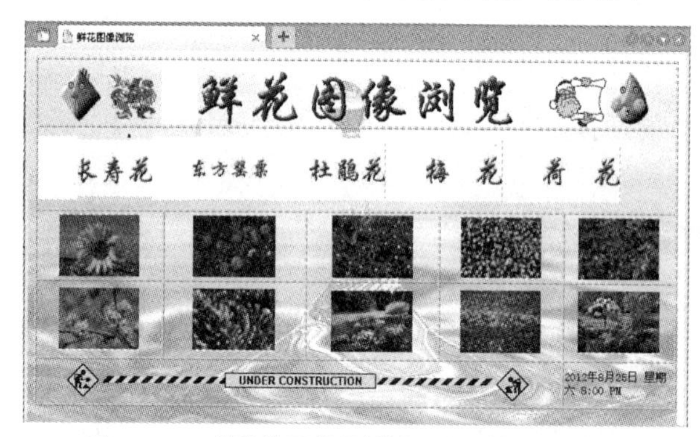

图4-1-1 “鲜花图像浏览”网页的显示效果

导航栏的下面是10幅小图像，单击其中一幅图像后，调出一个相应的网页，其中显示该图像的高清晰画面。在页面底部的左边显示一个GIF动画，右边显示网页制作的时间。通过该网页的制作，可以进一步掌握利用表格编排网页的方法，以及插入导航条、时间和图像的方法等。“鲜花图像浏览”网页的制作方法如下：

1．准备素材

（1）在“【案例9】鲜花图像浏览”文件夹内创建“鲜花”、“GIF”、“IMG”及“BT”4个文件夹。在“鲜花”文件夹内存放“鲜花1.jpg”……“鲜花10.jpg”和“长寿花.jpg”等大图像；在“GIF”文件夹内存放一些GIF格式的动画和图像；在“IMG”的文件夹内放置10幅与高清晰度图像内容一样的小图像“Img1.jpg”……“Img10.jpg”；在“BT”文件夹内放置“长寿花文字.jpg”、“东方罂粟文字.jpg”、“杜鹃花文字.jpg”、“梅花文字.jpg”和“荷花文字.jpg”5个文字图像，放置“长寿花.jpg”、“东方罂粟.jpg”、“杜鹃花.jpg”、“梅花.jpg”和“荷花.jpg”5幅小图像，以及名称为“鲜花图像浏览.gif”的文字图像，名称为“KB.jpg”的空白图像和名称为“BEIJING.jpg”的背景图像。

（2）将“【案例 1】世界名花——杜鹃花”文件夹内“世界名花——杜鹃花 .html”、“世界名花——东方罂粟 .html”网页和相应的图像与文件夹复制到“【案例 9】鲜花图像浏览”文件夹内。

（3）将“【案例 2】世界名花—荷花”文件夹内“世界名花——荷花 .html”和“荷花简介 .htm”网页复制到“【案例 9】鲜花图像浏览”文件夹内，将该文件夹内“世界名花”文件夹复制到“【案例 9】鲜花图像浏览”文件夹内。

（4）将“【案例 4】世界名花——梅花”文件夹内“世界名花——梅花 .html”网页复制到“【案例 9】鲜花图像浏览”文件夹内，将该文件夹内“世界名花”文件夹内的图像文件复制到“【案例 9】鲜花图像浏览”文件夹内的“世界名花”文件夹中，将该文件夹内“GIF”文件夹内的图像文件复制到“【案例 9】鲜花图像浏览”文件夹内的“GIF”文件夹中。

2．创建图像链接

（1）新建一个网页文档，将该网页文档以名称“鲜花图像浏览 .htm”保存到“【案例 9】鲜花图像浏览”文件夹内。利用插入表格的方法，插入一个 5 行 5 列的表格，然后进行表格单元格的合并和调整。在表格的“属性”栏内设置“填充”和“间距”均为 1 像素，“边框”为 1 像素。加工后的表格布局如图 4-1-2 所示。

（2）在第 1 行中间单元格内导入“鲜花图像浏览 .gif”的标题图像，使它居中对齐。

（3）在第 3 行和第 4 行的 10 个表格单元格内插入 10 幅鲜花图像“Img1.jpg”……“Img10.jpg”。选中插入的第 1 幅鲜花图像“Img1.jpg”，单击其“属性”栏内“链接”文本框右边的按钮，调出“选择图像源文件”对话框，选择“【案例 9】鲜花图像浏览 \ 鲜花 \ 鲜花 1.jpg”图像文件，在“相对于”下拉列表框中选择“文档”选项，如图 4-1-3 所示。然后，单击“确定”按钮，即可建立网页中的 Img1.jpg 小图像与高清晰度图像“鲜花 1.jpg”的链接。

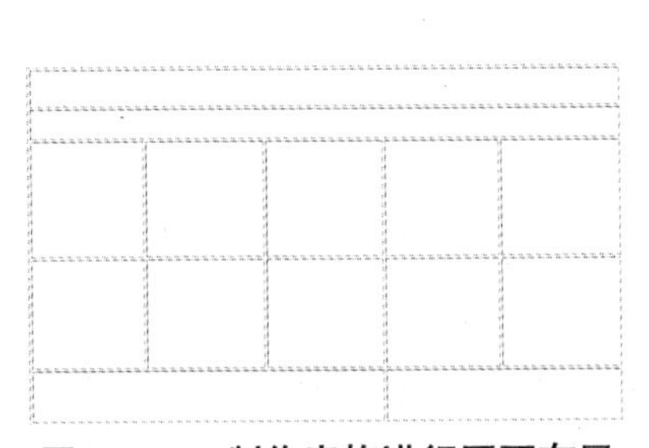

图4-1-2　制作表格进行网页布局

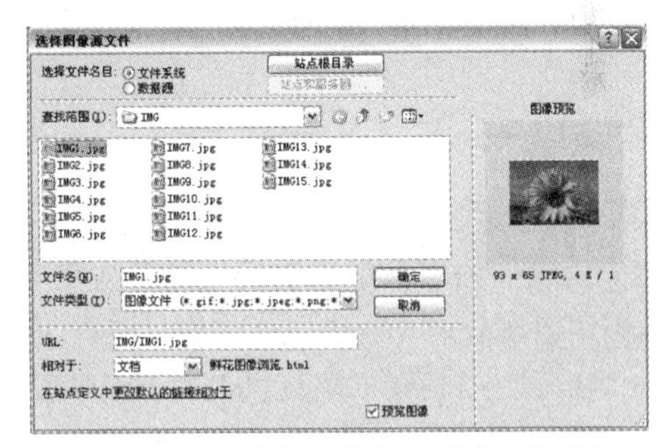

图4-1-3　“选择图像源文件”对话框

此时，“Img1.jpg”图像的“属性”栏如图 4-1-4 所示。

按照上述方法，分别建立“Img2.jpg”小图像与大图像“鲜花 2.jpg”的链接，……，“Img10.jpg”小图像与大图像“鲜花 10.jpg”的链接。

（4）将光标移到最下边一行中左边的单元格中，插入“【案例 9】鲜花图像浏览 \GIF”文件夹内的“11.gif”GIF 格式动画，再调整该动画画面的大小。

图4-1-4　“Img1.jpg”图像的“属性”栏

3．插入时间

（1）单击网页文档的空白处，单击其“属性”栏内的“页面属性”按钮，调出“页面属性”对话框，利用该对话框设置文本颜色为蓝色，字大小为16 px（像素），设置日期和时间文字的属性；背景图像设置为“BEIJING.jpg”（必须是英文文件名）；设置网页文件的标题为“鲜花图像浏览”。单击“页面属性”对话框内的“确定”按钮，完成设置。

（2）将光标移到最下边一行中右边的单元格中，单击“插入”（常用）栏中的“日期”按钮，调出“插入日期”对话框，如图4-1-5所示（还没有设置）。

（3）在“插入日期”对话框的“星期格式”下拉列表框中选择是否显示星期和以什么格式显示星期，在“日期格式”下拉列表框中选择以什么格式显示日期，在“时间格式”下拉列表框中选择以什么格式显示时间。

（4）选中“存储时自动更新”复选框，则可以在保存网页文档时自动更新日期和时间。

“插入日期”对话框的设置如图4-1-5所示。然后，单击“确定”按钮，即可在单元格中插入当前日期、星期和时间。此时设计的网页如图4-1-6所示。

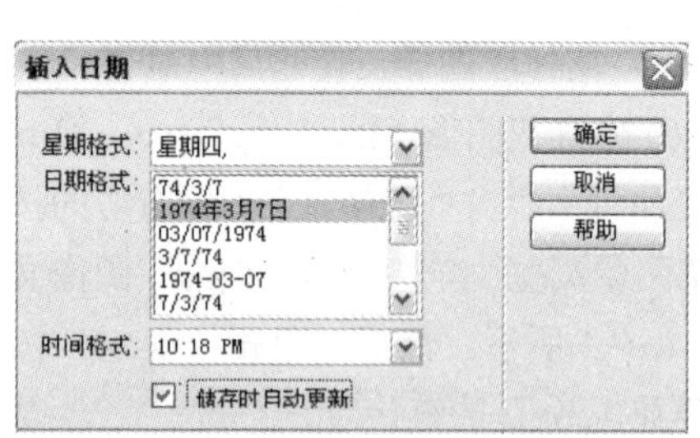

图4-1-5 “插入日期”对话框

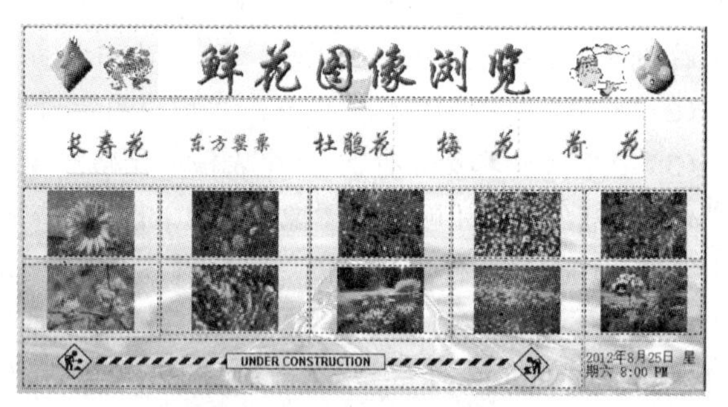

图4-1-6 网页设计效果

相关知识——插入水平线和Fireworks HTML

1．插入水平线

在页面内可以利用水平分割线将标题与文字或图像等对象分割，使页面的信息分布清晰。当然用线条图像来分割，效果会更好些，但会使文件变大。加入水平线的方法如下所述。

单击“插入”（HTML）工具栏中的“水平线”按钮，即可在光标所在的行插入一条水平线，并调出水平线“属性”栏，如图4-1-7所示。

图4-1-7 水平线的“属性”栏

在水平线“属性”栏内，“宽”文本框用来输入水平线的水平长度数值，“高”文本框用来输入水平线的垂直宽度数值，单位有像素和百分数（%）两种。在“对齐”下拉列表框内可以选择“默认”、“左对齐”、“居中对齐”或“右对齐”选项。选择“阴影”复选框，则水平线是中空的；不选择“阴影”复选框，则水平线是亮实心的。

2．插入Fireworks HTML对象

（1）单击“插入”（常用）栏的“图像”快捷菜单中的Fireworks HTML按钮，调出“插

入 Fireworks HTML”对话框，如图 4-1-8 所示。

图4-1-8　“插入Fireworks HTML”对话框

（2）在“Fireworks HTML 文件”文本框内输入 Fireworks 文件目录与文件名或单击“浏览”按钮，调出“选择 Fireworks HTML 文件”对话框，利用该对话框选择 Fireworks 生成的 HTML 格式文件名，再单击“确定”按钮，即可插入 Fireworks 图像或动画。

（3）Fireworks HTML 对象的“属性”栏如图 4-1-9 所示。它与图像的“属性”栏基本一样。

图4-1-9　Fireworks HTML对象的“属性”栏

思考与练习4-1

1．将【案例 9】“鲜花图像浏览”网页中导航栏内的图像按钮增加两个，在导航栏下边两行图像内分别增加两幅图像，而且建立新增图像按钮与外部网页的链接，建立新增图像与“鲜花”文件夹内高清晰度图像的链接。

2．参考【案例 9】的制作方法，制作一个“奥运场馆图像浏览”网页。

3．制作一个“宝宝图片浏览”网页，该网页的显示效果如图 4-1-10 所示。在“宝宝图片浏览”标题图像下面有一个导航栏，显示 6 个宝宝图像按钮，将鼠标移到相应的导航图像按钮之上时，按钮图像会发生变化，单击图像按钮后可以链接到相应的大幅宝宝图像。将鼠标移到导航栏内最左边的图像按钮上时，会显示“这是一组宝宝图像组成的导航栏”文字。在页面底部的左边显示几个自转球的 GIF 动画，右边显示网页制作的时间。

图4-1-10“宝宝图片浏览”网页的一幅画面

4.2 案例10 “多媒体播放器”网页

案例效果和操作

“多媒体播放器”网页显示效果如图 4-2-1 所示。它给出了 4 个多媒体播放器，可以分别播放 MP3、AVI、WAV 和 MIDI 文件。网页中使用插件，分别导入 WAV 、MP3、AVI 和 DCR

文件。利用浏览器内3个多媒体播放器可以控制3个对象的播放状态。通过该网页的制作，将掌握插入插件和Shockwave影片的方法。

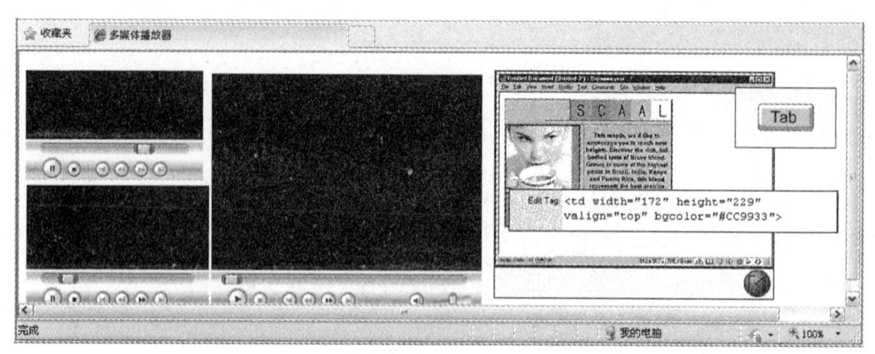

图4-2-1 “多媒体播放器”网页显示效果

（1）单击“插入”（布局）栏内的“绘制AP Div”按钮，拖动创建一个AP Div。

（2）单击AP Div内部，将光标定位在AP Div内。单击“插入”（常用）栏中的“媒体”快捷菜单中的“插件”按钮，调出“选择文件”对话框。利用该对话框选择一个MP3文件，如图4-2-2所示，单击“确定”按钮。

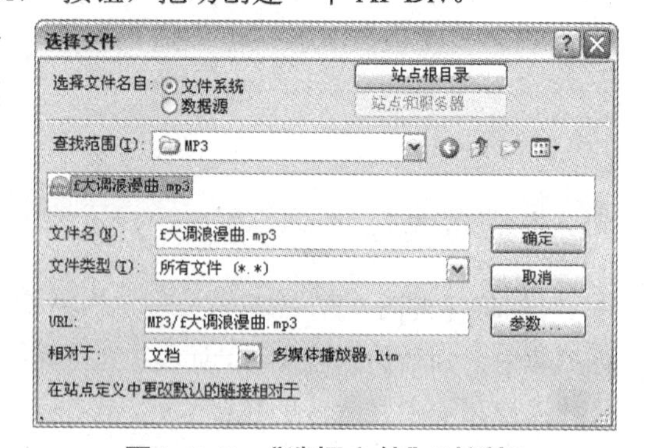

图4-2-2 “选择文件”对话框

（3）插入文件后，网页文档窗口内会显示一个插件图标。选中后，拖动插件图标的黑色控制柄，可调整它的大小，其大小决定了浏览器窗口中显示的大小。

（4）按照上述方法，再创建两个AP Div。每个AP Div内分别插入一个插件，插件可以是AVI文件、MP3文件、WAV文件或MIDI文件。

（5）再创建一个AP Div。单击AP Div内部，将光标定位在AP Div内。单击“插入”（常用）栏中的“媒体”快捷菜单中的“Shockwave”按钮，调出“选择文件”对话框。利用该对话框选择一个DCR文件，单击“确定”按钮。

（6）插入文件后，网页文档窗口内会显示一个插件图标。选中后，拖动插件图标的黑色控制柄，来调整它的大小，其大小决定了浏览器窗口中显示的大小。

相关知识——插入插件和Shockwave影片

1．插入插件

插件可以是各种格式的音乐（MP3、MIDI、WAV、AIF、ra、ram和Real Audio等）、Director的Shockwave影片、Authorware的Shockwave和Flash电影等。插入插件的方法如下所述。

（1）选择“插入”（常用）工具栏中的“媒体”下拉菜单中的“插件”命令，调出“选择文件”对话框。利用该对话框来选择一个要插入的文件。

（2）插入文件后，文档窗口内会显示一个插件图标，如图4-2-3（a）所示。单击选中它后，拖动插件图标的黑色控制柄，可调整它的大小，其大小决定了浏览器窗口中显示的大小。

（3）如果插入声音，在浏览器中可以播放。同时，浏览器内会显示出一个播放器。如果要取消播放器，可将插件图标调整到很小。

（4）单击选中插件图标，调出其“属性”栏，如图 4-2-3（b）所示。在“属性”栏内可以设置相关参数。

（a）插件图标

（b）插件对象“属性”栏

图4-2-3　插件图标及其“属性”栏

2．插入 Shockwave 影片

Shockwave 影片是 Director 软件创建的，插入它的方法如下所述。

（1）选择“插入”（常用）工具栏中的“媒体”下拉菜单中的“Shockwave”命令，调出“选择文件”对话框。利用它可以插入 Shockwave 影片文件（它的扩展名为“.dcr”）。

（2）插入 Shockwave 文件后，网页窗口内会显示一个 Shockwave 影片图标，如图 4-2-4（a）所示。用鼠标拖动 Shockwave 影片图标右下角的黑色控制柄，可以调整它的大小。

（a）图标

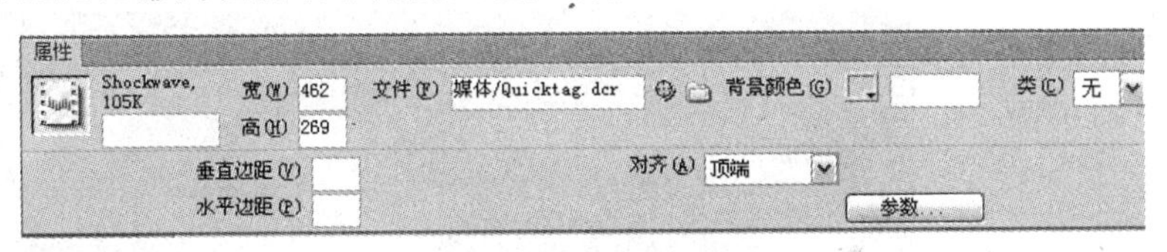

（b）“属性”栏

图4-2-4　Shockwave影片对象的图标和“属性”栏

（3）播放 Shockwave 影片的条件是在“C:\Program Files\Adobe\Adobe Dreamweaver CS6\configuration\Plugins”目录下有播放 Shockwave 影片的插件。该插件可从网上下载。

（4）Shockwave 影片对象的“属性”栏如图 4-2-4（b）所示，其中各选项的作用如下：

◎ Shockwave 文本框：用来输入 Shockwave 影片对象的名字。

◎“宽”与“高”文本框：用来输入 Shockwave 影片对象的宽与高。

◎“文件”文本框与文件夹按钮：用来选择 Shockwave 影片文件。

◎“对齐”下拉列表框：用来设置 Shockwave 影片的定位方式。

◎“背景颜色”文本框与按钮：用来设置 Shockwave 影片的背景颜色。

◎“播放”按钮：单击它可播放 Shockwave 影片。如果没有插件，会调出一个提示框。

◎ ID 文本框：用来设置 Active ID 参数。

◎“垂直边距”和“水平边距”文本框：设置影片与边框间垂直和水平方向的空白量。

◎“参数”按钮：单击它可调出一个对话框，利用它可输入附加参数，用于传递影片。

思考与练习4-2

1．参考【案例 10】的制作方法，制作另外一个“多媒体播放器”网页。

2．参考【案例 10】的制作方法，给【案例 9】“鲜花图像浏览 .html”网页添加背景音乐，并在标题左右各添加一个 AVI 格式的小视频。

4.3 案例11 “Flash作品展示”网页

案例效果和操作

“Flash 作品展示”网页的显示效果如图 4-3-1 所示。第 1 行是网页的“Flash 作品展示”标题文字图像，在标题下面是 6 幅图像，这 6 幅图像是 6 个 SWF 动画播放中的一幅画面。单击其中任何一幅图像，即可打开另一个网页窗口，播放相应的 SWF 动画，如图 4-3-2 所示。在显示如图 4-3-1 所示的主网页时，蓝色背景的画面之上，有许多闪闪的星星从上向下移动，同时播放一首背景音乐。通过该网页的制作，可掌握插入 SWF 格式动画和 FLV 格式音乐或视频的方法。

图4-3-1 “Flash作品展示”网页显示的效果

图4-3-2 “图像浏览器”网页

1. 制作网页主体

（1）在“【案例 11】Flash 作品展示”文件夹内创建“JPG”和“SWF”两个文件夹。在“JPG”文件夹内保存“KONGBAI.gif”空白图像、“Flash 作品展示 .jpg”标题文字图像和网页中第 2 行 6 幅图像“动感宝宝照相馆 .jpg”、“开门式动画切换 .jpg”、“山清水秀新汶川 .jpg”、“文字围绕自转地球 .jpg”、“我也要救灾 .jpg”和“动画翻页画册 .jpg”。在“SWF”文件夹内保存 6 个 SWF 动画文件“动感宝宝照相馆 .swf”、“开门式动画切换 .swf”、“山清水秀新汶川 .swf”、“文字围绕自转地球 .swf”、“我也要救灾 .swf”和“动画翻页画册 .swf”。

（2）新建一个网页文档，将该网页文档命名为“Flash 作品展示 .html”保存到“【案例 11】Flash 作品展示”文件夹内。利用“页面属性”对话框设置网页背景颜色为白色，网页标题为“Flash 作品展示”。

（3）新建一个名称为“动感宝宝照相馆 .html”网页文档，单击“插入”（常用）工具栏中的“媒体”下拉菜单中的“SWF”命令 SWF，调出“选择 SWF”对话框，选择“SWF”文件夹内的“动

感宝宝照相馆 .swf”文档，单击“确定”按钮，插入一个 SWF 动画。

（4）按照上述方法，新建一个名称为“开门式动画切换 .html”的文档，其内插入一个 SWF 动画“开门式动画切换 .swf”；新建一个名称为“山清水秀新汶川 .htm”的文档，其内插入一个“山清水秀新汶川 .swf”SWF 动画；新建一个名称为“文字围绕自转地球 .html”的文档，其内插入一个 SWF 动画“文字围绕自转地球 .swf”；新建一个名称为“我也要救灾 .html”的文档，其内插入一个 SWF 动画“我也要救灾 .swf”；新建一个名称为“动画翻页画册 .html”的文档，其内插入一个 SWF 动画“动画翻页画册 .swf”。然后关闭这些网页。

（5）在“Flash 作品展示 .html”网页的第 1 行插入“JPG”文件夹内的“Flash 作品展示 .jpg”标题文字图像，在网页的第 2 行依次插入“JPG”文件夹内的“动感宝宝照相馆 .jpg”、“开门式动画切换 .jpg”、“山清水秀新汶川 .jpg”、“文字围绕自转地球 .jpg”、“我也要救灾 .jpg”和“动画翻页画册 .jpg”6 幅图像，这些图像分别是 6 个 SWF 动画播放中的一幅图像。然后，在第 2 行各幅图像之间插入一幅 KONGBAI.gif 空白图像，用来调整各图像之间的间距。最后的网页设计效果如图 4-3-3 所示。

图4-3-3　网页设计效果

（6）将光标定位在第 1 行右侧空白图像的左边，单击“插入”（常用）栏中“媒体”下拉菜单中的“FLV”命令，调出“插入 FLV”对话框，参考图 4-3-4 所示进行设置，在“宽度”和“高度”文本框内分别输入 1，选中 3 个复选框，在“URL”文本框内输入“FLV/MP31.flv”。然后，单击“确定”按钮，即可在网页中插入“FLV”文件夹内的名称为“MP31.flv”的音乐。

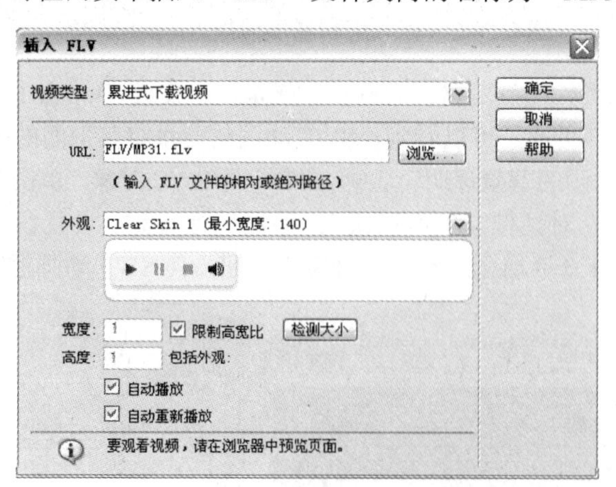

图4-3-4　“插入FLV”对话框

（7）选中网页内第 2 行的第 1 幅图像，打开它的“属性”栏，在“链接”文本框内输入“动感宝宝照相馆 .html”，建立该图像与“动感宝宝照相馆 .html”网页的链接，如图 4-3-5 所示。

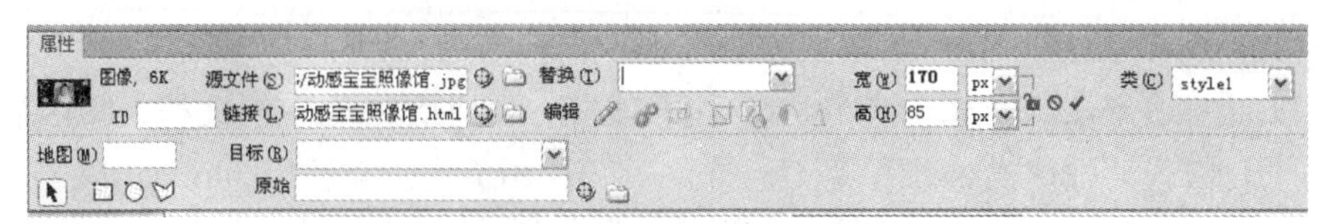

图4-3-5　第2行内的第1幅图像“属性”栏设置

（8）按照上述方法，继续建立第 2 行内的其他图像分别与“开门式动画切换.html”、“山清水秀新汶川.htm”、“文字围绕自转地球.html”、“我也要救灾.html”和“动画翻页画册.html”网页的链接。

2．制作飘落的星星效果

（1）单击网页文档窗口的空白处，单击“属性”栏内的“页面属性”按钮，调出“页面属性”对话框，选择“分类”列表框中“外观”选项，如图 1-4-4 所示。

（2）单击“背景颜色”按钮，会调出一个颜色面板，如图 1-4-5 所示。利用该颜色面板选择蓝色，设置网页的背景颜色为蓝色。

（3）在“D:\WEBZD1\TDZZ\【案例 11】Flash 作品展示\SWF”文件夹内放置一个“top.swf”动画文件。“top.swf”动画播放后，会在粉色背景之上，一些小雪花不断飘下来。

（4）单击“插入”（布局）工具栏中的“绘制 AP Div”按钮，在页面左上角向右下方拖动，创建一个 AP Div，单击该 AP Div 内部，将光标定位在 AP Div 内。

（5）选择“插入”（常用）工具栏中的“媒体”下拉菜单中的 SWF 命令，调出“选择 SWF”对话框。选中“素材”文件夹中的“top.swf”文件，单击“确定”按钮，在 AP Div 内插入 SWF 文件。然后调整 AP Div 和 AP Div 内 SWF 对象的大小，使 AP Div 内 SWF 对象与 AP Div 大小一样，如图 4-3-6 所示。

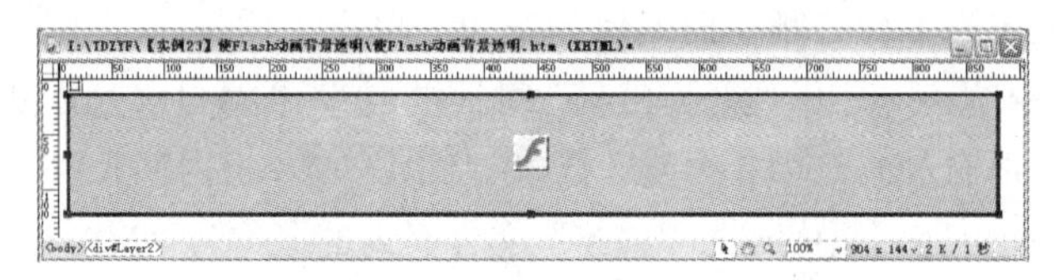

图4-3-6　插入层和在层内插入Flash动画

（6）保存制作的网页，在浏览器内看网页，它是一个播放“top.swf”SWF 动画的网页，其中的一幅画面如图 4-3-7 所示。可以看到，SWF 动画的背景将其下面的图像完全覆盖了。

（7）为了使 SWF 动画的背景透明，选中 AP Div 内 SWF 对象，单击其“属性”栏内的“参数”按钮，调出“参数”对话框。单击按钮，添加一行参数，设置参数为“wmod”，参数值为“transparent”，如图 4-3-8 所示。单击“确定”按钮，使 SWF 动画透明。

图4-3-7　网页显示效果　　图4-3-8　“参数”对话框

（8）选择插入的 SWF 动画。单击“查看”→“代码和设计”命令，使“文档”窗口切换到“拆分”视图窗口状态，可以看到其内自动选择了与插入的 SWF 动画有关的代码，也增加了如下用于产生透明背景效果的命令。

```
<param name="wmod" value="transparent">
```

相关知识——插入SWF动画和FLV视频

1．插入 SWF 动画

（1）创建一个网页文件，并保存。然后，选择“插入”（常用）工具栏中的“媒体”下拉菜单中的 SWF 命令，调出“选择 SWF”对话框，如图 4-3-9 所示。选中要导入的 SWF 文件，单击“确定”按钮，在网页内导入 SWF 文件。导入 SWF 文件后，在网页内形成的 SWF 图标如图 4-3-10 所示。

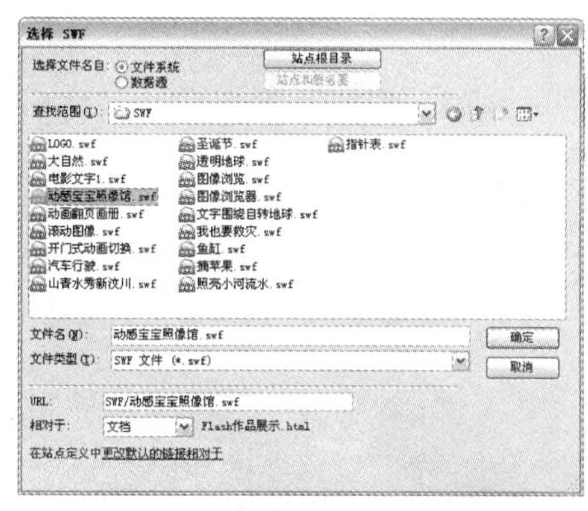

图4-3-9　“选择SWF”对话框

图4-3-10　SWF图标

（2）SWF 对象“属性”栏如图 4-3-11 所示。“属性”栏中前面没有介绍过的各选项的作用如下：

◎“文件”文本框与文件夹按钮：用来选择 SWF 影片源文件。

◎“循环”复选框：选择它后，可循环播放。

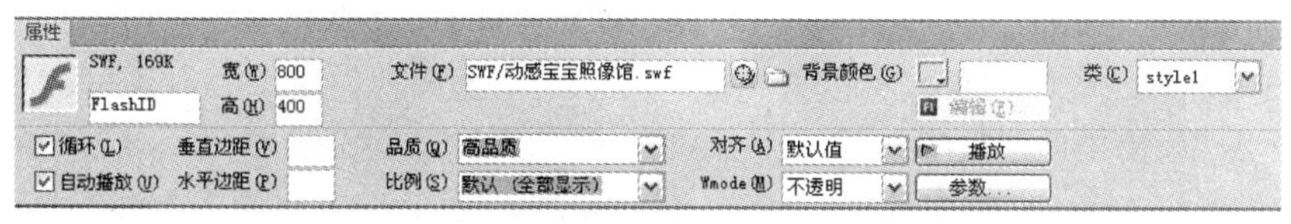

图4-3-11　SWF对象的“属性”栏

◎“自动播放”复选框：选择它后，可自动播放。

◎“品质”下拉列表框：设置图像的质量。

◎“比例”下拉列表框：选择缩放参数。

◎“参数”按钮：单击它，可以调出“参数”对话框，利用它可以设置相关参数。例如，输入参数“wmod”，值为“transparent”，可使 SWF 动画透明。

◎“播放”按钮：单击它，可以播放选中的 SWF 动画。

2．插入 FLV 视频

（1）选择“插入”（常用）工具栏中的“媒体”下拉菜单中的“FLV”命令，调出“插入 FLV”对话框，如图 4-3-4 所示（还没有设置）。

（2）在“视频类型”下拉列表框内选择“累进式下载视频”选项后，“插入 FLV”对话框如图 4-3-4 所示，选择“流视频”选项后，“插入 FLV”对话框如图 4-3-12 所示。

（3）单击图 4-3-4 所示对话框内 URL 文本框右边的“浏览”按钮，调出“选择 FLV”对话框，利用该对话框选择一个扩展名为“.flv”的 Flash 视频文件。

如果 FLV 文件没有保存在站点文件夹内，也会显示一个提示框，单击该提示框内的“是”按钮，可以将 FLV 文件复制到站点文件夹内，同时导入站点文件夹内的 FLV 文件；单击该提示框内的“否”按钮，可以将 FLV 文件直接导入网页内。

（4）在“外观”下拉列表框内选择一种播放器样式。其下边会显示相应播放器的外观。

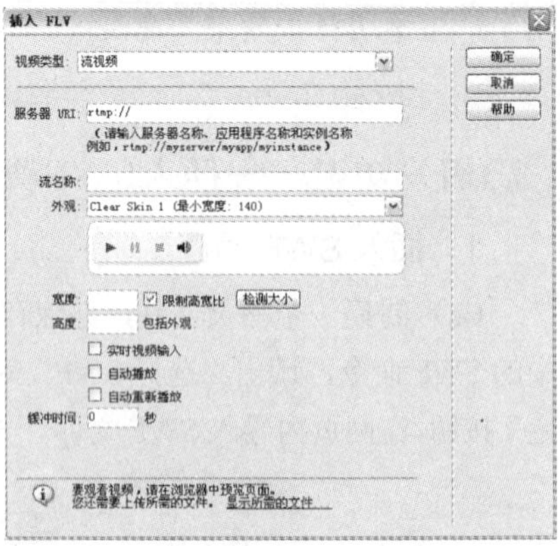

图4-3-12 “插入FLV”对话框设置

（5）在“宽度”和“高度”文本框内分别输入 FLV 视频的宽和高，单位为像素。单击“检测大小”按钮，可自动在这两个文本框内显示视频实际的宽度和高度值。

（6）“自动播放”和“自动重新播放”复选框：用来设置播放方式。

设置完成后，单击“确定”按钮，即可在光标处插入一个 FLV 格式的视频。

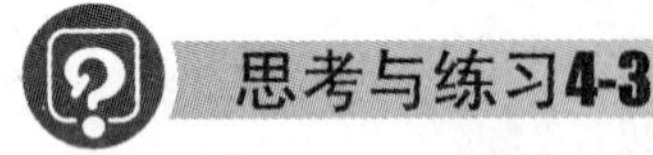

思考与练习4-3

1. 修改【案例 11】“Flash 作品展示”网页，更换该网页演示的所有 SWF 动画。
2. 制作一个由 3 个插入的 FLV 视频和 3 个插入的 SWF 动画组成的网页。

4.4 案例12 “居室和宝宝”网页

案例效果和操作

“居室和宝宝”网页在浏览器中显示的 2 幅画面如图 4-4-1 和图 4-4-2 所示。该网页中插入了两个 Java Applet 程序对象，可以分别交替显示 5 幅图像。在两个 Java Applet 程序对象之间插入一个 ActiveX 控件，可以播放一个 SWF 动画。通过该网页的制作，可以掌握插入 Java Applet 程序对象和 ActiveX 控件对象的方法，进一步掌握插入 SWF 动画的方法。

图4-4-1 “居室和宝宝”网页1

图4-4-2 “居室和宝宝”网页2

（1）在 TDZZ 文件夹内创建一个“【案例 12】居室和宝宝”文件夹，在该文件夹创建 SWF 文件夹，在其内存放一个 SWF 格式的动画文件“美丽的童年 .swf”。在“【案例 12】居室和宝宝”文件夹中保存“11.jpg”……“15.jpg”和“31.jpg”……“35.jpg”10 幅图像，每幅图像均宽 200 像素、高 184 像素。

（2）新建一个网页文档，将该网页文档以“居室和宝宝 .htm”为名称保存到“【案例 11】居室和宝宝”文件夹内。利用“页面属性”对话框设置网页标题为“居室和宝宝”。

（3）单击网页设计窗口内第 1 行，将光标移到第 1 行。单击“插入”（常用）栏中的“媒体”下拉菜单中的 Applet 命令 APPLET，调出“选择文件”对话框，选择“【案例 12】居室和宝宝 \Efficient.class”文件，单击“确定”按钮，在页面中插入一个 Java Applet 对象。然后，调整该对象大小，宽 200 像素、高 184 像素。

（4）选中 Java Applet 对象，它的“属性”栏中“代码”文本框内已经输入 Applet 程序的路径和名称“Efficient.class”，也可以单击其右边的按钮，调出“选择 Java Applet 文件”对话框，利用该对话框可以更换 Applet 程序。

（5）单击“属性”栏中的“参数”按钮，调出“参数”对话框。在该对话框中输入 Applet 程序需要使用的参数（每输入完一行参数和值后，单击一次按钮，增加一行参数），最后效果如图 4-4-3 所示。此处插入 Applet 程序的作用是使设置的几幅图像交替显示，并且产生动态切换效果。其中，delay 参数的作用是设置图像切换速度，此处输入 3 000。

单击“参数”对话框内的“确定”按钮，完成 Java Applet 对象的参数设置。

（6）按住【Ctrl】键，同时水平拖动 Applet 程序对象到右边，松开鼠标左键，即可在其右边插入一个 Applet 对象。单击该对象“属性”栏内的“参数”按钮，调出“参数”对话框，将其内的设置进行修改，即更换要显示的图像，如图 4-4-4 所示。再单击“确定”按钮，关闭“参数”对话框。

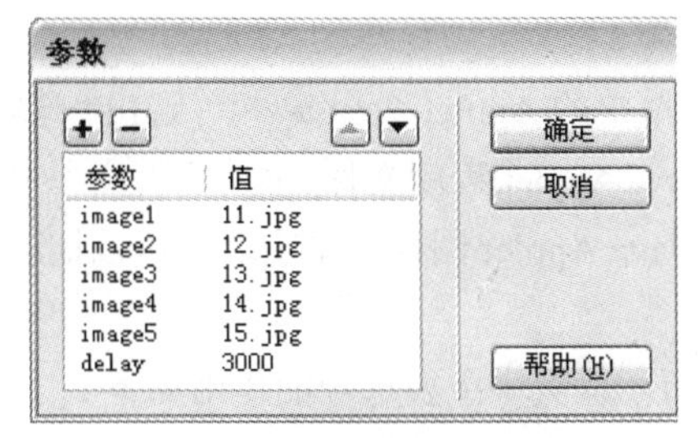

图4-4-3 “参数”对话框1

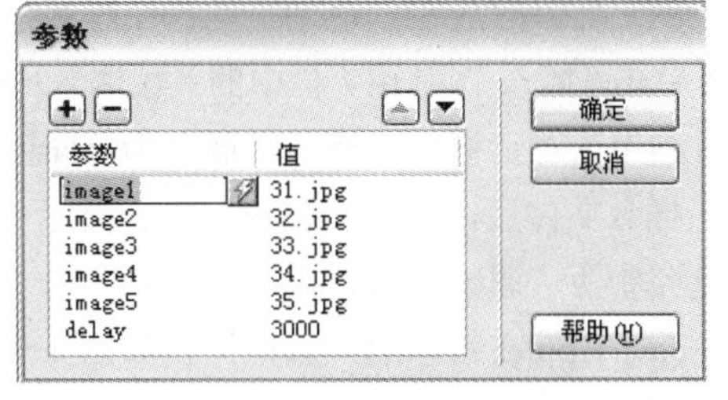

图4-4-4 “参数”对话框2

（7）将光标定位在两个 Applet 程序对象之间，单击“插入”（常用）栏中的“媒体”下拉菜单中的 ActiveX 命令 ActiveX，在页面中插入一个 ActiveX 对象。单击选中该对象，调整该对象大小，宽 200 像素、高 184 像素。

（8）在 ActiveX 对象“属性”栏内的“ClassID”下拉列表框内选中第 1 个“RealPlayer”选项。在“嵌入”栏内，选中“源文件”复选框，单击按钮，调出“选择 Netscape 插件文件”对话框，在“文件类型”下拉列表框内选中“Shockwave Flash（*.spl;*.swf;*.swt）”选项，选中“SWF”文件夹内的“美丽的童年 .swf”文件，如图 4-4-5 所示。

（9）单击“选择 Netscape 插件文件”对话框内的“确定”按钮，关闭该对话框，在光标处插入一个 SWF 动画对象。调整 SWF 动画对象的大小，宽 200 像素、高 184 像素。

此时，网页页面设计窗口插入了3个对象，如图4-4-6所示。ActiveX对象“属性”栏如图4-4-7所示。

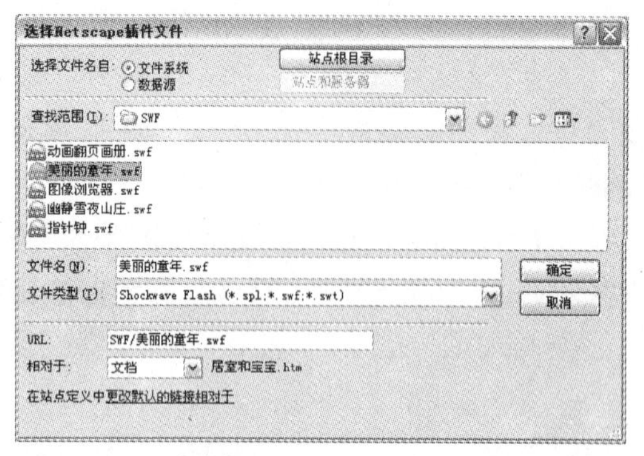

图4-4-5 “选择Netscape插件文件”对话框

图4-4-6 插入了3个对象

图4-4-7 ActiveX对象“属性”栏

相关知识——插入Applet和ActiveX

1．插入Applet

Applet是Java的小型应用程序。Java是一种可以在Internet上应用的语言，可以编写动画。Java Applet可以嵌入HTML文档中，通过主页发布到Internet上。可以从网上下载Java Applet程序及有关文件，存放在本地站点的一个子目录下。

（1）单击“插入”（常用）栏中的“媒体”下拉菜单中的Applet命令 APPLET，调出“选择文件”对话框。利用该对话框可以载入扩展名为.class的Java Applet程序文件。

（2）插入文件后，网页文档窗口内会显示一个Java Applet图标。单击后，可以拖动插件图标的黑色控制柄，调整它的大小。

（3）Java Applet对象的“属性”栏如图4-4-8所示，其中主要选项的作用如下：

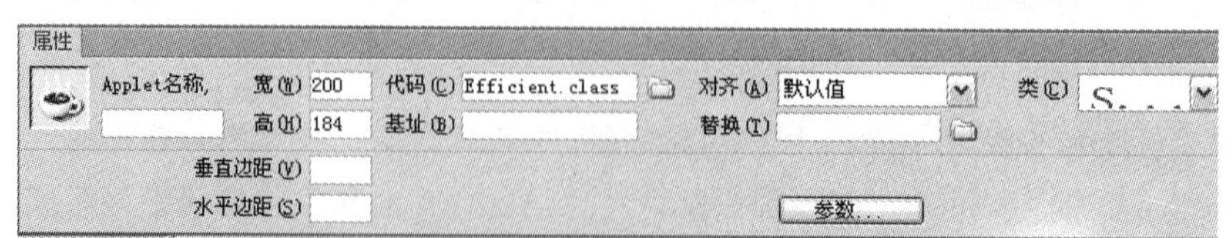

图4-4-8 Java Applet对象的“属性”栏

◎“代码”文本框与文件夹按钮：文本框用来输入Java Applet程序文件的路径和名字。单击文件夹按钮，调出“选择Java Applet文件”对话框，利用该对话框可载入扩展名为.class的Java Applet程序文件，可以更换Applet程序。

◎“基址”文本框：用来输入Java Applet程序文件的名字。

◎“替换”文本框与文件夹按钮：输入Java Applet对象替换图像的路径与名字。单击文件夹按钮，调出“选择文件”对话框，利用该对话框选择 Java Applet 的替换图像。

◎“参数”按钮：单击该按钮，调出“参数”对话框，利用该对话框可以设置 Java Applet 程序中所使用的参数。

（4）单击“属性”栏中的“参数”按钮，调出“参数”对话框。在该对话框中输入 Applet 程序需要使用的参数（每输入完一行参数和值后，单击一次按钮，增加一行参数），最后效果如图 4-4-3 所示。

单击“参数”对话框内的“确定”按钮，完成 Java Applet 对象的参数设置。

2．插入 ActiveX

ActiveX 控件是 Microsoft 对浏览器功能的扩展，其作用与插件基本一样。所不同的是，如果浏览器不支持网页中的 ActiveX 控件，浏览器会自动安装所需的软件。如果是插件，则需要用户自己安装所需的软件。

（1）单击“插入”（常用）栏中的“媒体”下拉菜单中的 ActiveX 命令 ActiveX，在页面中插入一个 ActiveX 对象。选中后，可以拖动插件图标的黑色控制柄，调整它的大小。ActiveX 对象的“属性”栏如图 4-4-7 所示。

（2）ActiveX 对象“属性”栏中主要选项作用如下：

◎ ClassID 列表框：它给出了 3 个类型代码，标明 ActiveX 类型，其中一个用于 Shockwave 影片、Flash 电影和 Real Audio。如果要使用其他控件，需要自己输入相应的代码。选择不同类型代码后，“属性”栏会发生相应的变化。

◎“源文件”文件夹按钮：单击该文件夹按钮，即可调出“选择 Netscape 的插入文件”对话框，利用该对话框可以选择要加载的文件。

◎“嵌入”复选框：选中后，可以设置文件的嵌入状态。

◎“基址”文本框：用来输入加载的 ActiveX 控件的 URL。

◎“编号”文本框：用来输入 ActiveX 的 ID 参数。

◎“数据”文本框：用来输入加载的数据文件名字。

思考与练习4-4

1．参考【案例 12】“居室和宝宝”网页的制作方法，制作一个“鲜花和名胜”网页，该网页有一个鲜花图像动态切换动画，一个名胜图像动态切换动画，以及一个 SWF 动画。

2．参考【案例 12】“居室和宝宝”网页的制作方法，制作一个插入有 Java Applet 对象的网页，插入的扩展名为 .class 的 Java Applet 程序文件用户可以在网上寻找。

3．制作一个“媒体浏览”网页，该网页中上边显示交替变化的 5 幅图像，下边有 5 幅小图像。单击小图像，可以调出子页面，其内有 SWF 动画或视频或 MP3 等媒体。

4.5　案例13　“世界名花2”网页

案例效果和操作

“世界名花 2”网页的显示效果如图 4-5-1 和图 4-5-2 所示，这是一个具有框架结构的网页，上边的框架内的页面是红色立体标题文字图像；左下边框架内的页面是导航文字；右下边框架内的页面是介绍世界名花的图像和文字。单击网页内左边框架中的链接文字，即可使右下边框架的页面跳转到相应的部分。例如，单击“世界名花——梅花”文字，即可使右下边框架的页面跳转到介绍“世界名花——梅花”的相应文字和图像部分。单击蓝色的超级链接文字，即可调出“新邮件”对话框，自动填充邮箱地址，可以发送邮件。

图4-5-1 “世界名花2”网页的显示效果1

图4-5-2 “世界名花2”网页的显示效果2

当页面的内容很长时，在浏览器中查看某一部分的内容会很麻烦，这时可以在要查看内容的地方加一个定位标记，即锚点（也叫锚记）。这样，可以建立页面内对象（文字、图像或GIF动画）和像热区与锚点的链接，单击页面内对象或像热区，即可迅速显示锚点处的内容。也可以建立页面内对象和像热区与其他网页文件中锚点的链接。通过本案例的学习，可以掌握创建锚点的方法，在同一个网页文件或不同网页文件中创建对象与锚点的链接的方法，以及网页文件、图像文件和锚点的链接方法等。

1．修改框架内的网页

（1）将“【案例 7】世界名花 1”文件夹复制一份，将复制的文件夹更名为“【案例 13】世界名花 2”。该文件夹内有“按钮和标题”、“世界名花”、“TXT”和“GIF”文件夹，以及“世界名花 1.html”、“LEFT.html”、“RIGHT.html”、“TOP.html”等网页文件。将“世界名花 1.html”网页名称改为“世界名花 2.html”。

（2）打开“TXT”文件夹内的“长寿花 .txt”、“倒挂金钟 .txt”……“樱花 .txt”、“玉兰 .txt”、“芍药花 .txt”、“秋海棠 .txt”等文本文件。再打开“【案例 13】世界名花 2”文件夹内的“RIGHT.html”网页，将其内的两幅图像删除。

（3）单击“插入”（模板）面板内的“绘制 AP Div”按钮，将鼠标指针定位在网页内左上角，拖动创建一个 AP Div。在其“属性”栏内“宽”文本框中输入 226，在“高”文本框中输入 30，在名称文本框中输入“apDiv41”。单击“apDiv41”AP Div 内部，输入文字“世界名花——长寿花”，利用它的“属性”栏设置文字的颜色为红色、大小为 24 像素、字体为宋体、加粗。然后，多次按【Enter】键。

（4）将鼠标指针定位在网页内“世界名花——长寿花”的下边，创建一个名称为“apDiv1”

的 AP Div，在其“属性”栏内“宽”文本框中输入 220，在“高”文本框中输入 180。

（5）单击“apDiv1”AP Div 内部，将光标定位在该 AP Div 内。插入“世界名花”文件夹内的“长寿花 .jpg”图像，然后选中 AP Div 内的图像，在其“属性”栏内“宽”文本框中输入 220，在“高”文本框中输入 180。使 AP Div 内图像大小与 AP Div 大小一样。

（6）将鼠标指针定位在网页内“apDiv1”AP Div 的右边，创建一个“apDiv2”AP Div。选中该 AP Div，在其“属性”栏内的“宽”文本框中输入 220，在“高”文本框中输入 180。

（7）切换到“长寿花 .txt”文档，拖动鼠标选中所有文字，右击鼠标，调出它的快捷菜单，单击该菜单内的“拷贝”命令，将选中的文字复制到剪贴板内。

（8）切换到“RIGHT.html”网页，单击“apDiv2”AP Div 内部，将光标定位在 AP Div 内。右击鼠标，调出其快捷菜单，单击该菜单内的“粘贴”命令，将剪贴板内的文字粘贴到“apDiv2”AP Div 内部。

（9）选中“apDiv2”AP Div 内部的所有文字，利用它的“属性”栏设置文字为黑色、大小为 18 磅、字体为宋体。最终效果如图 4-5-3 所示。

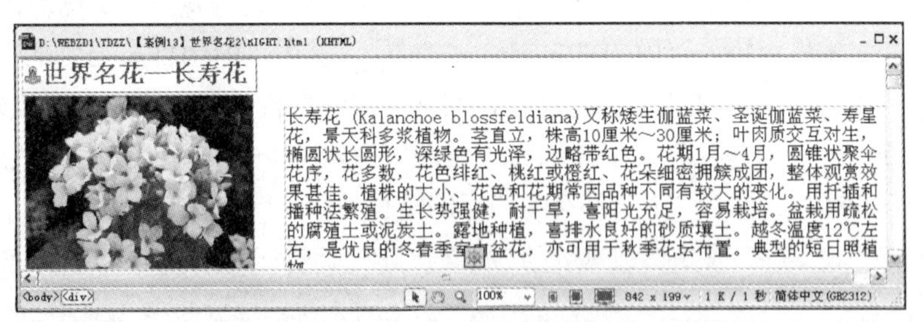

图4-5-3　“RIGHT.html”网页的部分设计效果

（10）连续按【Enter】键。再按照上述方法输入其他文字。创建其他 AP Div，在其他 AP Div 内分别插入图像和粘贴文字。“RIGHT.html”网页的最终效果如图 4-5-4 所示。

图4-5-4　“RIGHT.html”网页的设计效果

2．创建锚点链接和电子邮箱链接

（1）将光标定位在“世界名花——长寿花”文字左边，再单击“插入”（常用）面板内的“命名锚记”按钮，调出“命名锚记”对话框，如图4-5-5所示。在“锚记名称”文本框内输入锚点的标记名称“1长寿花”。再单击“确定”按钮，退出该对话框。同时，在页面光标处会产生一个锚点标记。

图4-5-5 “命名锚记”对话框

（2）按照上述方法，在“世界名花——倒挂金钟”、“世界名花——东方罂粟”……“世界名花——樱花”等文字的左边添加锚点标记。然后关闭“RIGHT.html”网页。

（3）打开“世界名花2.html”网页，选中左边框架内的“长寿花”文字图像，在该“属性”栏内的“链接”文本框内输入“RIGHT.html#1长寿花”，其中“RIGHT.html”是网页名称，“#”是锚点标记，“1长寿花”是锚点名称。然后，在其“属性”栏内的“目标”下拉列表框中选中“main”选项。此时，“长寿花”文字图像的“属性”栏如图4-5-6所示，完成“长寿花”文字图像与“RIGHT.html”网页内“1长寿花”锚点的链接。

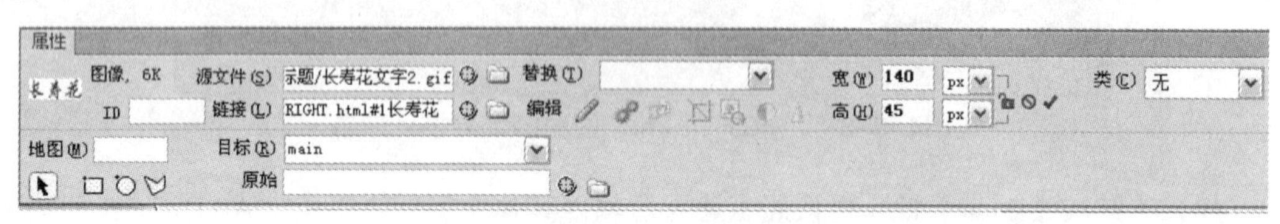

图4-5-6 锚点“属性”栏

（4）选中“倒挂金钟”文字图像，在该“属性”栏内的“链接”文本框内输入“RIGHT.html#2倒挂金钟”，在“目标”下拉列表框中选中“main”选项即可完成“倒挂金钟”文字图像与“2倒挂金钟”锚点的链接。

（5）按照上述方法，建立其他文字图像与相应锚点的链接。

（6）将光标定位在第1行末尾，输入蓝色、36 px大小的“我的邮箱”文字，拖动选中该文字，在其“属性”栏中的“链接”文本框内输入“mailto:shendalin@yahoo.com.cn”，如图4-5-7所示。

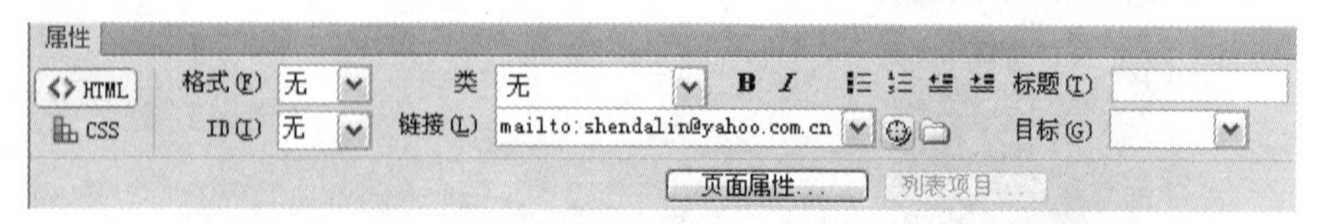

图4-5-7 在“属性”栏“链接”文本框内设置邮件链接

相关知识——锚点和邮件链接

1．设置锚点

当页面内容很长时，在浏览器中查看某一部分的内容会很麻烦，这时可以在要查看内容的地方加一个定位标记，即锚点（也叫锚记）。这样，可以建立页面内文字或图像（或图像映射图）

与锚点的链接，单击页面内文字或图像后，会迅速显示锚点处的内容。也可以建立页面内文字或图像（也可以是图像映射图）等对象与其他网页中锚点的链接。

（1）单击设置锚点的地方，将光标定位此处。再单击“插入”（常用）工具栏中的“命名锚记”按钮，调出“命名锚记”对话框，如图 4-5-5 所示。

（2）在“锚记名称”文本框内输入锚点的标记名称（如设置锚点的方法）。再单击“确定”按钮，在页面光标处会产生一个锚点标记。单击选中锚点标记，其“属性”栏如图 4-5-8 所示。利用该“属性”栏可以修改锚点标记名称。

图4-5-8　“属性”栏

如果看不到该标记，可单击“查看”→“可视化助理”→“不可见元素”命令。

在浏览器内浏览时，不会显示锚点标记。

2．建立对象与锚点的链接

选中页面内的文字或图像等对象，再按照下述的方法之一建立它们与锚点的链接。

（1）在“属性”面板内的“链接”文本框内输入“#”和锚点的名称。例如输入“#1 长寿花”，即可完成选中的文字或图像等对象与锚点的链接。

（2）用鼠标拖动“链接”栏的指向图标到目标锚点上，再松开鼠标左键，即可完成选中的文字或图像与锚点的链接。

3．创建电子邮件链接

电子邮件链接是单击电子邮件热字或图像等对象时，可以打开邮件窗口。在打开的邮件程序窗口（通常是 Outlook Express）中的“收件人”文本框内会自动填入链接时指定的 E-mail 地址。在选定源文件页面内的文字或图像后，建立电子邮件链接的方法有以下两种。

（1）在其“属性”面板中“链接”文本框内输入：mailto：和 E-mail 地址，例如“mailto:shendalin@yahoo.com.cn”，如图 4-5-7 所示。

（2）单击“插入”（常用）工具栏中的“电子邮件链接”图标按钮，调出“电子邮件链接”对话框，如图 4-5-9 所示。

图4-5-9　“电子邮件链接”对话框

在“电子邮件链接”对话框内的“文本”文本框中输入链接的热字，“电子邮件”文本框中输入要链接的 E-mail 地址，单击“确定”按钮，即可插入电子邮件链接。

思考与练习4-5

1．修改【案例 13】“世界名花 2”网页，使该网页内介绍的世界名花的种类更多，文字和图像也增加一些。

2．参考【案例13】“世界名花2”网页的制作方法，制作一个“中国名胜”网页。单击左边框架分栏内的中国名胜的名称，可以在右边框架分栏中显示相应的内容。另外，单击画面内的“E-mail”热字，会调出Outlook Express。

4.6 案例14 “世界名花简介”网页

案例效果和操作

“世界名花简介”网页主页的显示效果如图4-6-1所示。单击“我的邮箱”文字链接，可以调出邮件程序窗口（通常是Outlook Express），同时在该窗口的“收件人”文本框中会自动填入链接时指定的E-mail地址。在下拉列表框中显示菜单，选择其中的一个菜单选项（有新浪、雅虎等选项），即可打开相应的网站。单击右边图像中的荷花图像，可以打开“世界名花——荷花.htm”网页；单击左边的梅花图像，可以打开“世界名花——梅花.html”网页。单击右边的热字（如“世界名花——倒挂金钟”），可以切换到相应的网页。单击“梅花图像”文字图像，可以打开“世界名花——梅花.html”网页；单击“荷花图像”文字图像，可以打开“世界名花——荷花.htm”网页。通过本案例的学习，可以进一步掌握图像和文字链接等知识，掌握电子邮箱链接和图像热区的链接。

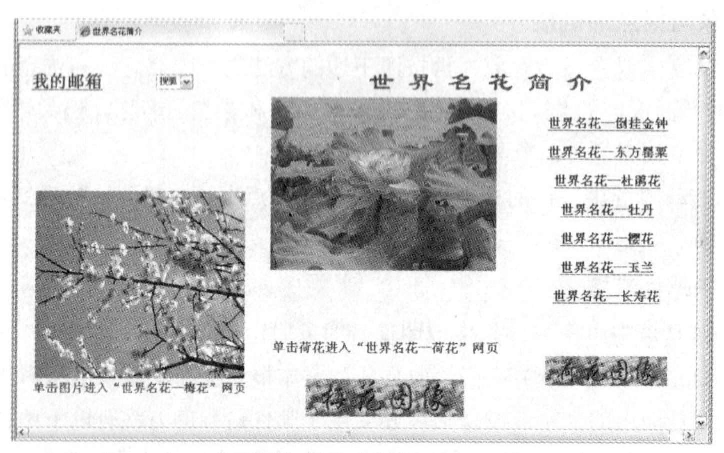

图4-6-1 “世界名花简介”网页主页的显示效果

1．网页布局和创建网页中的对象

（1）将“【案例9】鲜花图像浏览”文件夹复制一份，将复制的文件夹重命名为“【案例14】世界名花简介”。保留“【案例14】世界名花简介”文件夹内的“按钮和标题”、“世界名花”和“GIF”文件夹，以及“世界名花——倒挂金钟.html”等网页文件。在“【案例14】世界名花简介”文件夹内复制一幅名称为“Back2.jpg”的背景图像文件。

（2）新建一个网页文档，设置网页和各单元格内的背景为“【案例14】世界名花简介”文件夹内的“Back2.jpg”图像，设置网页的标题为“世界名花简介”。将该网页以名称“世界名花简介.html”保存在“【案例14】世界名花简介”文件夹内。

（3）插入一个表格，创建网页布局，设置表格内各单元格的背景为“【案例14】世界名花简介”文件夹内的“Back2.jpg”图像，如图4-6-2所示。

（4）按照图4-6-3所示，在不同的单元格内输入文字“我的邮箱”、“单击图片进入‘世界名花——梅花’网页”、“单击荷花进入‘世界名花——荷花’网页”、“世界名花——倒挂金钟”、“世界名花——东方罂粟”和“世界名花——杜鹃花”等文字。

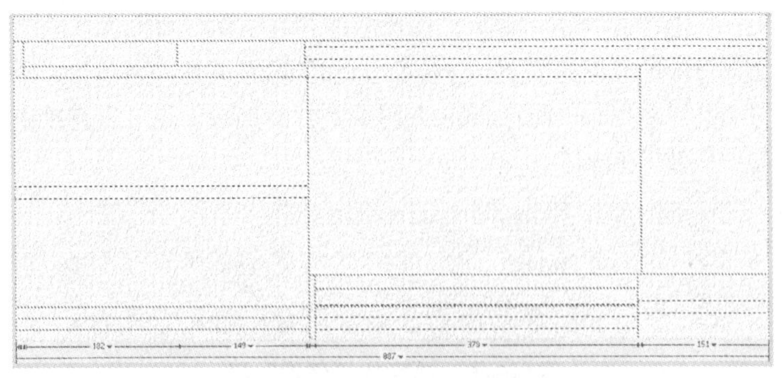

图4-6-2　“世界名花简介”网页的布局

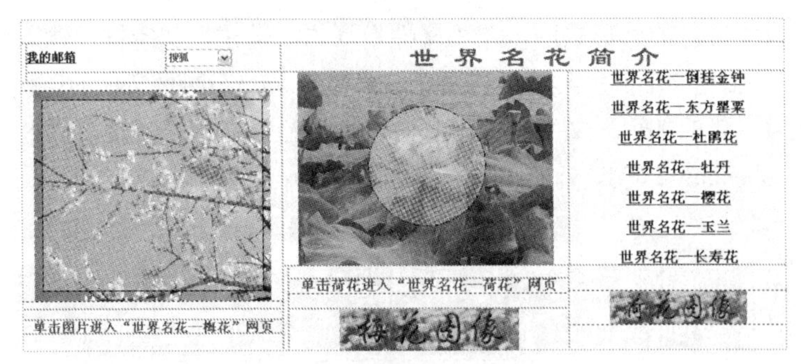

图4-6-3　“世界名花简介”网页的设计效果

（5）在第 1 列第 5 行单元格内插入“世界名花”文件夹内的“梅花 2.jpg”图像，在第 2 列第 3 行单元格内插入“世界名花”文件夹内的“荷花 1.jpg”图像，在第 2 列第 7 行单元格内插入“世界名花”文件夹内的“梅花图像 .jpg”文字图像，在第 3 列第 5 行单元格内插入“荷花图像 .jpg”文字图像。调整插入图像的大小，设置它们居中分布。

（6）将光标定位在下拉列表框所在的第 2 行第 2 列单元格内，单击“插入”（表单）工具栏内的“列表 / 菜单”按钮，在它的“属性”中“类型”选项区域内选择“菜单”单选按钮，即可插入一个下拉列表框（即菜单表单）对象。

（7）单击选中“梅花图像 .jpg”文字图像，调出它的“属性”栏，如图 4-6-4 所示。单击“属性”栏内的“矩形热点工具”按钮，在“梅花图像 .jpg”文字图像之上拖动一个浅蓝色的矩形，创建一个矩形热区，将整幅图像覆盖，如图 4-6-3 所示。

图4-6-4　“梅花图像.jpg”文字图像的“属性”栏

（8）选中“荷花图像 .jpg”文字图像，单击其“属性”栏内的“椭圆热点工具”按钮，在“荷花图像 .jpg”文字图像之上拖出一个浅蓝色的圆形，创建一个圆形热区，将荷花覆盖，如图 4-6-3 所示。

2．创建超级链接

（1）选中“梅花图像.jpg”文字图像之上的浅蓝色矩形热区，此时的“属性”栏如图4-6-5所示。单击“链接”栏内的按钮，调出“选择文件”对话框，利用该对话框选择“【案例14】世界名花简介”文件夹内的“世界名花——梅花.html”网页文件，再单击“确定”按钮，建立浅蓝色矩形热区与“世界名花——梅花.html”网页文件的链接。也可以直接在“链接”文本框内输入“世界名花——梅花.html”。

图4-6-5　热区的“属性”栏

（2）选中图像浅蓝色的圆形热区，在“属性”栏内“链接”文本框中输入“世界名花——荷花.htm”，建立浅蓝色圆形热区与“世界名花——荷花.htm”网页文件的链接。

（3）拖动选中“我的邮箱”文字，调出其“属性”栏，在该“属性”栏内的“链接”文本框中输入：mailto:shendalin2006@yahoo.com.cn，如图4-6-6所示。

图4-6-6　在“属性”栏内“链接”文本框内输入地址

（4）选中第2行第2列单元格内的下拉列表框（即菜单表单）对象，单击其“属性”栏内的“列表值”按钮，调出“列表值”对话框，在该对话框内输入3个项目标签和它们的值，如图4-6-7所示。完成下拉列表框内各选项与Internet上网页的链接。

（5）拖动选中“世界名花——倒挂金钟”文字，调出它的“属性”栏，在该“属性”栏内的“链接”下拉列表框中输入“世界名花——倒挂金钟.html”，如图4-6-8所示。

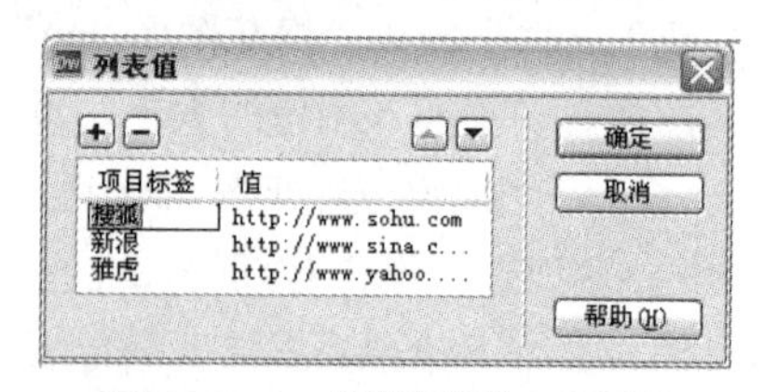

图4-6-7　“列表值”对话框

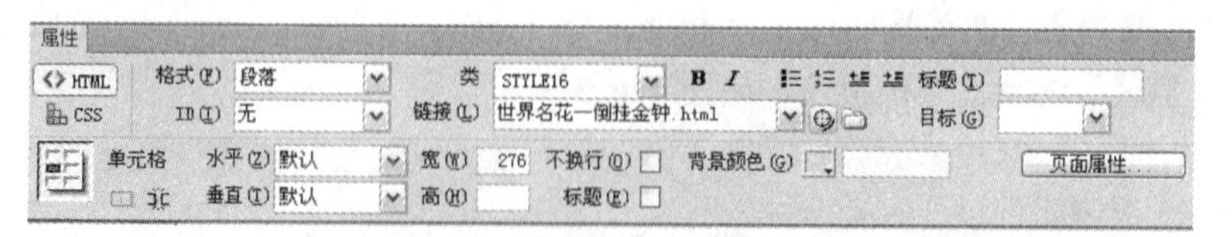

图4-6-8　在“属性”栏内“链接”下拉列表框内输入链接地址

按照上述方法，建立第3列中其他文字与相应网页的链接。

（6）选中第2列第7行单元格内插入的“梅花图像.jpg”文字图像，在它的“属性”栏内的“链接”文本框中输入“世界名花——梅花.html”，如图4-6-9所示。选中第3列第5行单元格内插入的“荷花图像.jpg”文字图像，在它的“属性”栏内的“链接”文本框中输入“世界名花——荷花.html”。

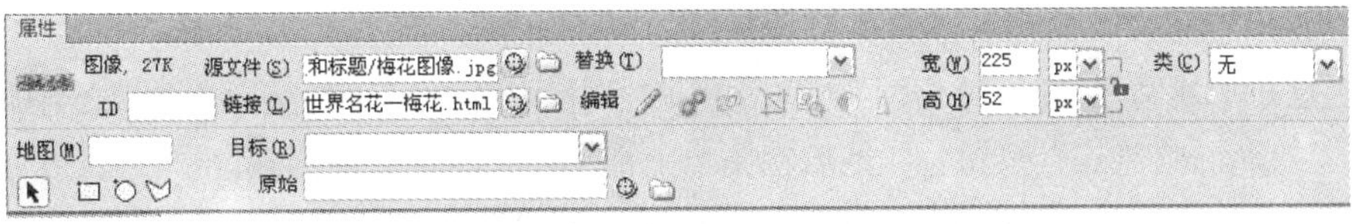

图4-6-9　在“属性”栏内“链接”文本框内输入链接地址

相关知识——图像热区与无址链接等

1．什么是超级链接

超级链接简称超链接，是网页中的重要内容。有了超级链接，用户在浏览网页时，就可以方便地跳转到所要浏览的页面。在网页中可以使用超级链接跳转到其他网页，可以跳转到当前网页的某一个位置或其他网站网页的某一个位置，还可以使用超级链接打开电子邮件程序来编辑电子邮件。

Dreamweaver 提供多种创建超文本链接的方法，可以创建链接到网页文档、图像、动画或可下载软件的链接等。根据创建链接对象的不同，超级链接可分为图像链接（包括 GIF 动画对象）、文本链接、按钮表单链接 3 种，根据链接到目标点位置和方式的不同可分为外部链接（网站与网站之间）、内部链接（同一网站内）、局部链接（网页内指定位置）和电子邮件链接 4 种。

创建与管理链接的方法有多种。可以创建一些指向尚未建立的页面或文件的链接，再创建链接的页面或文件，使用这种方法可以快速添加链接，而且可在实际完成所有页面之前对这些链接进行检查。也可以先创建所有页面和文件，再添加相应的链接。

2．热区

图像热区也叫图像映射图，即在源文件内的图像中划定一个区域，使该区域与目标 HTML 文件产生链接。图像热区可以是矩形、圆形或多边形。

创建图像热区应先选中要建立图像热区的图像，再利用“插入”（常用）工具栏的“图像”下拉菜单中的绘制热点工具或图像的“属性”栏（见图 4-6-10）内的“地图”选项组中的绘制热点工具来建立图像热区。下面以图 4-6-11 的“建筑欣赏”图像为例介绍其方法。创建热区的图像上会蒙上一层半透明的蓝色矩形、圆形和多边形热区，如图 4-6-12 所示。

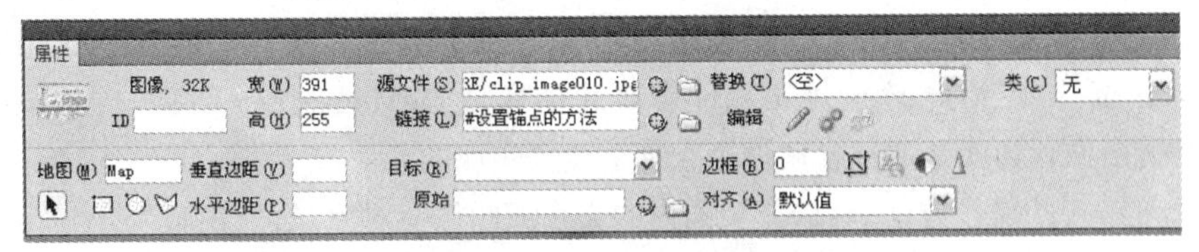

图4-6-10　图像的“属性”栏

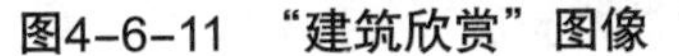

图4-6-11　“建筑欣赏”图像

图4-6-12　进行图像热区设置后的图像

（1）使用“插入”（常用）工具栏创建热区的方法如下：

◎ 创建矩形或圆形热区：单击“插入”（常用）工具栏中“图像”下拉菜单中的“绘制矩形热点”按钮或“绘制椭圆热点”按钮，然后在图像上拖动绘制矩形或圆形热区。

◎ 创建多边形热区：单击“插入”（常用）工具栏中“图像”下拉菜单中的“绘制多边形热点”按钮，然后将鼠标指针移到图像上，单击多边形上的一点，再依次单击多边形的各个转折点，最后双击起点，即可形成图像的多边形热区。

（2）使用“属性”面板创建热区的方法如下：

◎ 创建矩形或圆形热区：单击图像“属性”面板中的“矩形热点工具”按钮或“椭圆热点工具”按钮，然后将鼠标指针移到图像上，鼠标指针会变为十字形。用鼠标从要选择区域的左上角向右下角拖动，即可创建矩形或椭圆形热区。

◎ 创建多边形热区：单击图像“属性”面板中的“多边形热点工具”按钮，然后将鼠标指针移到图像上，鼠标指针会变为十字形，用鼠标单击多边形上的一点，再依次单击多边形的各个转折点，最后双击起点，即可形成图像的多边形热区。

（3）编辑热区：单击图像“属性”面板内的“指针热点工具”按钮，再单击热区，即可选取热区。选中圆形或矩形热区后，其四周会出现 4 个方形的控制柄。选中多边形热区后，其四周会出现许多方形的控制柄。拖动热区的方形控制柄，可以调整热区的大小与形状；拖动热区，可以调整热区的位置；按【Delete】键，可删除选中的热区。

（4）给热区指定链接文件的方法：首先选中热区，这时“属性”面板变为图像热区“属性”面板，如图 4-6-13 所示。然后，利用其中的“链接”文本框，可以将热区与外部文件或锚点建立链接。

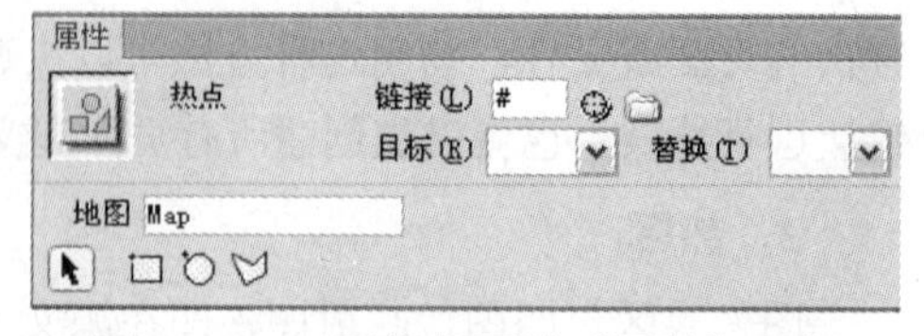

图4-6-13　图像热区的“属性”面板

3．创建无址链接

无址链接是指产生链接，但不会跳转到其他任何地方的链接。它并不一定是针对文本或图像等对象，而且也不需要用户离开当前页面，只是使页面产生一些变化效果，即产生动感。

这种链接只是链接到一个用 JavaScript 定义的事件。例如，对于大多数浏览器来说，鼠标指针经过图像或文字等对象时，图像或文字等对象不会发生变化（能发生变化的事件是 OnMouseOver 事件），为此必须建立无址链接才能实现 OnMouseOver 事件。在 Dreamweaver CS6 中的翻转图像行为就是通过自动调用无址链接来实现的。

建立无址链接的操作方法是：选择页面内的文字或图像等对象，然后在其“属性”面板的“链接”文本框内输入“#”号。

4．创建脚本链接和远程登录

（1）创建脚本链接：脚本链接与无址链接类似，也是指产生不会跳转到其他任何地方的链接，它执行 JavaScript 或 VBScript 代码或调用 JavaScript 或 VBScript 函数。这样，可以在不离开页面的情况下，为用户提供更多的信息。建立脚本链接的操作方法如下：

选择页面内的文字或图像等对象。然后，在其“属性”（HTML）面板的“链接”文本框内输入 javascript: 加 JavaScript 或 VBScript 的代码或函数的调用。例如：选择“脚本链接”文字，再在“链接”文本框内输入“javascript：alert（脚本链接的显示效果）”，如图 4-6-14 所示。

图4-6-14　在“属性”面板中建立脚本链接

存储后按【F12】键，在浏览器中会显示“脚本链接”热字，单击热字后，屏幕显示一个有文字“脚本链接的显示效果”的提示框。

（2）远程登录链接：远程登录是指单击页面内的文字或图像等对象，即可链接到Internet的一些网络站点上。远程登录的操作方法是：选择页面内的文字或图像等对象，再在其“属性”面板的“链接”文本框内输入“telnet://”加网站站点的地址。

思考与练习4-6

1．继续完成【案例 14】“世界名花简介”网页的所有热字与网页的链接工作，添加几幅文字图像，建立这些图像与相应网页的链接。

2．制作几个网页，利用它们进行“图像与外部网页的链接”、“文字与外部图像的链接”、“文字与外部 Flash 文件的链接”操作。

3．参考【案例 14】“世界名花简介”网页的制作方法，制作一个“中国名胜简介”网页。

4．制作一个“建筑浏览”网页，该网页内显示如图 4-6-11 所示图像，单击该图像内不同区域，会显示不同的图像和相应的文字介绍。另外，单击画面内的“E-mail”热字，会调出 Outlook Express，其内“收件人”文本框内会自动填入链接时指定的 E-mail 地址；单击下拉列表框内的网站名称链接文字，会调出相应的网站主页。

第5章 CSS样式和Div标签

本章通过完成3个案例，初步了解什么是CSS，初步掌握创建CSS的方法，了解部分CSS属性的特点、CSS设置方法和CSS过滤器的特点，初步掌握管理和应用CSS的方法，以及使用DIV标签和CSS进行网页布局的方法等。

本章在介绍各案例的操作过程时，不但介绍操作方法，还通过切换到文档的“代码”视图窗口，给出自动生成的相应代码，来帮助读者了解定义CSS和CSS属性设置代码的含义。这种快捷和方便的学习方式，有利于读者掌握更多的有关CSS和HTML的相关知识。

5.1 案例15 “牡丹花特点和用处”网页

案例效果和操作

“牡丹花特点和用处”网页的显示效果如图5-1-1所示。第1行文字是标题文字设置为红色、隶书、52磅大小、粗体；两个小标题文字设置为红色、宋体、30磅大小、粗体；段落文字设置为蓝色、宋体、16磅大小、粗体。通过该网页的制作，可以掌握创建和使用内部CSS样式表的方法等。

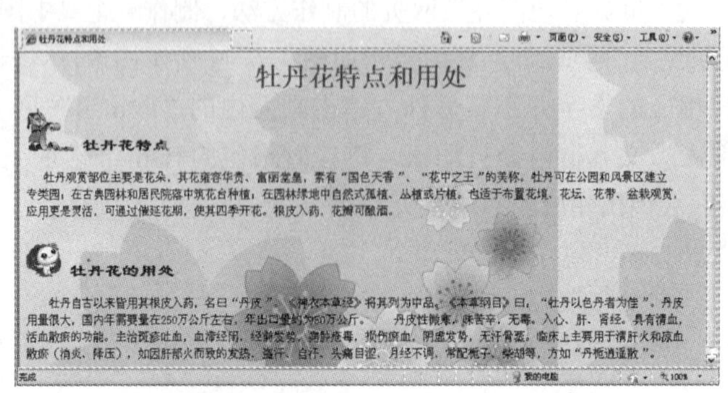

图5-1-1 “牡丹花特点和用处”网页在浏览器中的显示效果

1. 在记事本中创建网页基本内容

（1）在“【案例15】牡丹花特点和用处”文件夹下建立名字为“GIF”的文件夹，用来保存网页中的“G1.gif”、“G2.gif” GIF格式动画文件和“BJ.jpg”图像文件。

（2）打开Windows记事本，在其内输入如下的HTML程序。

HTML文档中的各种英文标识要在英文半角方式下输入，不分大小写。

（3）输入或修改完HTML程序之后，单击记事本窗口内的“文件”→“保存”命令或“文件”→“另存为”命令，调出“另存为”对话框。将HTML程序以名称“牡丹花特点和用处0.htm”保存在“【案例15】牡丹花特点和用处”文件夹内。

在浏览器内显示“牡丹花特和用处0.htm”网页，内容与图5-1-1所示基本一样，但是，

文字大小、颜色都没有设置，页面背景不是图像，是黄色。

```
<HTML>
<HEAD>
<TITLE>牡丹花特点和用处</TITLE>
</HEAD>
<BODY BGCOLOR=#EEff66>
<CENTER>
<H1>牡丹花特点和用处</H1>
</CENTER>
<H2><IMG SRC="GIF/G1.GIF" width="49" height="55" >
<B>牡丹花特点</B></H2>
<p><br>
牡丹观赏部位主要是花朵，其花雍容华贵、富丽堂皇，素有“国色天香”、“花中之王”的美称。牡丹可在公园和风景区建立<br>
专类园；在古典园林和居民院落中筑花台种植；在园林绿地中自然式孤植、丛植或片植。也适于布置花境、花坛、花带、盆栽观赏，<br>
应用更是灵活，可通过催延花期，使其四季开花。根皮入药，花瓣可酿酒。</p>
<h2><br>
<IMG SRC="GIF/G2.GIF" width="59" height="54" >
<B>牡丹花的用处</B></h2>
<p>        牡丹自古以来皆用其根皮入药，名曰“丹皮”。《神农本草经》将其列为中品。《本草纲目》曰：“牡丹以色丹者为佳”。丹皮
用量很大，国内年需要量在250万公斤左右，年出口量约为50万公斤。        丹皮性微寒，味苦辛，无毒。入心、肝、肾经。具有清血，
活血散瘀的功能。主治斑疹吐血，血滞经闭，经前发势，痈肿疮毒，损伤瘀血，阴虚发势，无汗骨蒸。临床上主要用于清肝火和凉血
散瘀（消炎、降压），如因肝郁火而致的发热、盗汗、自汗、头痛目涩、月经不调，常配栀子、柴胡等，方如“丹栀逍遥散”。</p>
<p> </p>
</BODY>
</HTML>
```

2．在 Dreamweaver CS6 中创建网页基本内容

（1）启动 Dreamweaver CS6，新建一个网页文档，单击“文件”→“另存为”命令，调出“另存为”对话框。将网页以名称“牡丹花特点和用处 1.htm”保存在“D:\WEBZD1\TDZZ\【案例15】牡丹花特点和用处”文件夹内。切换到“设计”视图窗口，单击网页页面，单击其“属性”栏内的“页面属性”按钮，调出“页面属性”（外观）对话框。在“背景图像”文本框内输入“GIF\BJ.jpg”，单击“确认”按钮，给网页设置背景图像。

（2）在页面内第 1 行输入“牡丹花特点和用处”文字，拖动选中这些文字，在“属性”（HTML）栏中的“格式”下拉列表框中选择“标题 1”选项，使文字为“标题 1”格式。

（3）按【Enter】键，再输入文字“牡丹花的特点”，然后拖动选中这些文字，在文字的“属性”（HTML）栏中，在“格式”下拉列表框中选择“标题 2”选项。

（4）按【Enter】键，将 Word 文档中关于“牡丹花特点和用处”的文字复制到剪贴板中，再将剪贴板中的文字粘贴到网页文档窗口中的光标处。拖动选中这些文字，在文字的“属性”（HTML）栏“格式”下拉列表框中选择“段落”选项，使文字为“段落”格式。

（5）按【Enter】键，输入文字“牡丹花的用途”，然后拖动选中这些文字，在文字的“属性”（HTML）栏中，在“格式”下拉列表框中选择“标题 2”选项。

（6）按【Enter】键，再输入关于“牡丹花的用途”的文字，然后拖动选中这些文字，在文字的“属性”（HTML）栏中，在“格式”下拉列表框中选择“段落”选项。

（7）将光标定位在文字“牡丹花的特点”的左边，单击“插入”（常用）面板内的按钮，调出“选择图像源文件”对话框。利用该对话框导入“G1.gif”图像。再将光标定位在文字“牡丹花的用处”的左边，单击“插入”（常用）面板内的按钮，调出“选择图像源文件”对话框。利用该对话框导入“G2.gif”图像。

3．创建内部 CSS

（1）调出“CSS 样式”面板，如图 5-1-2 所示。单击该面板内右下角的“新建 CSS 规则”按钮，调出“新建 CSS 规则”对话框，如图 5-1-3 所示（还没有输入名称）。

（2）在该对话框内的“选择器类型”下拉列表框中选择“类”选项，在“选择器名称”文本框中输入 CSS 样式的名称“.STYLE1”，在“规则定义”下拉列表框中选择“仅限该文档”选项（确定定义内部 CSS），如图 5-1-3 所示。

图5-1-2 “CSS样式”面板

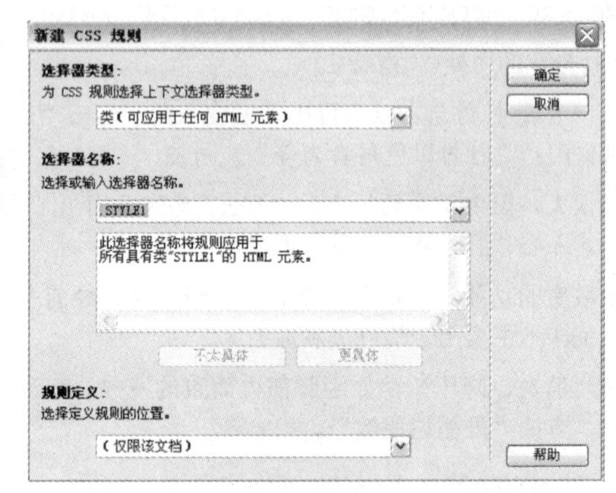

图5-1-3 “新建CSS规则”对话框

（3）单击“新建 CSS 规则”对话框内的“确定”按钮，关闭该对话框，调出“.STYLE1 的 CSS 规则定义”对话框，如图 5-1-4 所示（还没有进行设置）。

（4）在“.STYLE1 的 CSS 规则定义”对话框内，在“字体”（Font-family）下拉列表框中选择“隶书”；在“大小”（Font-size）下拉列表框中输入 24，设置文字大小为 24 px（像素）；在“粗细”（Font-weight）下拉列表框选择“粗体”（bold）选项，设置文字为粗体；单击“颜色”按钮，调出颜色面板，单击该面板内的蓝色色块，设置文字颜色为蓝色。其他设置如图 5-1-4 所示。单击“确定”按钮，关闭该对话框，完成“.STYLE1”CSS 样式的定义。此时的“CSS 样式”面板如图 5-1-5 所示。

（5）单击“文档工具”栏中的“代码”按钮，切换到“代码”视图窗口。可以看到增加了如下代码，这些代码定义了一个内部 CSS 样式（也叫“内嵌式”CSS 样式）。

```
.STYLE1 {
    font-size: 24px;
    font-weight: bold;
    font-family: "隶书";
    color: #0000FF;
}
```

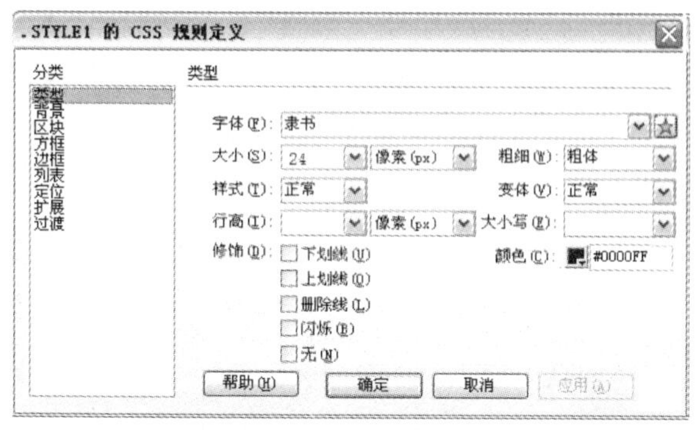

图5-1-4　“.STYLE1的CSS规则定义”对话框

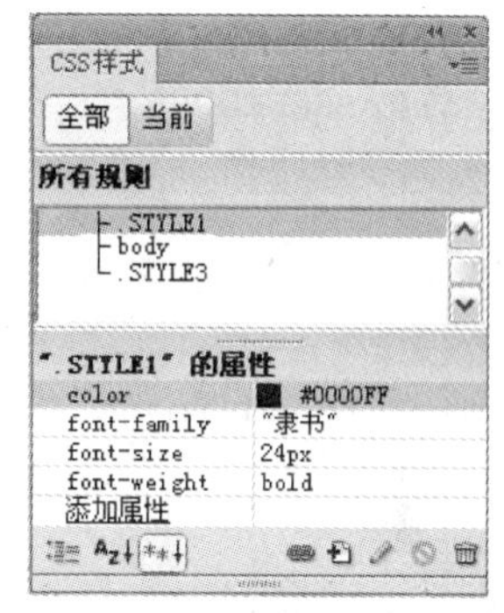

图5-1-5　“CSS样式”面板

（6）按照上述方法，再创建“.STYLE2”和“.STYLE3”两个内部CSS样式。“.STYLE2”CSS样式的“.STYLE2的CSS规则定义”对话框属性设置如图5-1-6所示。“.STYLE3”CSS样式的“.STYLE3的CSS规则定义”对话框属性设置如图5-1-7所示。

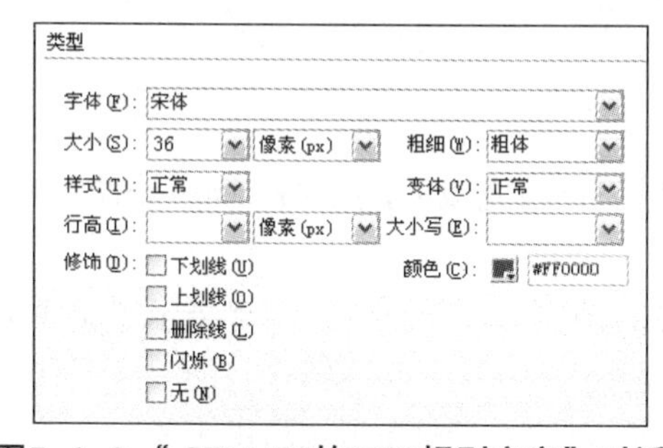

图5-1-6　“.STYLE2的CSS规则定义”对话框

图5-1-7　“.STYLE3的CSS规则定义”对话框

（7）单击“文档工具”栏中的“代码”按钮，切换到“代码”视图窗口。可以在“代码”视图窗口内看到在HTML程序中增加了如下代码，这些代码定义了3个内部CSS样式。

此时，“CSS样式”（全部）面板如图5-1-8所示。可以看出，已经定义了3个内部CSS样式，以及自动定义的网页背景图像的“body”CSS样式。选中不同的CSS样式名称，会在下边显示相应的属性设置情况，属性值可以修改。

图5-1-8　“CSS样式”（全部）面板

```
<STYLE type="text/css">
<!--
.STYLE1 {
    font-size: 24px;
```

```
    font-weight: bold;
    font-family: "隶书";
    color: #0000FF;
  }
  .STYLE2 {
    font-family: "宋体";
    font-weight: bold;
    color: #FF0000;
    font-size: 36px;
  }
  body {
    background-image: url(GIF/BJ.jpg);
  }
  .STYLE3 {
    font-size: 16px;
    color: #0000FF;
    line-height: 23px;
  }
  -->
  </STYLE>
```

上述定义 CSS 样式的代码含义如下：

◎ 样式表的定义是在 <STYLE>…</STYLE> 标识符内完成的，<STYLE>…</STYLE> 应置于 <HEAD>…</HEAD> 标识符内。

◎ <STYLE TYPE="text/css">：用来设置 STYLE 的类型，"text/css" 类型指示了文本 CSS 样式表类型，可使不支持样式表的浏览器忽略样式表。

◎ <!--…-->：可使不支持 <STYLE>…</STYLE> 标记符的浏览器忽略样式表。

◎ “font-family: " 宋体 ";” 代码定义了字体为宋体；“font-size: 24px;” 代码定义了字大小为 24 像素；“font-style: normal;” 代码定义了字样式为 “普通”；“line-height: 30px;” 代码定义了字的行高为 30 像素；“font-weight: bold;” 代码定义了字的粗细为 “粗体”；“font-variant: normal;” 代码定义了字的变体为 “正常”；“color: #FF0000;” 代码定义了字的颜色为红色。

◎ “background-image: url(GIF/BJ.jpg);” 定义背景图像为 “GIF/ BJ.jpg”。

4．创建外部 CSS 样式

（1）调出如图 5-1-9 所示的 “新建 CSS 规则” 对话框。选中 “选择器类型” 下拉列表框中的“类(可应用于任何 HTML 元素)”选项，在“选择器名称”文本框中输入 CSS 样式的名称“.SP”，在 “规则定义” 下拉列表框内选择 “新建样式表文件” 选项（确定定义外部 CSS），然后单击 “确定” 按钮，关闭 “新建 CSS 规则” 对话框，调出 “将样式表文件另存为” 对话框，如图 5-1-10 所示（还没有输入文件名）。

（2）在“将样式表文件另存为”对话框中选择路径，在“文件名”文本框中输入扩展名为“.css”

的文件名“SP.css”，然后单击“确定”按钮，即可退出该对话框，调出“.SP 的 CSS 规则定义”对话框，它与图 5-1-4 基本一样。

（3）选中“.SP 的 CSS 规则定义”对话框左边“分类”列表框内的“方框”选项，在“宽”下拉列表框内输入 80，在“高”下拉列表框内输入 80。

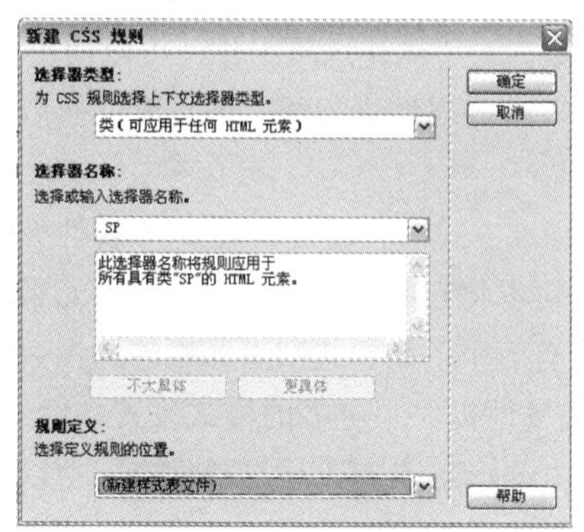

图5-1-9　“新建CSS规则”对话框

图5-1-10　“将样式表文件另存为”对话框

（4）定义完后，单击“确定”按钮，可以完成 CSS 样式表的定义。此时，在“CSS 样式”面板内，会显示出新创建的样式表的名称“SP.css”和“.SP”，如图 5-1-11 所示。其中，“SP.css”是外部 CSS 样式文件的名称，“.SP”是该文件内的外部 CSS 样式名称。“SP.css”外部 CSS 样式文件的内容如下：

```
@charset "gb18030";
.SP {
   line-height: 80px;
   font-weight: 80px;
}
```

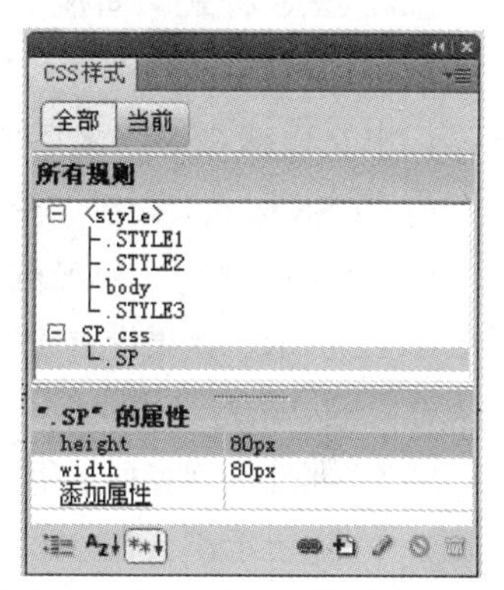

图5-1-11　“CSS样式”面板

5．应用 CSS 样式

（1）拖动选中标题文字“牡丹花特点和用途”，在其“属性”（CSS）栏内的“目标规则”下拉列表框中选择“STYLE2”选项，即给选中的标题文字应用“.STYLE2”CSS 样式。

（2）拖动选中标题文字“牡丹花的特点”，在其“属性”（CSS）栏内的“目标规则”下拉列表框中选择“.STYLE2”选项，即给选中的标题文字应用“.STYLE2”CSS 样式。

（3）拖动选中标题文字“牡丹花的用处”，在其“属性”（CSS）栏内的“目标规则”下拉列表框中选择“.STYLE2”选项，即给选中的标题文字应用“.STYLE2”CSS 样式。

（4）拖动选中段落文字，在其“属性”栏内的“目标规则”下拉列表框中选择“.STYLE3”选项，给选中文字应用“.STYLE3”CSS 样式。再选中另一段落文字，在其“属性”栏内的“目标规则”下拉列表框中选择“.STYLE3”选项，给选中文字应用“.STYLE3”CSS 样式。

（5）选中第 1 幅图像，在其“属性”栏内的“类”下拉列表框中选择“.SP”选项；选中第 2 幅图像，在其“属性”栏内的“类”下拉列表框中选择“.SP”选项。将 2 幅图像的宽度和高度均调整为 80 像素。

（6）单击“文件”→“保存”命令，将网页以名称“牡丹花特点和用处 1.htm”保存。

相关知识——CSS样式

1. 什么是 CSS 样式

在设计网页时，常常需要对网页中各种对象的属性进行设置，通常网站中许多网页内会有很多相同属性的对象，例如相同颜色、大小、字体的文字，同样粗细的图像边框等。如果对这些相同的元素进行逐一的属性设置，会大大增加工作量。为了简化这项工作，可以使用 CSS 样式表，它可以对页面布局、背景、字体大小、颜色、表格等属性进行统一的设置，然后再应用于页面各个相应的对象。

CSS（即层叠样式表）技术是一种格式化网页的标准方式，它通过设置 CSS 属性使网页元素对象获得不同的效果。在定义了一个 CSS 样式后，可以将它应用于网页内不同的元素，使这些元素对象具有相同的属性，在修改 CSS 样式后，所有应用了该样式网页元素的属性会随之一同被修改。另外，相对 HTML 标记符而言，CSS 样式属性提供了更多的格式设置功能。例如，给文字添加阴影，为列表指定图像作为项目符号等。由于 CSS 具有上述这些优点，所以它已经被广泛用于网页的设计中。

2. “CSS 样式”面板

单击“窗口”→“CSS 样式”命令，调出“CSS 样式”面板（也称 CSS 样式表编辑器），如图 5-1-2 所示，定义内部 CSS 样式后的“CSS 样式”面板如图 5-1-8 所示。定义了内部和外部 CSS 样式后的“CSS 样式”面板如图 5-1-11 所示。其中各选项的作用如下：

（1）“所有规则”列表框：用来显示所有样式表的名称和外部 CSS 样式文件的名称，如图 5-1-12 所示。如果没有定义 CSS 样式，则“CSS 样式”面板如图 5-1-2 所示，“所有规则”列表框内的“未定义样式”选项表示没有定义 CSS 样式。

（2）“属性”列表框：用来显示选中的 CSS 样式的属性和属性值，单击“添加属性”热字，如图 5-1-12 所示，会在“添加属性”热字处出现一个下拉列表框，该列表框中列出了所有相关的属性名称，选择其中一个属性，即可设置该属性的相应值。单击属性值，即可进入该属性值的编辑状态，可以修改该属性值。

（3）“显示类别视图”按钮：单击该按钮后，可以分类显示选中 CSS 样式的属性和属性值。

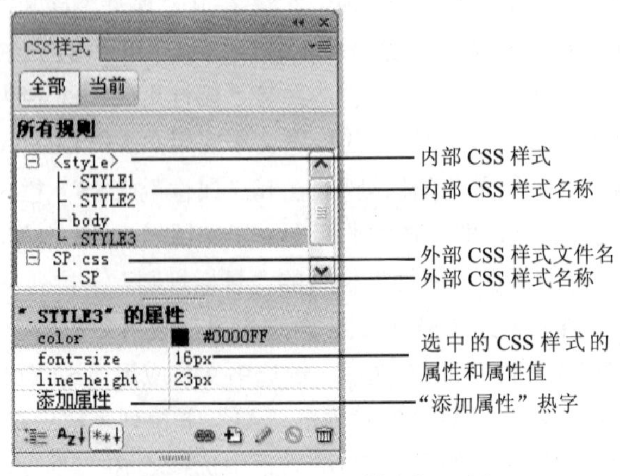

图5-1-12 “CSS样式”面板

（4）“显示列表视图”按钮：单击该按钮后，可以按英文字母的顺序显示选中CSS样式的属性和属性值。

（5）“只显示设置属性”按钮：单击该按钮后，只显示已经设置过的CSS样式的属性和属性值。

（6）“附加样式表”按钮：单击该按钮后，可以调出“链接外部样式表”对话框，如图5-1-13所示。再单击“浏览”按钮，可调出“选择样式表文件”对话框，利用该对话框可以选择要链接或导入外部的样式表（文件的扩展名为.css）。

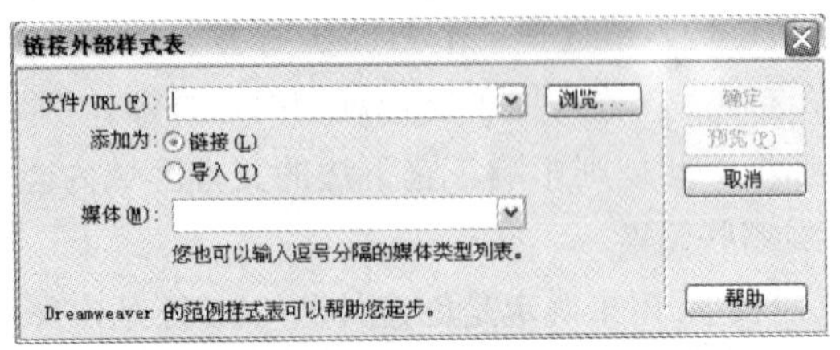

图5-1-13　“链接外部样式表”对话框

在“链接外部样式表”对话框内的“媒体”下拉列表框中可以选择媒体类型。单击“范例样式表”热字，可以调出“范例样式表”对话框，如图5-1-14所示。该对话框给出一些样式表范例，并给出与它们相应的文件名称和路径，可供使用。

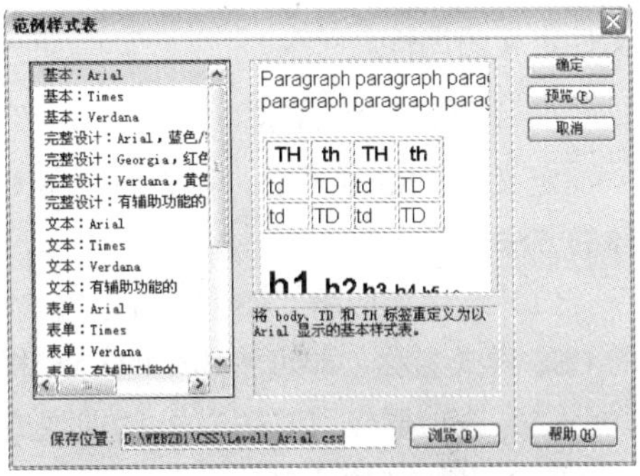

（7）“新建CSS规则”按钮：单击该按钮，调出“新建CSS规则”对话框，如图5-1-15所示。利用它可建立新的内部和外部CSS样式。

图5-1-14　“范例样式表”对话框

（8）“编辑样式”按钮：在“CSS样式”面板中选中一种CSS样式名称，单击该按钮，可打开一个能进行样式表编辑的对话框（例如，“.STYLE1的CSS规则定义”对话框），利用该对话框可以对CSS样式表进行编辑。

（9）“删除CSS属性”按钮：单击此按钮，将直接删除选中的CSS样式。

3．“新建CSS规则”对话框

“新建CSS规则”对话框如图5-1-15所示，其中各选项的作用如下：

（1）“选择器类型”下拉列表框：其内有“类”、“ID”、“标签”和“复合内容”4个选择器类型选项。用来设置要创建的CSS规则（即CSS样式）的选择器类型。

◎ 选择“类”选项后，设置的CSS规则可以应用于所有HTML元素。

◎ 选择“ID”选项后，设置的CSS样式（即规则）只可以应用于一个HTML元素。

◎ 选择“标签”选项后，则“选择器名称”下拉列表框内提供了可以应用于重新定义的所有HTML元素标记名称，可以对HTML元素重新定义，改变它们的属性。

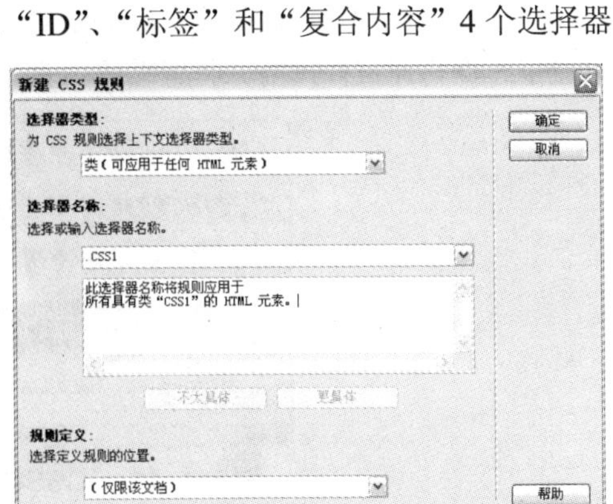

图5-1-15　“新建CSS规则”对话框

◎ 选择“复合内容”选项后，可定义能同时影响多个标签、类或 ID 的复合规则。

（2）“选择器名称”下拉列表框：在“选择器类型”下拉列表框内选择不同选项时，在该下拉列表框内可以输入和选择的名称形式也不一样。

◎ 选择“类”选项后，类名称必须以“.”开头，并且包含字母和数字组合（例如，“.CSS1”）。如果没有输入开头的“.”，则 Dreamweaver CS6 会自动在输入的名称左边添加“.”。

◎ 选择“ID”选项后，输入的 ID 名称 必须以“#”开头，并且包含字母和数字组合（例如，“#myID1”）。如果没输入开头的“#”，则 Dreamweaver 会自动在输入的名称左边添加“#”。

◎ 选择“标签”选项后，输入或选择一个 HTML 标签。

◎ 选择“复合内容”选项后，输入用于复合规则的选择器，例如，如果输入“div p”，则 div 标签内的所有 p 元素都将受此规则影响。它下边的文本区域内会自动给出准确说明添加或删除选择器时该规则将影响哪些元素。

（3）“规则定义”下拉列表框：用来确定是创建外部 CSS 还是内部 CSS。选中“仅限该文档”选项，则创建内部 CSS，定义在当前文档中。选中“新建样式表文件”选项，则创建外部 CSS 样式表文件（扩展名为“.css”）。选中一个已经创建的 CSS 样式文件，则修改选中的 CSS 样式文件定义的属性。

4．应用 CSS 样式

定义了 CSS 样式后，可以将这些 CSS 样式应用于网页中的文本、图像、Flash 等对象。具体的方法如下：

（1）选中要应用 CSS 样式的文本对象，在其“属性”栏的“样式”下拉列表框中选择需要的 CSS 样式名称，即可将选中的 CSS 样式应用于选中的文本对象。

（2）选中要应用 CSS 样式的图像或 Flash 等对象，在其“属性”栏的“类”下拉列表框中选择需要的 CSS 样式名称，即可将选中的 CSS 样式应用于选中的图像或 Flash 等对象。

思考与练习5-1

1．制作一个“CSS 样式表范例”网页，该网页的显示效果如图 5-1-16 所示。图中第 1 行是标题 3 文字，黄色背景、蓝色字、大小为 20 号。第 2 行是标题 1 文字，黄色背景、红色字、大小为 20 号、斜体。第 3 行是标题 3 文字，红色背景、黄色字、大小为 20 号、斜体。第 1 段正文文字是黄色背景、蓝色字、保持原文件风格、首行缩进 1cm。第 2 段正文文字是黄色背景、红色字、保持原文件风格、首行缩进 1cm。

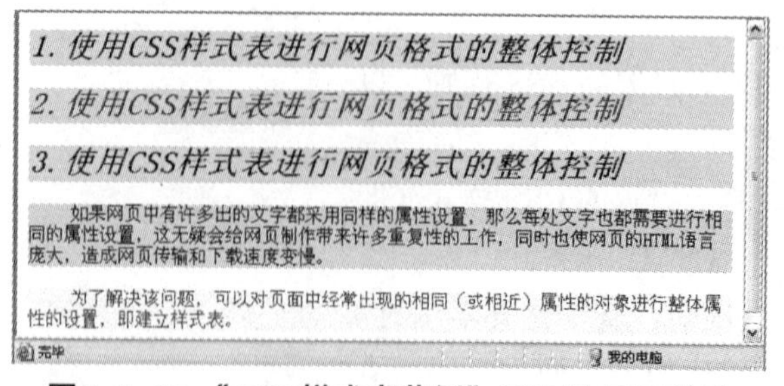

图5-1-16 “CSS样式表范例”网页的显示效果

2．修改“牡丹花的特点和用途 1.htm”网页内的“.STYLE3”CSS 样式，修改 SP.css 外部 CSS 样式。新建一个名称为 CSS SP1.css 的外部 CSS 样式。

5.2 案例16 “特效课程表”网页

案例效果和操作

“特效课程表”网页在浏览器中的显示效果如图 5-2-1 所示。在半透明的鲜花图像之上有一个计算机专业课程表。通过该网页的制作，可以进一步掌握创建外部 CSS 样式表的方法和设置字体属性的方法，掌握设置背景、文本、区块、列表和扩展属性的方法，以及应用外部 CSS 样式表于图像的方法等。

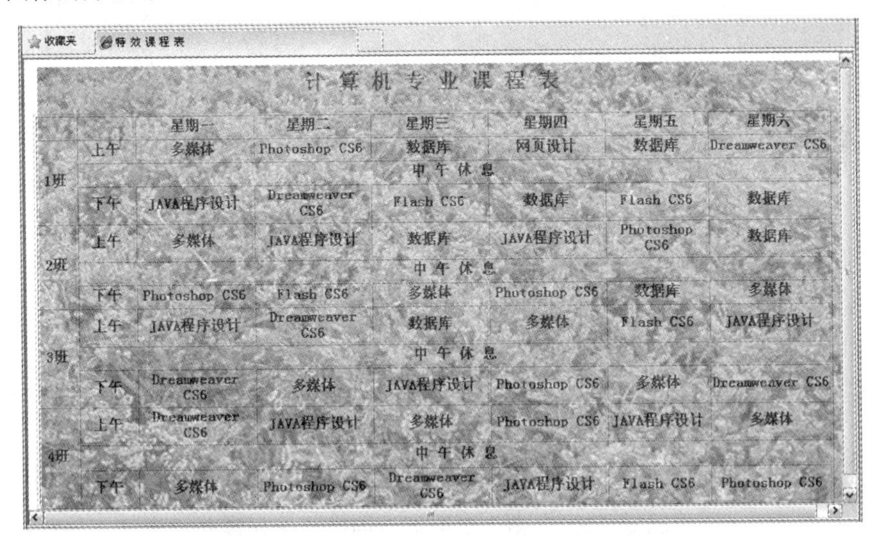

计算机专业课程表

		星期一	星期二	星期三	星期四	星期五	星期六
1班	上午	多媒体	Photoshop CS6	数据库	网页设计	数据库	Dreamweaver CS6
	中午休息						
	下午	JAVA程序设计	Dreamweaver CS6	Flash CS6	数据库	Flash CS6	数据库
2班	上午	多媒体	JAVA程序设计	数据库	JAVA程序设计	Photoshop CS6	数据库
	中午休息						
	下午	Photoshop CS6	Flash CS6	多媒体	Photoshop CS6	数据库	多媒体
3班	上午	JAVA程序设计	Dreamweaver CS6	数据库	多媒体	Flash CS6	JAVA程序设计
	中午休息						
	下午	Dreamweaver CS6	多媒体	JAVA程序设计	Photoshop CS6	多媒体	Dreamweaver CS6
4班	上午	Dreamweaver CS6	JAVA程序设计	多媒体	Photoshop CS6	JAVA程序设计	多媒体
	中午休息						
	下午	多媒体	Photoshop CS6	Dreamweaver CS6	JAVA程序设计	Flash CS6	Photoshop CS6

图5-2-1 “特效课程表”网页的显示效果

1．制作表格和添加图像

（1）首先制作一个普通的课程表，输入华文行楷字体、红色、大小为 36 像素、加粗、居中的标题文字“计算机专业课程表”，表格中的文字是蓝色，如图 5-2-2 所示。

计算机专业课程表

		星期一	星期二	星期三	星期四	星期五	星期六
1班	上午	多媒体	Photoshop CS6	数据库	网页设计	数据库	Dreamweaver CS6
	中午休息						
	下午	JAVA程序设计	Dreamweaver CS6	Flash CS6	数据库	Flash CS6	数据库
2班	上午	多媒体	JAVA程序设计	数据库	JAVA程序设计	Photoshop CS6	数据库
	中午休息						
	下午	Photoshop CS6	Flash CS6	多媒体	Photoshop CS6	数据库	多媒体
3班	上午	JAVA程序设计	Dreamweaver CS6	数据库	多媒体	Flash CS6	JAVA程序设计
	中午休息						
	下午	Dreamweaver CS6	多媒体	JAVA程序设计	Photoshop CS6	多媒体	Dreamweaver CS6
4班	上午	Dreamweaver CS6	JAVA程序设计	多媒体	Photoshop CS6	JAVA程序设计	多媒体
	中午休息						
	下午	多媒体	Photoshop CS6	Dreamweaver CS6	JAVA程序设计	Flash CS6	Photoshop CS6

图5-2-2 普通的课程表

（2）在表格的上面创建一个层，其内导入一幅图像。使层和图像将整个表格覆盖，如图 5-2-3 所示。

图5-2-3　图像将表格完全覆盖

2．创建外部 CSS 样式和应用样式

（1）打开“CSS 样式”面板，如图 5-1-2 所示。单击该面板内右下角的“新建 CSS 规则”按钮，调出“新建 CSS 规则”对话框，如图 5-1-3 所示。

（2）在“新建 CSS 规则”对话框内，选中“选择器类型”下拉列表框中的“类（可用于任何标签）”选项，在“选择器名称”文本框中输入 CSS 样式的名称“.CSS1”，在“规则定义”下拉列表框内选择“新建样式表文件”选项（确定定义外部 CSS），如图 5-1-9 所示。然后，单击“确定”按钮，关闭“新建 CSS 规则”对话框，调出“保存样式表文件为”对话框。

（3）在“保存样式表文件为”对话框中选择路径，在“文件名”文本框中输入 CSS1.css，然后单击“确定”按钮，退出该对话框，调出“.CSS1 的 CSS 规则定义”对话框，如图 5-2-4 所示。

（4）在“.CSS1 的 CSS 规则定义”对话框左边“分类”列表框内选择“扩展”选项。然后，选择“过滤器”下拉列表框内的 Alpha 选项，选项内容为 Alpha(Opacity=?,FinishOpacity=?,Style=?, StartX=?,StartY=?,FinishX=?,FinishY=?)。该选项可以使图像和文字呈透明或半透明效果。有关参数的含义如下：

◎ Opacity：决定初始的不透明度，其取值为 0 ～ 100。0 是不透明，100 是完全透明。

◎ FinishOpacity：决定终止的透明度，其取值为 0 ～ 100。

◎ Style：决定透明的风格，其取值为 0 ～ 3。0 表示均匀渐变，1 表示线性渐变，2 表示放射渐变，3 表示直角渐变。

◎ StartX：渐变效果的起始坐标 X 值。

◎ StartY：渐变效果的起始坐标 Y 值。

◎ FinishX：渐变效果的终止坐标 X 值。

◎ FinishY：渐变效果的终止坐标 Y 值。

上述坐标值取值范围由终止的透明度数值决定。此处 Alpha 选项的设置如下：

Alpha(Opacity=50,FinishOpacity=70,Style=0,StartX=10,StartY=70,FinishX=500,FinishY=800)

此时的“.CSS1 的 CSS 规则定义”对话框如图 5-2-4 所示。

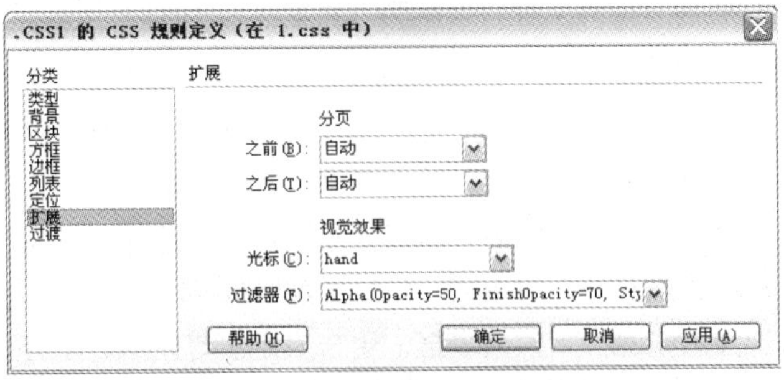

图5-2-4　进行“定位”属性设置

（5）在“.CSS1 的 CSS 规则定义”对话框中单击“确定”按钮，返回“新建 CSS 规则”对话框。再单击“确定”按钮，完成 CSS 样式的定义。

（6）选中图像，在其“属性”栏内的“类”下拉列表框中选择 CSS1 选项，将 .CSS1 样式应用于选中的图像。

（7）打开 CSS1.css 文档，单击“文档工具”栏中的“显示代码视图”按钮 代码，切换到“代码”视图窗口。其中，定义 .CSS1 外部 CSS 样式的程序如下：

```
@charset "gb2312";
.CSS1 {
   filter: Alpha(Opacity=50,FinishOpacity=70,Style=0,StartX=10,StartY=70,
FinishX=500,FinishY=800);
}
```

保存网页文件，按【F12】按键，即可在浏览器中看到表格的特殊显示效果。

相关知识——设置CSS属性

1．定义 CSS 的背景属性

在“.CSS1 的 CSS 规则定义”对话框左边“分类”列表框内选择“背景”选项，此时，该对话框内的“背景”选项区域如图 5-2-5 所示。其中各选项的作用如下：

（1）“背景颜色”（Background-color）按钮与文本框：用来给选中的对象添加背景色。

（2）“背景图像”（Background-image）下拉列表框与“浏览”按钮：用来设置选中对象的背景图像。下拉列表框内有两个选项。

◎“无”选项：它是默认选项，表示不使用背景图案。

◎“URL”选项：选择该选项或单击“浏览”按钮，可以调出“选择图像源”对话框，利用该对话框，可以选择背景图像。

（3）“重复”（Background-repeat）下拉列表框：用来设置背景图像的重复方式。它有 4 个选项：“不重复”（只在左上角显示一幅图像）、“重复”（沿水平与垂直方向重复）、“横向重复”（沿水平方向重复）和“纵向重复”（沿垂直方向重复）。

（4）“附件”（Background-attachment）下拉列表框：设置图像是否随内容滚动而滚动。

（5）“水平位置”（Background-position (X)）下拉列表框：设置图像与选定对象的水平相对位置。如果选择了“值”选项，则其右边下拉列表框变为有效，可用来选择单位。

（6）“垂直位置”（Background-position (Y):）下拉列表框：设置图像与选定对象的垂直相对位置。如果选择了“值”选项，则其右边的下拉列表框变为有效，用来选择单位。

2. 定义 CSS 的区块属性

在“.CSS1 的 CSS 规则定义”对话框左边“分类”列表框内选择“区块”选项，此时对话框内的“区块”选项区域如图 5-2-6 所示。其中各选项的作用如下：

（1）“单词间距”（Word-spacing）下拉列表框：用来设定单词间距。选择“值”选项后，可以输入数值，再在其右边的下拉列表框内选择数值的单位。此处可以用负值。

（2）“字母间距”（Letter-spacing）下拉列表框：用来设定字母间距。选择“(值)”选项后，可以输入数值，再在其右边的下拉列表框内选择数值的单位。此处可以用负值。

（3）“垂直对齐”（Vertical-align）下拉列表框：用它可以设置选中的对象相对于上级对象或相对所在行，在垂直方向的对齐方式。

（4）“文本对齐”（Text-align）下拉列表框：用来设置首行文字在对象中的对齐方式。

（5）“文字缩进”（Text-indent）文本框：用来输入文字的缩进量。

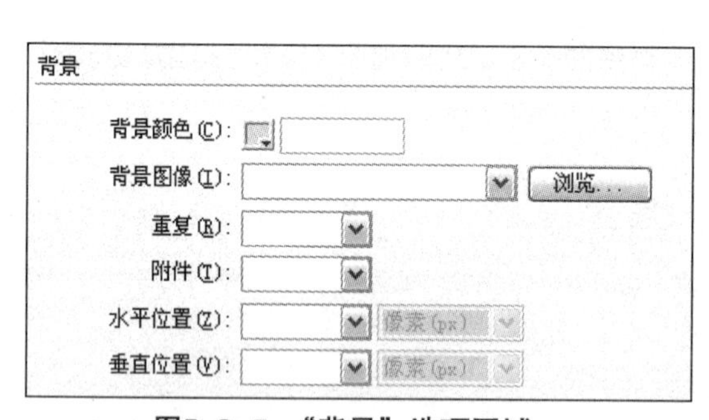

图5-2-5 “背景”选项区域

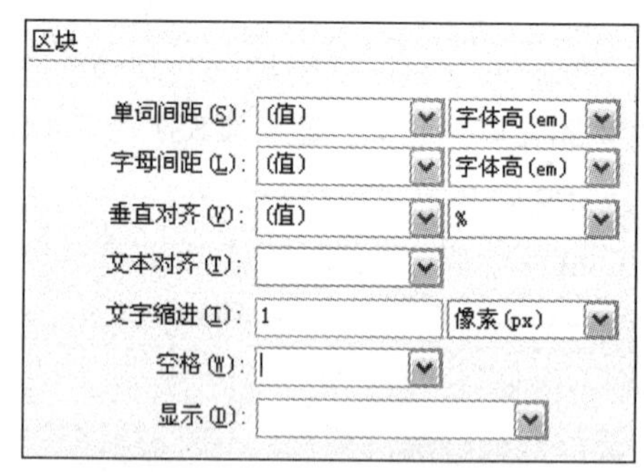

图5-2-6 “区块”选项区域

（6）“空格”（White-spac）下拉列表框：设置文本空白的使用方式。“正常”选项表示将所有的空白均填满，“保留”选项表示由用户输入时控制，“不换行”选项表示只有加入标记
 时才换行。

（7）“显示”（Display）下拉列表框：在其中可以选择区块要显示的格式。

3. 定义 CSS 的列表属性

在“.CSS1 的 CSS 规则定义”对话框的左边“分类”列表框内选择“列表”选项，此时该对话框右边的“列表”选项区域如图 5-2-7 所示。其中各选项的作用如下：

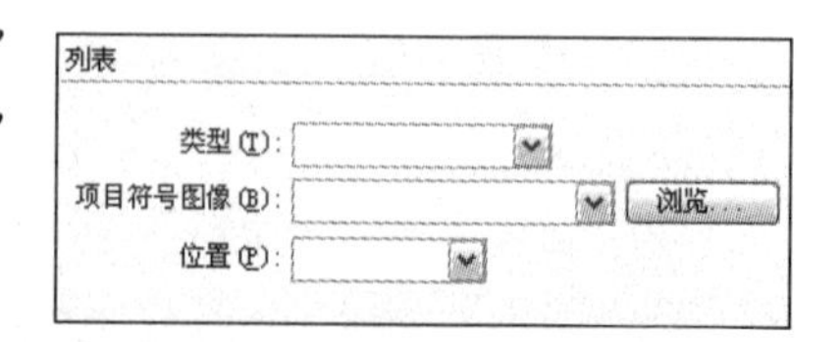

图5-2-7 “列表”选项区域

（1）“类型”（List-style-type）下拉列表框：用来设置列表的标记。选择标记是序号（有序列表）或符号（无序列表）。该下拉列表框内有“圆点”、“圆圈”等 9 个选项。

（2）“项目符号图像”（List-style-image）下拉列表框和按钮：该下拉列表框内有“无”和“(URL)”两个选项。选择前者后，不加图像标记；选择后者后，单击“浏览”按钮，调出“选择图像源”对话框，利用它可选择图像，在列表行加入小图标作为列表标记。

（3）“位置”（List-style-position）下拉列表框：用来设置列表标记的缩进方式。

4．定义 CSS 的扩展属性

在“.CSS1 的 CSS 规则定义”对话框左边“分类”列表框内选择“扩展”选项，此时该对话框内右边的“扩展”选项区域如图 5-2-8 所示。该对话框中各选项的作用如下：

（1）“分页”选项组：用来在选定对象的前面或后面强制加入分页符。一般浏览器不支持此项功能。该选项组有“之前”和“之后”两个下拉列表框，其中包括“自动”、“总是”、“左对齐”和“右对齐”4 个选项，用来确定加入分页符的位置。

（2）“视觉效果”选项组：利用该选项组内的下拉列表框选项，可使页面的显示效果更加动人。

◎“光标”（即鼠标指针）下拉列表框：用来设置各种鼠标的形状。对于低版本的浏览器，不支持此项功能。

◎“过滤器”下拉列表框：用来对图像进行滤镜处理，获得各种特殊的效果。

（3）过滤器中几个常用滤镜的显示效果如下：

◎“Blur”（模糊）效果：选择该选项后，其选项内容为“Blur(Add=?,Direction=?, Strength=?)”，需要用数值取代其中的“？”,即给 3 个参数赋值。“Add”用来确定是否在模糊移动时使用原有对象，取值“1”表示“是”,取值“0”表示“否”,对于图像一般选“1”。Direction 决定了模糊移动的角度，可在 0 ～ 360 之间取值，表示 0° ～ 360° 。Strength 决定了模糊移动的力度。如果设置为 Blur (Add=1,Direction=60,Strength=90)，则图 5-2-9 所示图像在浏览器中看到的是图 5-2-10 所示的效果。

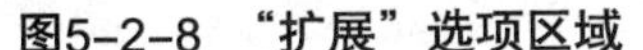

图5-2-8　“扩展”选项区域

图5-2-9　原图

图5-2-10　“Blur”滤镜处理

◎“翻转图像”（FlipH/FlipV）效果：选择 FlipV（垂直翻转图像）选项，图 5-2-9 所示图像在浏览器中看到的是图 5-2-11 所示的效果。选择 FlipH（水平翻转图像）选项，图 5-2-9 所示图像在浏览器中看到的是图 5-2-12 所示效果。

◎“波浪”（wave）效果：选择“波浪”选项后，其内容为 Wave(Add=?,Freq=?,LightStrength=?, Phase=?,Strength=?)，用数值取代其中的“？”，结果为 Wave(Add=0,Freq=2,LightStrength=4,Phase=6, Strength=12)。图 5-2-9 所示图像在浏览器中看到的是图 5-2-13 所示的效果。

◎“X 光透视效果”（Xray）：选择“X 光透视效果”（Xray）选项，图 5-2-9 所示图像在浏览器中看到的是图 5-2-14 所示的效果。

图5-2-11　垂直翻转

图5-2-12　水平翻转

图5-2-13　滤镜处理

图5-2-14　滤镜处理

思考与练习5-2

1．更改【案例 16】“特效课程表”网页中表格的内容和背景图像。

2．创建多个外部 CSS 样式，进行各种样式属性设置，然后将创建的多个外部 CSS 样式分别应用到网页内的文字、图像和 Flash 动画中。

5.3 案例17 “世界名花图像”网页

案例效果和操作

“世界名花图像”网页显示效果如图 5-3-1（a）所示，可以看到，页面上边居中位置是红色标题文字“世界名花图像”，标题下边有 9 幅大小一样的小鲜花图像。单击表中的任意一幅小鲜花图像，均可以调出相应的高清晰度图像。例如，单击第 3 行第 3 列鲜花图像后显示的网页如图 5-3-1（b）所示。单击图 5-3-1（b）所示浏览器中的“返回”按钮，即可回到图 5-3-1（a）所示的网页画面。通过该网页的制作，可以初步掌握使用 Div 标签和 CSS 进行网页布局的方法，进一步掌握使用 AP Div 进行布局设计的方法，创建外部 CSS 样式表的方法，以及应用外部 CSS 样式表于网页内图像的方法等。

（a）网页显示效果

（b）高清晰度图像

图5-3-1 “世界名花图像”网页显示效果

1．设置网页背景和插入标题图像

（1）在“【案例 17】世界名花图像”文件夹内保存 9 幅大的鲜花图像、1 幅“世界名花图像 .gif”立体标题文字图像和 1 幅名称为 BJ.jpg 的背景图像。然后在该文件夹内创建一个名称为“TU”的文件夹，其内保存与 9 幅大的鲜花图像内容一样的小鲜花图像。

（2）新建一个网页文档，以名称“世界名花图像 .htm”保存在“【案例 17】世界名花图像”文件夹内。单击文档，再单击“属性”栏内的“页面属性”按钮，调出“页面属性”对话框。设置背景图像为“BJ.jpg”，在“重复”下拉列表框中选择“no-repeat”（不重复）选项，如图 5-3-2

所示。再设置标题名为“世界名花图像”。

（3）调出“CSS 样式”面板，如图 5-3-3 所示。可以看到，在该面板内自动生成了一个名称为 body 的内部 CSS 样式，它的 backgroud-image 属性值为 url（BJ.jpg），即设置背景图像为当前目录（该网页文档所在目录）下的 BJ.jpg 图像。另外 backgroud-repeat 属性值为 no-repeat，即背景图像不重复。

（4）单击“文档工具”栏中的“代码”按钮，切换到“代码”视图窗口。其中，定义“body”的内部 CSS 样式程序如下：

```
<STYLE type="text/css">
<!--
body {
    background-image: url(BJ.jpg);
    background-repeat: no-repeat;
}
-->
</STYLE>
```

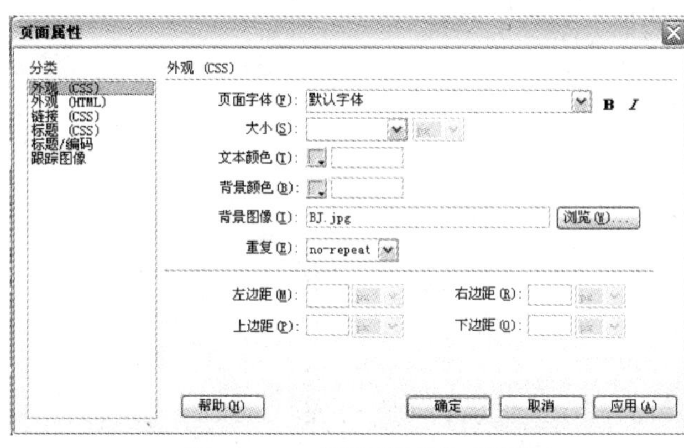

图5-3-2　“页面属性”对话框

图5-3-3　body CSS样式面板

（5）单击“插入”（布局）栏内的“绘制 AP Div”按钮，将鼠标指针定位在网页内最上边要插入“世界名花图像”立体文字图像的左上角，此时鼠标指针变为十字线形状，拖动出一个矩形，即可在页面内顶部居中位置创建一个名称为 apDiv1 的 AP Div。

（6）单击 AP Div 内部，将光标定位在 AP Div 内。插入“【案例 17】世界名花图像\TU”文件夹下的“TU.gif”图像，然后调整 AP Div 和 AP Div 内图像的大小，使它们的大小合适，AP Div 内图像大小与 AP Div 大小相同。打开“CSS 样式”面板，如图 5-3-4 所示。可以看到，在该面板内自动生成了一个名称为 #apDiv1 的内部 CSS 样式。

（7）单击“文档工具”栏中的“代码”按钮，切换到“代码”视图窗口。其中，定义 #apDiv1 的内部 CSS 样式，以及应用 #apDiv1 内部 CSS 样式的两段程序如下：

```
#apDiv1 {
   position:absolute;
   left:9px;
```

```
    top:5px;
    width:501px;
    height:65px;
    z-index:1;
}

<div id="apDiv1">
    <div align="center"><img src="世界名花图像.gif" width="440" height="59"
    /></div>
</div>
```

2．插入 Div 标签

（1）单击“插入”面板“布局”选项卡内的“绘制 AP Div”按钮，将鼠标指针定位在网页内最上边要插入“世界名花图像”立体文字图像的左下角，此时鼠标指针变为十字线形状，拖动创建一个名称为“apDiv2”的 AP Div。

（2）单击 AP Div 内部，将光标定位在 AP Div 内。可以看到，在“CSS 样式”面板内自动生成了一个名称为 #apDiv2 的内部 CSS 样式，如图 5-3-4 所示。

（3）单击“插入”（布局）工具栏中“插入 Div 标签”按钮，调出“插入 Div 标签”对话框，在“类”下拉列表框中输入 PIC，如图 5-3-5 所示。

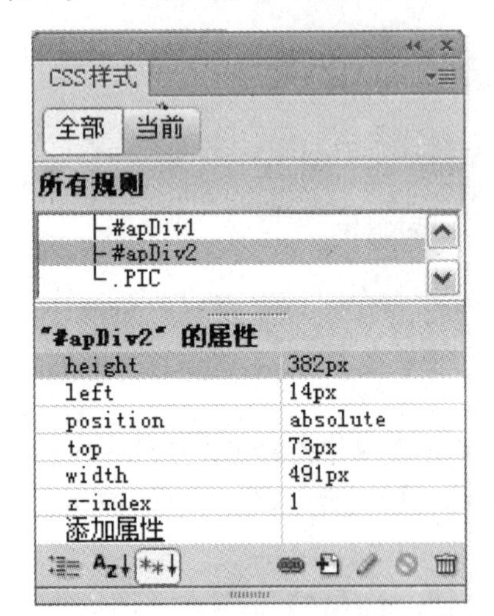

图5-3-4　#apDiv2 CSS样式面板

图5-3-5　“插入Div标签”对话框

（4）单击“插入 Div 标签”对话框内的“新建 CSS 规则”按钮，调出“新建 CSS 规则”对话框，选中“选择器类型”下拉列表框中的“类”选项，在“选择器名称”文本框中已经有了 CSS 样式的名称“.PIC”，在“规则定义”下拉列表框中选择“仅限该文件”选项，如图 5-3-6 所示。

（5）单击“新建 CSS 规则”对话框内的“确定”按钮，调出“.PIC 的 CSS 规则定义”对话框，单击选中该对话框中“分类”列表框内的“方框”选项。然后，在“宽”和“高”下拉列表框中输入 150，在“浮动”下拉列表框中选择“左对齐”选项，在“边界”选项组内的“上”下拉列表框内输入 3，如图 5-3-7 所示。

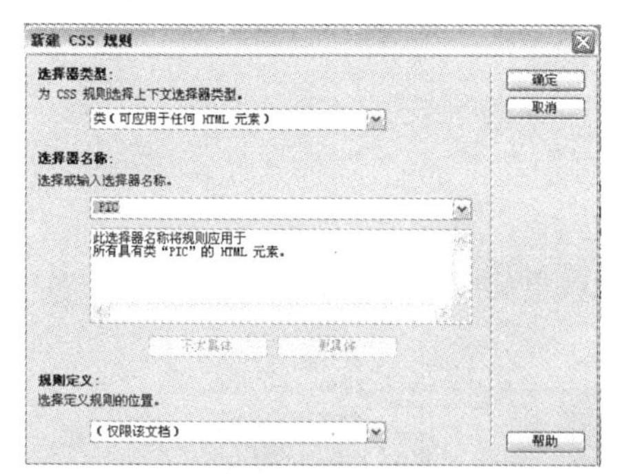

图5-3-6 “新建CSS规则”对话框

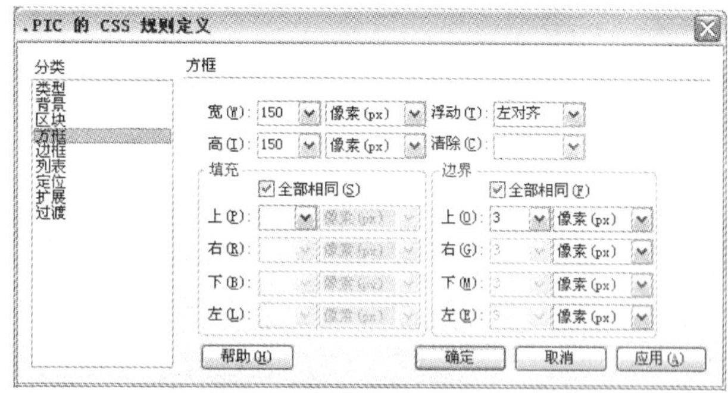

图5-3-7 “.PIC的CSS规则定义”（方框）对话框

（6）单击“.PIC 的 CSS 规则定义”对话框中“分类”列表框内的“边框”选项，在“样式”选项组内“上”下拉列表框中选择“实线”，在“宽度”选项组内“上”下拉列表框中输入 3，设置边框颜色为金黄色（#FF6600），如图 5-3-8 所示。

（7）单击“.PIC 的 CSS 规则定义”对话框内的“确定”按钮，完成 CSS 样式设置，关闭“.PIC 的 CSS 规则定义”对话框，回到“新建 CSS 规则”对话框，再单击该对话框内的“确定”按钮，关闭“新建 CSS 规则”对话框，在名称为“apDiv2”的 AP Div 内插入一个 Div 标签。同时，在其中有文字“此处显示 class‘PIC’的内容”，如图 5-3-9 所示。按【Delete】键，删除这些文字。

图5-3-8 “.PIC的CSS规则定义”（边框）对话框

图5-3-9 插入一个Div标签

此时，“CSS 样式”面板如图 5-3-10 所示，生成了“.PIC”内部 CSS 样式。

（8）单击文档工具栏中的“代码”按钮，切换到“代码”视图窗口。可以看到，在“-->”标识符上边增加了定义“.PIC”内部 CSS 样式的程序如下：

```
.PIC {
   margin: 3px;
   float: left;
   height: 150px;
   width: 150px;
   border: 3px solid #FF6600;
}
```

3．插入图像和创建链接

（1）选中插入的 Div 标签，在其“属性”栏内的“类”下拉列表框中选择“无”选项。

（2）单击 Div 标签内部，插入“TU”文件夹内的“东方罂粟.jpg”图像文件。

（3）选中插入的图像，在其“属性”栏内“类”下拉列表框中选择“.PIC”选项，即给插入的图像应用“.PIC”CSS 样式。单击选中插入的图像，效果如图 5-3-11 所示。

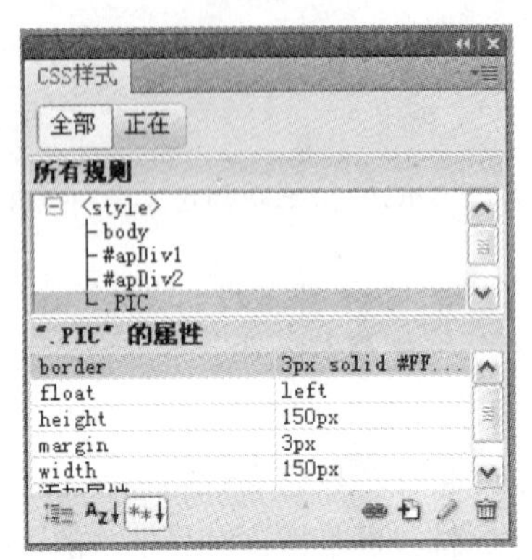

图5-3-10 “CSS样式”面板

图5-3-11 图像应用“.PIC”CSS样式

（4）调整“apDiv2”AP Div，使它宽度和高度大约为原来的 3 倍。光标定位在插入的第 1 幅图像右边，再插入第 2 幅图像，选中插入的第 2 幅图像，在其“属性”栏内“类”下拉列表框中选择“.PIC”选项，即给插入的图像应用“.PIC”CSS 样式。

（5）按照上述方法，再插入第 3 幅图象并给该图像应用“.PIC”CSS 样式。按【Enter】键后，继续插入插入第 4、5、6 幅图象并给这些图像应用“.PIC”CSS 样式。

（6）单击选中插入的第 1 幅图象，在其“属性”栏内的“链接”文本框中输入“东方罂粟.jpg”，表示单击第 1 幅图象后，可以调出“【案例 17】世界名花图像”文件夹内的“东方罂粟.jpg”图像。

（7）按照上述方法，建立其他小图像与相应的大图像的链接。

相关知识——设置其他CSS属性和网页布局

1．定义 CSS 的边框属性

单击“.××× 的 CSS 规则定义”对话框内左边“分类”列表框内的“边框”选项，此时的对话框如图 5-3-8 所示。它用来对围绕所有对象的边框属性进行设置。

（1）设置边框的宽度与颜色：该对话框内有“上”、“右”、“下”和“左”边框选项。每行有 3 个下拉列表框、1 个按钮和文本框。第 1 列下拉列表框用来设置边框样式，第 2 列下拉列表框用来设置边框宽度，第 3 列下拉列表框用来选择数值的单位；按钮和后面的文本框用来设置边框颜色。边框的“宽度”下拉列表框内的选项有 4 个。选择“细”，用来设置细边框；选择“中”，用来设置中等粗细的边框；选择“粗”，用来设置粗边框；选择“值”，用来可以输入边框粗细的数值，此时其右边的下拉列表框变为有效，也可以选择单位。

（2）“样式”选项组：在此下拉列表框中有 9 个选项。其中，“无”选项是取消边框，其他选项对应着一种不同的边框。边框的最终显示效果也与浏览器有关。

2．定义 CSS 的方框属性

在“.PIC 的 CSS 规则定义”对话框内左边“分类”列表框内选择“方框”选项，此时的对话框如图 5-3-7 所示。如果选中“全部相同”复选框，则其下边的所有下拉列表框均有效；否则只有第 1 行下拉列表框有效。其中各选项的作用如下：

（1）“宽”（Width）下拉列表框：设置对象宽度。它有“自动”（由对象自身大小决定）和“值”（由输入值决定）两个选项。在其右边的下拉列表框内选择单位。

（2）“高”（Height）下拉列表框：设置对象高度。有“自动”和“值”两个选项。

（3）“浮动”（Float）下拉列表框：设置选中对象的对齐方式，例如，是否允许文字环绕在选中对象的周围。它有“左对齐”、“右对齐”和“无”3 个选项。

（4）“清除”（Clear）下拉列表框：设定其他对象是否可以在选定对象的左右。

（5）“填充”（Padding）选项组：设置边框与其中的内容之间填充的空白间距，下拉列表框内应输入数值，在其右边的下拉列表框内选择数值的单位。

（6）“边界”（Margin）选项组：设置边缘空白宽，下拉列表框内可输入值或选择“自动”。

3．定义 CSS 的定位属性

单击“.××× 的 CSS 规则定义”对话框内左边“分类”列表框中的“定位”选项，此时该对话框内右边的“定位”区域如图 5-3-12 所示。其中各选项的作用如下：

（1）“类型”（Position）下拉列表框：用来设置对象的位置。

◎“绝对”（Absolute）：使用“定位”框中输入的、相对于最近的绝对或相对定位上级元素的坐标（如果不存在这样上级元素，则为相对于页面左上角的坐标）来放置内容。

◎“固定”（Fixed）：使用“定位”框中输入的坐标（相对于浏览器的左上角）来放置内容。当用户滚动页面时，内容将在此位置保持固定。

◎“相对”（Relative）：使用“定位”框中输入的、相对于在文本中位置的坐标来定位。

◎“静态”（Static）：将内容放在其在文本中的位置。这是 HTML 元素的默认位置。

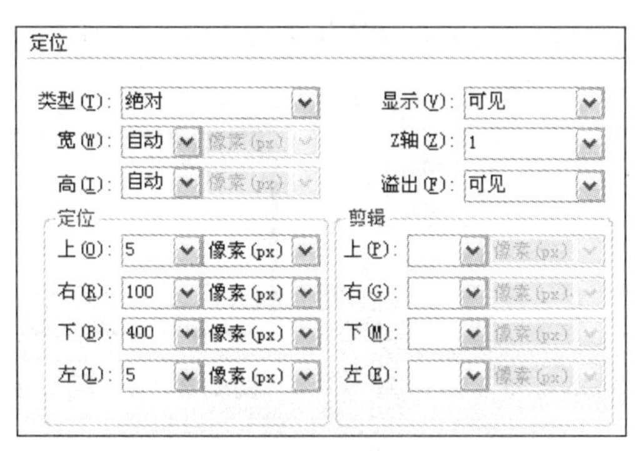

图5-3-12 进行“定位”属性设置

（2）“显示”（Visibility）下拉列表框：用来设置对象的可视性。

◎“继承”（Inherit）：选中的对象继承其母体的可视性。

◎“可见”（Visible）：选中的对象是可视的。

◎“隐藏”（Hidder）：选中的对象是隐藏的。

（3）“Z 轴”（Z-Index）下拉列表框：设置不同层对象的显示次序。有两个选项为“自动”（按原显示次序）和“值”。选择后一项后，可输入数值，其值越大，越在上边显示。

（4）“溢出”（Overflow）下拉列表框：用来设置当文字超出其容器时的处理方式。

◎“可见”（Visible）：当文字超出其容器时仍然可以显示。

◎ “隐藏”（Hidder）：当文字超出其容器时，超出的内容不能显示。

◎ “滚动”（Scroll）：在母体加一个滚动条，可利用滚动条滚动显示母体中的文字。

◎ “自动”（Auto）：当文本超出容器时自动加入一个滚动条。

（5）“定位”（Placement）选项组：用来设置放置对象的容器的大小和位置。

（6）“剪辑”（Clip）选项组：用来设定对象溢出母体容器部分的剪切方式。

4．使用 Div 标签和 CSS 的网页布局

Div 标签是 AP Div 的一种，使用 Div 标签和 CSS 进行网页的布局及页面效果的控制是目前 Web 2.0 标准所推崇的方法。在使用 Div 标签和 CSS 进行网页布局时，Div 标签主要用来进行布局和定位，CSS 主要用来进行显示效果的控制。这种网页布局的方法不但操作容易，而且所使用的代码要比具有相同特性的表格布局所使用的代码少得多，且便于阅读和维护。

插入 Div 标签进行网页布局就是使用 Div 标签创建 CSS 布局块（即 Div 块），并在网页中对 CSS 布局块进行定位。下面介绍使用 Div 标签在网页中插入一个水平居中的 Div 块。

（1）单击“插入”（布局）栏内的“插入 Div 标签”按钮，调出“插入 Div 标签”对话框，在 ID 下拉列表框中输入 Div 标签的名称 kuang，如图 5-3-13 所示。

（2）单击“插入 Div 标签”对话框内的“新建 CSS 样式”按钮，调出“新建 CSS 规则”对话框，在“选择器”文本框内输入 CSS 样式的名称 #kuang。

（3）单击“新建 CSS 规则”对话框内的“确定”按钮，调出“#kuang 的 CSS 规则定义”对话框，选中“分类”列表框内的“方框”选项。在“宽”下拉列表框中输入“600”，在“高”下拉列表框中输入“80”，在“边界”选项组内的“上”下拉列表框中选择“自动”选项。然后，单击“确定”按钮，关闭“#kuang 的 CSS 规则定义”对话框，返回“新建 CSS 规则”对话框。

（4）单击“新建 CSS 规则”对话框内的“确定”按钮，关闭“新建 CSS 规则”对话框，完成 CSS 的设置。此时，网页窗口内的显示效果如图 5-3-14 所示。

图5-3-13 “插入Div标签”对话框

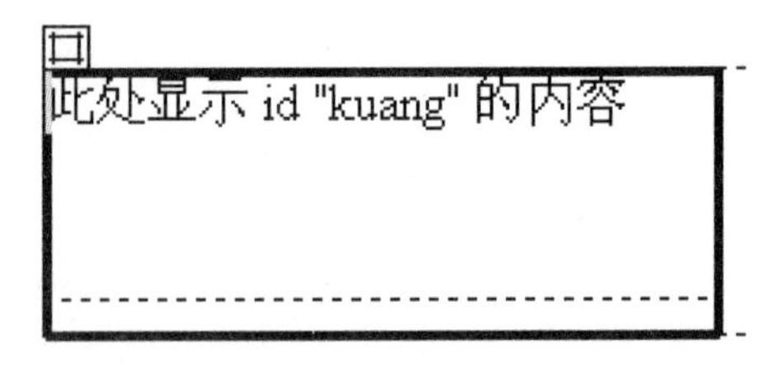

图5-3-14 网页窗口内生成的Div标签

（5）“CSS 样式”面板如图 5-3-15 所示。可看到添加了名称为 #kuang 的 CSS 样式。

（6）切换到“代码”视图窗口。其中，定义 #kuang 的内部 CSS 的程序如下：

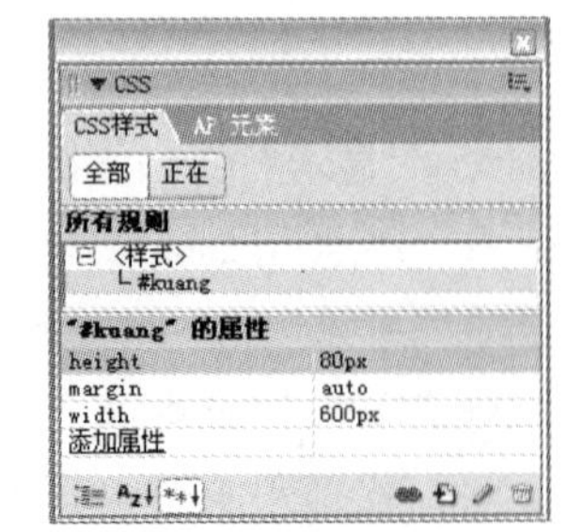

图5-3-15 “CSS样式”面板

```
<STYLE type="text/css">
<!--
#kuang {
    margin: auto;
    height: 80px;
```

```
    width: 600px;
}
-->
</STYLE>
```

思考与练习5-3

1．修改【案例 17】“世界名花图像”网页，使它在浏览时可以显示 2 行 10 列，一行有 10 幅小鲜花图像，图像的宽和高约为原来的一半。

2．参考【案例 17】“世界名花图像”网页的制作方法，制作一个“世界名胜列表”网页。使它在浏览时可以显示 5 行 5 列，一行有 5 幅世界名胜图像。

3．参考本节介绍的“使用 Div 标签和 CSS 的网页布局”的操作方法，重新制作【案例 4】“世界名花——梅花”网页，使用 Div 标签和 CSS 的网页布局，替代原来的表格布局。然后，观察和对比两种不同方法制作出网页的 HTML 代码有什么不同。

4．重新制作【案例 8】“亚洲旅游在线”网页，使用 Div 标签和 CSS 的网页布局，替代原来的表格布局。

 第6章　表单和Spry构件

本章通过完成 5 个案例，初步掌握 Dreamweaver CS6 中创建和编辑表单的方法，初步掌握应用 Dreamweaver CS6 中 Spry 构件的方法。

6.1　案例18“鲜花展人员登记表”网页

案例效果和操作

“鲜花展人员登记表”网页在浏览器中的显示效果如图 6-1-1 所示。通过该网页的制作，可以掌握创建表单网页的方法。

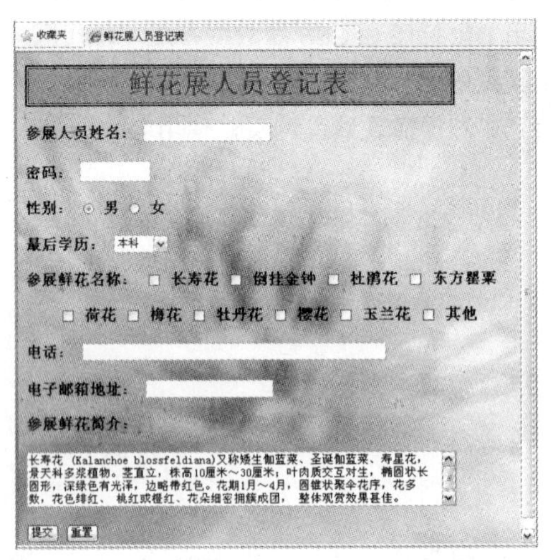

图6-1-1　“鲜花展人员登记表”网页显示效果

表单是用户利用浏览器对 Web 站点服务器进行查询操作的一种界面，用户利用表单可以输入信息或选择选项，然后将这些信息提交给服务器进行处理。这种查询具有交互性，因此这种查询方式称为交互查询。这些表单对象有文本域、下拉列表框、复选框和单选按钮等。表单又称为表单域，它是放置表单对象的区域，表单对象是让用户输入信息的地方，只有表单域内的表单对象才可以将其信息传送到服务器端，接收外来的信息。

既然表单的操作是用户与服务器交互的操作，这就涉及服务器方面的操作，而服务器方面的操作是通过服务器端的程序来实现的。要实现服务器的操作有多种方式，其中有 ASP/ASP.NET、JSP、PHP 等。另外，许多数据库也提供了服务器和 HTML 文件之间的网关接口程序，它负责处理 HTML 文件与运行在服务器中的程序（HTML 以外的程序）之间的数据交换。当用户通过表单输入它的信息后，便激活了一个网关接口程序，网关接口程序可以调用操作系统下的其他程序（例如数据库管理系统），完成查询。然后再将查询结果通过网关接口程序传给用户的表单。

1．创建标题和 5 个文本字段

（1）单击网页文档窗口内部，并单击“属性”栏内的“页面属性”按钮，调出“页面属性”

对话框，利用该对话框设置网页背景图像为“【案例 18】鲜花展人员登记表”文件夹内的“BJ.jpg”图像。

（2）在网页设计窗口内创建一个宽条的 1 行 1 列表格。单击表格单元格内部，在其“属性”栏内的“背景颜色”文本框设置布局表格的背景色为绿色。

（3）单击“绘制布局单元格”工具按钮，在矩形的布局表格内拖动鼠标，创建一个布局单元格。单击表格内出现光标。在单元格内输入红色、楷体、6 号字、居中分布的文字“鲜花展人员登记表”，如图 6-1-2 所示。

图6-1-2　“鲜花展人员登记表”文字

（4）按【Enter】键，使光标定位到下一行。单击“插入”（表单）栏内的“表单”按钮，即可在网页设计窗口内光标处创建一个表单域，如图 6-1-3 所示。

图6-1-3　创建一个表单域

（5）单击表单域内部，使光标出现。单击“插入”（表单）栏内的“文本字段”按钮，调出“输入标签辅助功能属性”对话框，在该对话框内的 ID 文本框中输入 XINGMING，在“标签”文本框中输入“参展人员姓名：”，其他设置如图 6-1-4 所示。然后，单击“确定”按钮，即可创建一个名为 XINGMING 的文本字段（文本域）表单对象，该文本字段左边的标签文字是“参展人员姓名：”，如图 6-1-5 所示。

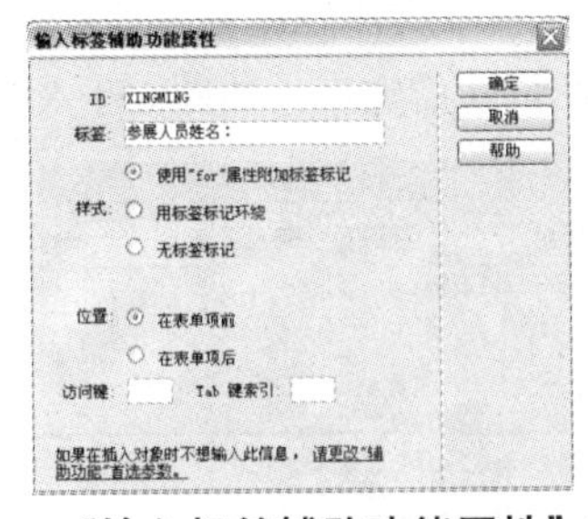

图6-1-4　“输入标签辅助功能属性”对话框

参展人员姓名:

图6-1-5　插入文本字段

（6）拖动选中文本字段的标签文字“参展人员姓名:”，在其“属性”栏内设置文字为粗体，大小为 4 号字、黑色、宋体。选中文本字段，在其“属性”栏内的“字符宽度”文本框中输入文本框的宽度“20”，在“最多字符数”文本框中输入允许用户输入的字符个数“20”，选中“类型”中的“单行”单选按钮，如图 6-1-6 所示。

图6-1-6　文本字段（即文本域）的“属性”栏1

（7）按【Enter】键，使光标移到下一行，单击“插入”（表单）栏内的“文本字段”按钮，调出“输入标签辅助功能属性”对话框，在该对话框内的ID文本框中输入MIMA，在“标签”文本框中输入“密码：”。然后，单击“确定”按钮，即可创建一个名为MIMA的文本字段表单对象，该文本字段左边的标签文字是“密码：”。

（8）拖动选中文本字段的标签文字“密码：”，在其“属性”栏内设置文字为粗体，大小为4号字、黑色、宋体。选中文本字段，在“字符宽度”和“最多字符数”文本框中输入“10”，选中“类型”中的“密码”单选按钮，如图6-1-7所示。选择“密码”单选按钮后，在该文本字段中输入密码时，输入的字符会用“●”或“*”代替。

图6-1-7　文本字段（即文本域）的“属性”栏2

（9）按【Enter】键，使光标移到下一行。按照上述方法创建一个标签文字为宋体、加粗、黑色、4号字的“电话：”文本字段表单对象，设置ID为DIANHUA。在该文本字段“属性”栏内的“字符宽度”和“最多字符数”文本框中输入“50”，选中“类型”中的“单行”单选按钮。

（10）按【Enter】键，使光标移到下一行。创建一个标签文字为宋体、加粗、黑色、4号字的“电子邮箱地址:”文本字段表单对象。在该文本字段“属性”栏内的“字符宽度”和“最多字符数”文本框中输入“40”，选中“类型”中的“单行”单选按钮。

（11）按【Enter】键，使光标移到下一行。输入加粗的文字“参展鲜花简介:”。然后，按【Enter】键，使光标移到下一行。按照上述方法在“参展鲜花简介：”文字的下边创建一个无标签文字且名字为JIANJIE的文本字段表单对象。在其的“属性”栏内“类型”中选择“多行”单选按钮；在“字符宽度”文本框中输入文本框宽度为“70”；在“行数”文本框中输入“4”，允许用户输入的字符个数为4，在“初始值”文本框内输入一段介绍鲜花的文字，如图6-1-8所示。

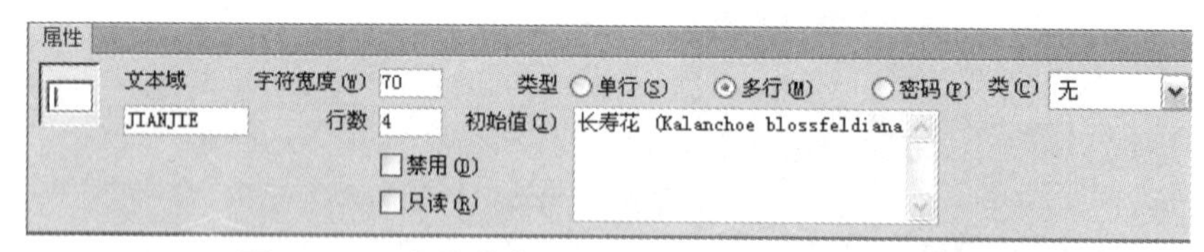

图6-1-8　文本字段（即文本域）的“属性”栏3

2．创建其他表单对象

（1）将光标定位到“密码:”文本字段的右边，按【Enter】键，使光标移到下一行。输入宋体、加粗、黑色、4号字的文字“性别：”，然后单击“插入”（表单）栏内的“单选按钮组”按钮，调出“单选按钮组”对话框，如图6-1-9所示。在该对话框内列表框中的“标签”列第1行输入“男”，在第2行输入“女”；在“值”列的第1行输入“1”，在第2行输入“0”。然后，单击该对话框中的“确定”按钮，在网页中创建了一个单选按钮组（也称为单选项组）。

（2）调整单选按钮组中两个单选按钮的位置、文字字体和大小。选中“男”单选按钮，在它的“属性”栏中“初始状态”内选中“已选择”单选按钮。选中“女”单选按钮，在它的“属性”栏中“初始状态”内选中“未选中”单选按钮。

（3）按【Enter】键，使光标移到下一行。输入宋体、加粗、黑色、4 号字的文字“最后学历：”，然后单击“插入”（表单）栏内的“列表 / 菜单”按钮，调出“输入标签辅助功能属性”对话框，在该对话框内的 ID 文本框中输入 XUELI，在“标签”文本框中不输入内容，单击“确定”按钮，创建一个下拉列表框。

（4）选中该列表框，在它的“属性”栏的“类型”中选择“菜单”单选按钮；单击“列表值”按钮，调出“列表值”对话框，输入菜单的选项内容和此选项提交后的返回值，如图 6-1-10 所示。然后单击“确定”按钮。

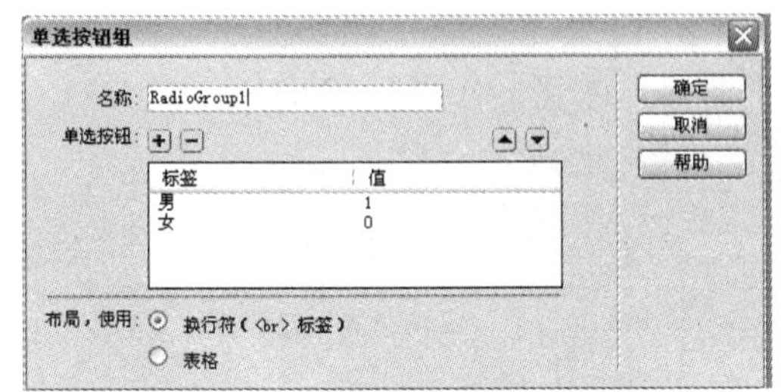

图6-1-9　“单选按钮组”对话框

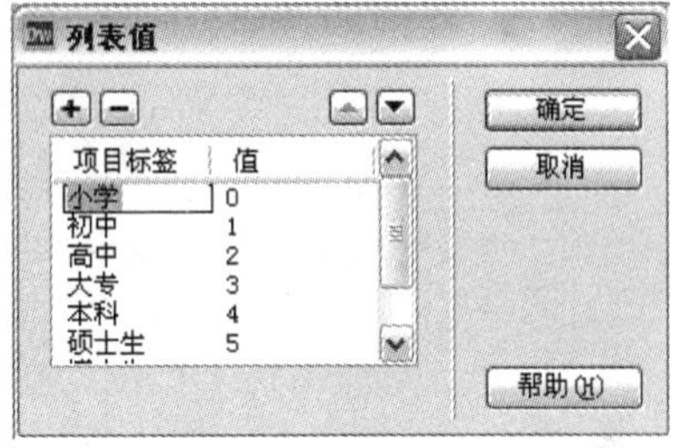

图6-1-10　“列表值”对话框

（5）按【Enter】键，使光标移到下一行。输入宋体、加粗、黑色、4 号字的文字“参展鲜花名称：”。单击“插入”（表单）栏内的“复选框”按钮，调出“输入标签辅助功能属性”对话框，在该对话框内的 ID 文本框中输入 HUA1，在“标签”文本框中不输入内容，单击“确定”按钮，创建一个复选框。然后，在该复选框右边输入宋体、加粗、黑色、大小为 4 号字的文字“长寿花”。

另外，也可以像上边创建文本字段那样，在“输入标签辅助功能属性”对话框内的“标签”文本框中输入“长寿花”，选中该对话框内的“在表单后”复选框，即在复选框右边显示标签文字，然后单击“确定”按钮。然后还需要选中“长寿花”标签文字，利用它的“属性”栏设置该文字为宋体、加粗、黑色、大小为 4 号字。

按照相同的方法，加入其他复选框。

注 意

可以采用复制粘贴后进行修改的方法。另外，在输入完文字“东方罂粟”后，按【Enter】键，再单击两次“属性”栏内的“文本缩进”按钮，使光标右移。

（6）按【Enter】键后，单击“插入”（表单）栏内的“按钮”按钮，调出“输入标签辅助功能属性”对话框，在该对话框内的 ID 文本框中输入 TIJIAO，在“标签”文本框中不输入内容，单击“确定”按钮，创建一个按钮。

（7）选中刚创建的按钮，在其“属性”栏内选中“动作”中的“提交表单”单选按钮，在“值”文本框中输入“提交”，如图 6-1-11 所示。

图6-1-11　文本字段（即文本域）的“属性”栏4

按照上述方法，在“提交”按钮右边创建一个 ID 为 CHONGZHI 的按钮，在“动作”中选中“重设表单”单选按钮，在“值”文本框中输入“重置”。

至此，“鲜花展人员登记表”网页制作完毕，设计好的网页如图 6-1-12 所示。

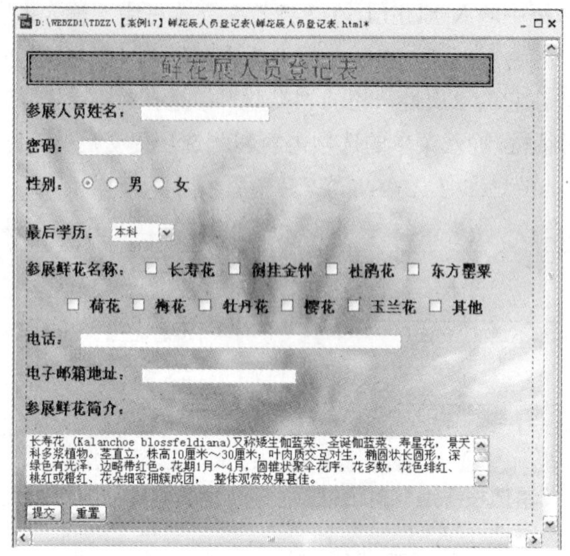

图6-1-12　设计好的网页

相关知识——表单域和部分表单

1．创建和删除表单域及插入表单对象

（1）创建表单域：将光标移到要插入表单域的位置。单击“插入”（表单）栏内的“表单”按钮，或用鼠标将“插入”（表单）栏内的表单图标拖动到网页文档窗口内，即可在网页设计窗口内创建一个表单域，如图 6-1-13 所示。表单域在浏览器内是看不到的。

图6-1-13　创建的表单域

单击表单域内部，将光标移到表单域内，按【Enter】键即可将表单域扩大；按【Backspace】键，可使表单域缩小。在表单域创建后，若看不到表单域的红线，可以单击“查看”→“可视化助理”→“不可见元素”命令，将表单域的矩形红线显示出来。

（2）删除表单域：单击表单域的边线处，选中表单域，按【Delete】键。

（3）插入表单对象：将光标移到要插入表单对象的位置，然后单击“插入”（表单）栏中的相应按钮，即可在光标处插入一个相应的表单对象。另外，单击“插入记录”→“表单”命令，打开它的下一级菜单。根据要插入的表单对象类别，单击菜单内的命令也可插入表单对象。

2．表单域“属性”栏

单击选中表单域，此时表单域“属性”栏如图 6-1-14 所示。

图6-1-14　表单域“属性”栏

（1）表单名称文本框：在该文本框内输入表单域的名字。表单域的名字可用于 JavaScript 和 VBScript 等脚本语言中，这些脚本语言可控制表单域的属性。

在表单和表单内对象的“属性”栏中，通常都有一个名称文本框。

（2）“动作”文本框和按钮：利用它们可以输入脚本程序或含有脚本程序的 HTML 文件。

（3）“方法”下拉列表框：用来选择客户端与服务器之间传送数据采用的方式。3 个选项是默认、GET（获得，即追加表单值到 URL，并发送服务器 GET 请求）和 POST（传递，在消息正文中发送表单的值，并发送服务器 POST 请求）。

（4）“类”下拉列表框：其中有“重命名”、“管理样式”和创建的 CSS 样式名称等多个选项，可以用来选择 CSS 样式、给 CSS 样式重命名以及创建新的 CSS 样式等。

3．设置文本字段和文本区域的属性

文本字段也叫文本域，表单中经常使用文本字段。它可以是单行，也可以是多行，用于接收文本、数字和字符。文本字段的“属性”栏如图 6-1-6 所示。如果选中“类型”内的“密码”单选按钮，则“属性”栏如图 6-1-7 所示。如果选中了“类型”栏内的“多行”单选按钮，则“属性”栏如图 6-1-8 所示。

创建文本区域的方法和创建文本字段的方法基本一样，只是单击的是“文本区域”按钮。文本区域的“属性”栏与图 6-1-8 所示基本一样。在网页中创建的文本区域是一个右边带滚动条的文本框。文本字段和文本区域“属性”栏内主要选项的作用如下：

（1）“字符宽度”文本框：文本域的宽度，即可显示字符的最多个数。

（2）“类型”选项组：该选项组有 3 个单选按钮，用来选择“单行”、“多行”或“密码”文本域。“密码”文本域的特点是当用户输入文字时，密码文本域内显示的不是这些文字，而是用“•”来显示。选择“多行”单选按钮时，其“属性”栏会发生变化：“初始值”文本框变为带滚动条的多行文本框。

（3）“最多字符数”文本框：允许输入的字符个数，可以比文本框宽度大。

（4）“行数”文本框：在选择了“多行”单选钮后有次选项，允许输入字符的行数，

（5）“初始值”文本框：用来输入文本框的初始内容。

（6）“禁用”复选框：选中该复选框后，文本字段或文本区域变为灰色，不可用。

（7）“只读”复选框：选中该复选框后，文本字段或文本区域只能显示，不可输入。

4．设置复选框和单选按钮的属性

（1）设置复选框的属性：复选框有选中和未选中两种状态，多个复选框允许多选。其“属性”栏如图 6-1-15 所示，部分选项的作用如下：

◎“选定值”文本框：用来输入复选框选中时的数值，通常为 1 或 0。

◎“初始状态”选项组：包括两个单选按钮，用来设置复选框的初始状态。

图6-1-15　复选框的“属性”栏

（2）设置单选按钮的属性：一组单选按钮中只允许选中一个。其“属性”栏如图 6-1-16 所示。该“属性”栏内的选项与复选框“属性”栏相应选项的作用一样。

图6-1-16　单选按钮的“属性”栏

（3）设置单选按钮组的属性：单选按钮组也称为单选项组。单击“插入”（表单）栏中的“单选按钮组”按钮，可调出“单选按钮组”对话框，如图 6-1-9 所示。利用该对话框可以设置单选按钮组中单选按钮的个数、名称和初始值。如果要增加选项，可单击+按钮；如果要删除选项，可选中要删除的选项，再单击-按钮。如果要调整选项的显示次序，可选中要移动的选项，再单击或按钮。

5．设置按钮的属性

按钮用来制作“提交”和“重置”按钮，还可以打开函数。其“属性”栏如图 6-1-17 所示。按钮“属性”栏中各选项的作用如下：

图6-1-17　按钮的“属性”栏

（1）“标签”文本框：用来输入按钮上的文字。

（2）“动作”选项组：有 3 个单选按钮，用来选择单击该选项后引起的动作类型。

◎“提交表单”：选中后，可以向服务器提交整个表单。

◎“重设表单”：选中后，可以取消前面的输入，复位表单。

◎“无”：选中后，表示是一般按钮，可用来调用脚本程序。

6．设置列表 / 菜单和文件域的属性

（1）设置列表 / 菜单的属性：列表 / 菜单的作用是将一些选项放在一个带滚动条的列表框内。它的“属性”栏如图 6-1-18 所示，其中各选项的作用如下：

◎“类型”选项组：它有两个单选按钮，用来选择“菜单”或“列表”。“菜单”就是下拉列表框；选择“列表”单选按钮后，其右边的各选项会变为可选项，此时的列表框右边会显示滚动条。

◎“高度”文本框：用来输入列表的高度值，即可以显示的行数。

◎“允许多选”复选框：选中后，表示列表中的各选项可以同时选择多项。

◎“初始化时选定”列表框：用来设置第一次调出该列表或菜单时，列表或菜单中的默认选项。

◎“列表值”按钮：单击该按钮，可以调出一个“列表值”对话框，如图 6-1-10 所示。

利用该对话框可以输入菜单或列表内显示的选项内容（在“项目标签”列内），以及输入此选项提交后的返回值（在“值”列内）。

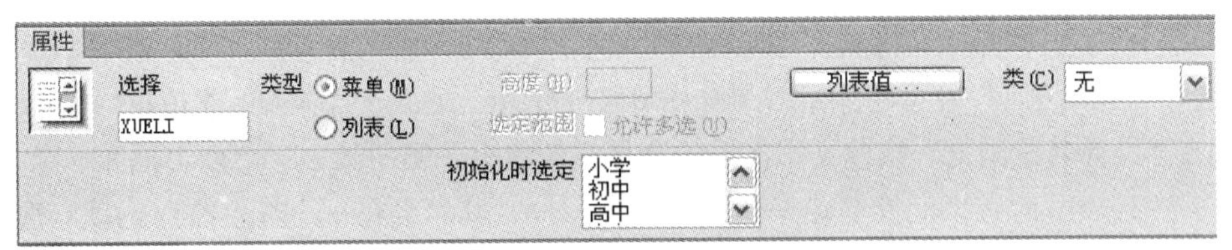

图6-1-18　列表/菜单的“属性”栏

（2）设置文件域的属性：文件域（也称文件字段）用来让用户从中选择磁盘、路径和文件，并将该文件上传到服务器中。其“属性”栏如图 6-1-19 所示，部分选项的作用如下：

图6-1-19　文件域的“属性”栏

◎“字符宽度”文本框：用来输入文件域的宽度，即可显示字符的最多个数。

◎“最多字符数”文本框：用来输入允许输入的字符个数，可以比文件域的宽度值大。

思考与练习6-1

1. 参考【案例 18】“鲜花展人员登记表”网页的制作方法，制作一个如图 6-1-20 所示的“会员登记表”网页。

2. 制作一个“建筑设计参展人员登记表”网页，它显示效果如图 6-1-21 所示。

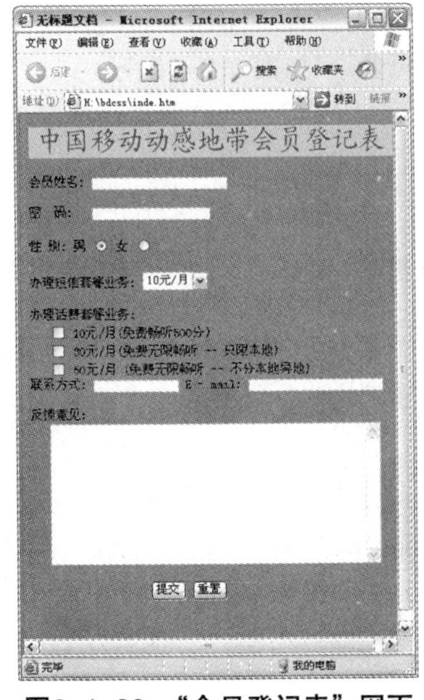

图6-1-20　“会员登记表”网页

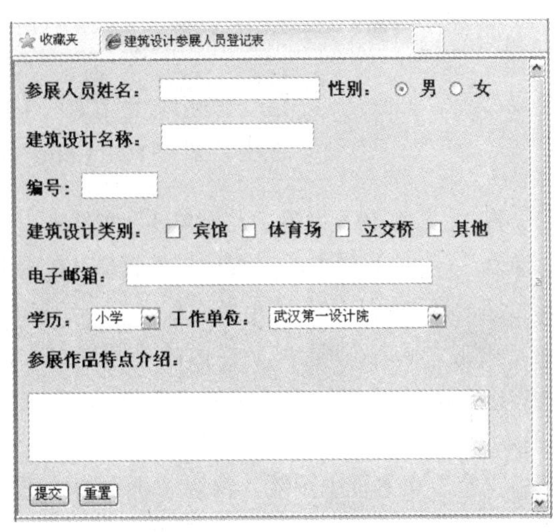

图6-1-21　“建筑设计参展人员登记表”网页效果

6.2 案例19 “世界名花浏览1”网页

案例效果和操作

“世界名花浏览 1”网页的显示效果如图 6-2-1 所示。它是一个框架结构的网页，上边分栏框架内是“世界名花浏览”红色文字，左边分栏框架内有一幅图像、一个列表框和一个“前往”按钮，下拉列表框内有“世界名花——长寿花”……“世界名花——玉兰花”选项。选择其中一个选项后，单击“前往”按钮，可在右边分栏框架内显示相应的网页。通过该网页的制作，可以掌握设置跳转菜单的方法。

图6-2-1 “世界名花浏览1”网页的显示效果

1．制作框架内网页和框架集网页

（1）将“【案例 7】世界名花 1”文件夹复制一份，将复制的文件夹重命名为“【案例 19】世界名花浏览 1”。将该文件夹内“世界名花”文件夹中的“倒挂金钟 .jpg”图像文件复制一份到“【案例 19】世界名花浏览 1”文件夹中。

（2）在“【案例 19】世界名花浏览 1”文件夹内创建一个名称为“TOP1.htm”的网页文件，其内输入红色、36 号、加粗、居中对齐的文字“世界名花浏览”，如图 6-2-2 所示。

图6-2-2 “TOP1.htm”网页的显示效果

（3）在“【案例 19】世界名花浏览 1”文件夹内创建一个名称为“LEFT1.htm”的网页文件。单击“插入”（表单）栏内的“表单”按钮，在网页设计窗口内光标处创建一个表单域。单击表单域内部，将光标定位在表单域内部。

（4）单击“插入”（表单）栏内的“图像域”按钮，调出“选择图像源文件”对话框。利用该对话框选择“【案例 19】世界名花浏览 1”文件夹内的“倒挂金钟 .jpg”图像文件。然后，单击“确定”按钮，调出“输入标签辅助功能属性”对话框，在该对话框内的 ID 文本框中输入“TU”，在“标签文字”文本框中不输入内容。再单击“确定”按钮，即可创建一个名字为 TU 的图像域表单对象，其内是“倒挂金钟 .jpg”图像。

（5）选中导入的图像，单击其“属性”面板内的“编辑图像”按钮，打开一个图像编辑软件（例如，Photoshop 软件），同时打开“倒挂金钟 .jpg”图像。单击“编辑”→“图像大小”命令，调出“图像大小”对话框，在该对话框内的“宽度”和“高度”文本框中分别输入“133”，单击“确定”按钮，将图像宽和高调整为 133 像素。保存图像文件，关闭图像编辑软件，自动返回到 Dreamweaver CS6 中。单击图像，可以看到图像域中的图像缩小，高和宽均为 133 像素。此时，图像域的“属性”栏如图 6-2-3 所示。

图6-2-3　图像域的“属性”栏

（6）在“【案例 19】世界名花浏览 1”文件夹内创建一个名称为 RIGHT1.htm 的网页，其内创建一个图像区域，插入“【案例 19】世界名花浏览 1\ 鲜花”文件夹内的“鲜花 7.jpg”图像文件，如图 6-2-4 所示。

图6-2-4　RIGHT1.htm网页设计

（7）在“【案例 19】世界名花浏览 1”文件夹内创建一个名称为“世界名花浏览 .htm”，该网页的框架特点如图 6-2-5 所示（分栏框架内还没有加入网页）。按【Alt】键，单击右边分栏框架区域内部，调出右边分栏框架的“属性”栏，在该“属性”栏内的“框架名称”文本框中输入“MAIN”。按照相同的方法，给左边分栏框架命名为“LEFT”，给上边分栏框架命名为“TOP”。此时的“框架”面板如图 6-2-6 所示。

图6-2-5　“世界名花浏览1”网页的初步制作效果

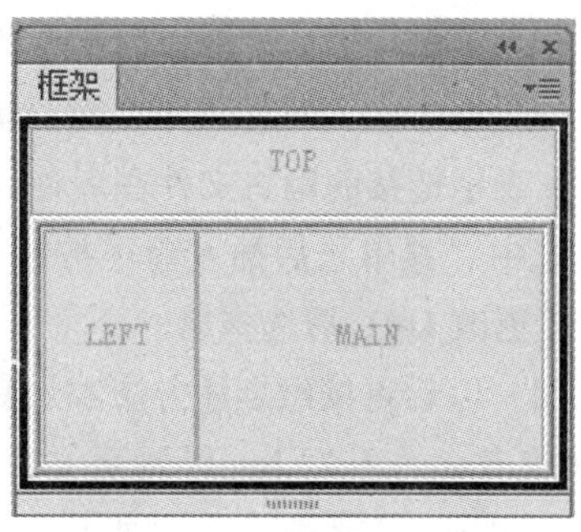

图6-2-6　“框架”面板

（8）单击“框架”面板内“TOP”分栏框架内部，再单击“属性”栏内“源文件”中的按钮，调出“选择图像源文件”对话框，在该对话框中选择“【案例 19】世界名花浏览 1”文件夹内的“TOP1.htm”网页文件，在“相对于”下拉列表框中选择“文档”选项，再单击“确定”按钮，将“TOP1.htm”网页加载到上边分栏框架中。

（9）按照相同的方法，在左边的分栏框架内部加载 LEFT1.htm 网页文件，在右边的分栏框架内部加载 RIGHT1.htm 网页文件。此时的网页设计效果如图 6-2-5 所示。

（10）单击框架外线，选中整个框架集，此时的“属性”栏切换到框架集的“属性”栏，在“边框”下拉列表框中选择“是”选项，保证各分栏框架之间有边框，设置边框颜色为蓝色、边框宽度为 3 像素。按【Alt】键，单击分栏框架内部，打开其“属性”栏。在分栏框架“属性”栏内的“边框”下拉列表框中选择“是”选项，选择边框颜色为蓝色，边框宽度为2像素；在“滚动”下拉列表框中选择“自动”（对于TOP分栏框架可设置为“否”）。然后，将该框架集网页文件保存。

2．制作跳转菜单

（1）单击“世界名花浏览1.htm”网页设计窗口内左边的分栏框架内（也就是在“LEFT1.htm”网页文档），再创建一个表单域，将光标定位在表单域内部。单击“插入”（表单）栏内的“跳转菜单”按钮，调出一个“插入跳转菜单”对话框，如图6-2-7所示。

图6-2-7 “插入跳转菜单”对话框

（2）在“插入跳转菜单”对话框内的“选择时，转到URL”文本框内输入要跳转的文件路径与文件名。也可以单击“浏览”按钮，调出“选择文件”对话框，利用该对话框选择链接的文件“世界名花——长寿花.html”。单击按钮，可以在“文本”文本框中自动加入“世界名花——长寿花”文字，表示“世界名花——长寿花”文字链接到“世界名花——长寿花.html”网页文件，同时在“菜单项”列表中增加一个菜单项目。

（3）在“插入跳转菜单”对话框内的“打开URL于”下拉列表框内选择“框架‘MAIN’”选项，表示链接的网页文件在名称为MAIN的分栏框架内显示。

选中“菜单之后插入前往按钮”复选框，可以在跳转菜单的右边增加一个“前往”按钮。选中“更改URL后选择第一个项目”复选框。

（4）以后再按照上述方法添加其他8个菜单，分别与“世界名花——倒挂金钟.html”……“世界名花——玉兰.html”网页文件建立链接。然后，选中“菜单项”列表框中的“世界名花——玉兰”选项，在“文本”文本框中添加“世界名花——玉兰花”；选中“菜单项”列表框中的“世界名花——牡丹”选项，在“文本”文本框中添加“世界名花——玉兰花”。最后设置好的“插入跳转菜单”对话框如图6-2-8所示。

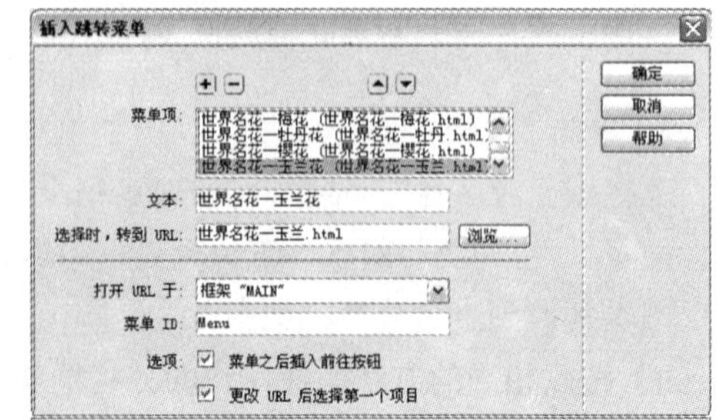

图6-2-8 最后设置好的“插入跳转菜单”对话框

（5）单击“插入跳转菜单”对话框中的“确定”按钮，关闭该对话框。可以看到网页中添加了一个下拉列表框和一个“前往”按钮。

（6）选中下拉列表框，在其“属性”栏内选中“列表”单选按钮，在“高度”文本框中输入9，表示列表框中可以显示9个菜单选项，如图6-2-9所示。

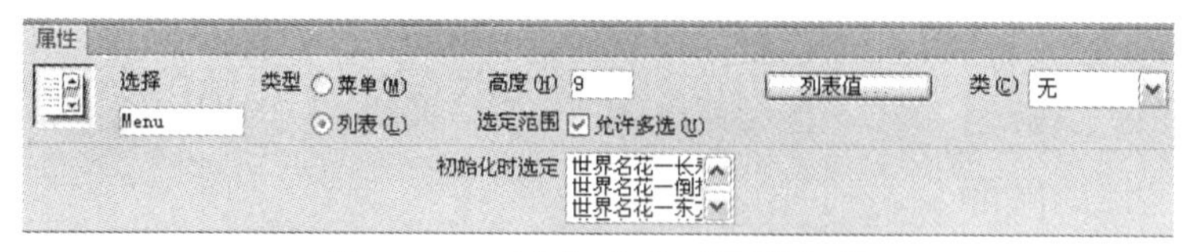

图6-2-9　列表/菜单“属性”栏

（7）如果下拉列表框内没有所需要的菜单项目，可以选中列表框，单击“属性”栏内的“列表值”按钮，调出“列表值”对话框。再依次在该对话框内“项目标签”列中输入菜单选项名称，如图6-2-10所示。每输入完一个菜单选项名称后，应单击一次±按钮。

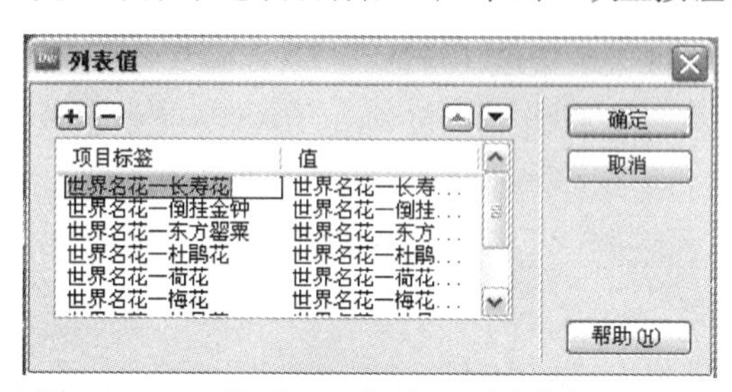

图6-2-10　最后设置好的“列表值”对话框

（8）如果下拉列表框内没有所需要的菜单项目标签选项的值，则应该在“列表值”对话框内的“值”列中输入与菜单选项链接的网页文件的名称。

输入完后，单击“列表值”对话框中的“确定”按钮，退出该对话框。可以看到下拉列表框中显示菜单的项目选项和它们的值。

（9）保存“LEFT1.htm”网页文件和框架集文件。该网页显示效果如图6-2-1所示。如果在该“属性”栏内选择“菜单”单选按钮，则该网页显示效果如图6-2-11所示。选择下拉列表框中的任何一个选项，均可以使右边的分栏框架中显示相应的网页。

图6-2-11　“世界名花浏览1”网页的显示效果

相关知识——“跳转菜单”等表单

1. 设置图像域的属性

图像域用来设置图像域内的图像，其“属性”栏如图6-2-3所示。

（1）“图像区域”文本框：在“属性”栏内的左下角，用来输入图像域的ID。

（2）“源文件”文本框与文件夹按钮：单击该按钮，可以调出一个对话框，用来选择图像文件，也可以在文本框内直接输入图像文件的路径与文件名。

（3）“替换”文本框：其内输入的文字会在鼠标指针移到图像上面时显示出来。

（4）“对齐”下拉列表框：用来选定图像在浏览器中的对齐方式。

（5）“编辑图像”按钮：单击该按钮，可以打开图像编辑器，对图像进行加工。

2．设置隐藏域的属性

隐藏域提供了一个可以存储表单主题、数据等的容器。在浏览器中看不到它，但处理表单的脚本程序时可调用它的内容。其“属性”栏如图6-2-12所示，各选项的作用如下：

图6-2-12　隐藏域的“属性”栏

（1）“隐藏区域”文本框：用来输入隐藏域的名称，以便于在程序中引用。

（2）“值”文本框：用来输入隐藏域的数值。

如果在加入隐藏域时，没有显示图标，可单击“编辑”→“首选参数”命令，调出“首选参数”对话框，再在“分类”列表框中选择“不可见元素”选项。然后选中“表单隐藏区域”复选框，再单击“确定”按钮退出。

3．设置跳转菜单的属性

跳转菜单采用下拉列表框或列表的方式来实现链接跳转，其外观与列表/菜单一样，是菜单的另外一种形式。用户选中该菜单的某一个选项后，单击“前往”按钮，则当前页面或框架会跳转到其他页面。创建跳转菜单的操作方法如下：

单击“插入”（表单）栏内的“跳转菜单”按钮，调出一个“插入跳转菜单”对话框，如图6-2-7所示。其中个选项的设置作用如下：

◎“菜单项”列表框：用来显示菜单选项的名称和返回值。可以在此输入、删除和增加菜单选项，以及调整菜单选项的显示次序。

◎“文本”文本框：输入选中的菜单选项的名称，在“菜单项”列表框内会显示出来。

◎“选择时，转到URL”文本框：输入要跳转的文件路径与文件名，也可以单击“浏览”按钮，调出“选择文件”对话框，选择与选定的菜单选项相链接的网页文件。

◎ +、-、和按钮：其作用与图6-1-9所示“单选按钮组”对话框中的一样。

◎“打开URL于”下拉列表框：该列表框内的选项是所有分栏框架的名称，用来选择一个分栏框架的名字，确定在哪个框架内显示网页内容。

◎“菜单ID”文本框：其内输入跳转菜单的名称。

◎“选项”选项组：选中“菜单之后插入前往按钮”复选框后，在菜单右边会增加一个“前往”按钮。选中“更改URL后选择第一个项目”复选框后，表示在打开新页面后，使菜单中选中的选项为第一项。

思考与练习6-2

1．参考【案例19】网页的制作方法，制作一个“世界名胜浏览”网页。

2．制作一个“跟我学制作网页”的页面，它在浏览器中显示的画面如图6-2-13所示。它是一个框架结构的网页，列表框内分别有“中文Dreamweaver文档基本操作”……“编辑图像”选项。选择列表框内一个选项，单击“前往”按钮，即可在右边的分栏框架内显示相应的网页。

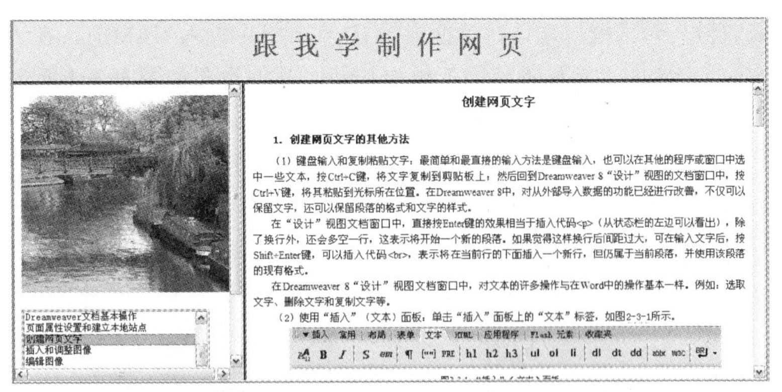

图6-2-13　“跟我学制作网页”网页显示的一幅画面

6.3　案例20　“用户登录”网页

案例效果和操作

“用户登录”网页在浏览器中的显示效果如图 6-3-1（a）所示。用户可以输入用户名和密码，如图 6-3-1（b）所示。如果输入的数字个数少于 8 或大于 16，则会显示相应的提示信息，如图 6-3-2 所示。通过该网页的制作，可以掌握 Spry 构件的使用方法。

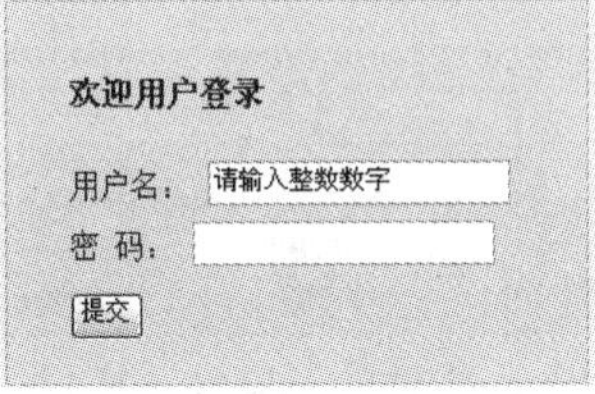

（a）输入用户名和密码前　　（b）输入用户名和密码后

图6-3-1　“用户登录”网页在浏览器中的显示效果1

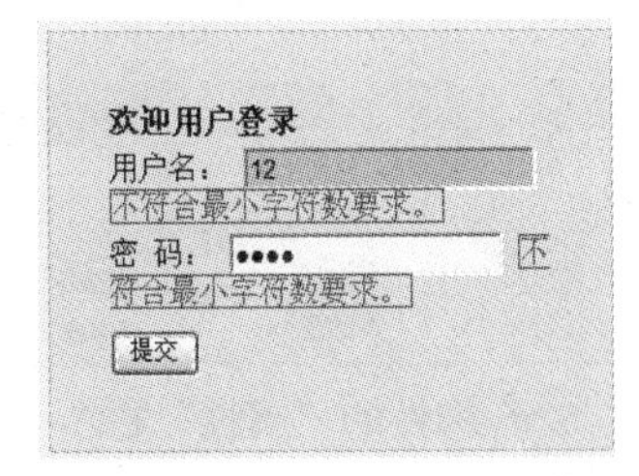

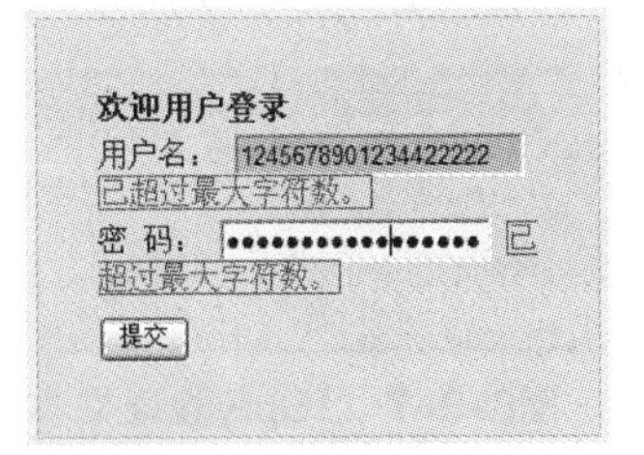

图6-3-2　“用户登录”网页在浏览器中的显示效果2

（1）在“【案例 20】用户登录”文件夹内创建一个“用户登录.html”网页，在这个网页内创建了一个 DIV 标签，在其内输入 16 磅、宋体、加粗、蓝色文字“欢迎用户登录”，DIV 标签填充色为黄色。该网页内定义了多个内部 CSS 样式，如图 6-3-3 所示。

图6-3-3　“用户登录1”网页显示效果

（2）单击“录”字右边，将光标定位在“录”字右边。按【Enter】键，可以将光标定位在下一行的起始位置。然后，单击“插入”（表单）栏内的“Spry 验证文本域”按钮，调出“输入标签辅助功能属性”对话框，在该对话框内的ID文本框中输入NAME1，在“标签”文本框中输入“用户名：”，选中“无标签标记”单选按钮，其他设置如图6-3-4所示。然后，单击“确定”按钮，即可创建一个名为NAME1的“Spry验证文本域”Spry构件（即一种表单对象），该Spry构件上边的标签文字是“用户名：”，如图6-3-5所示。

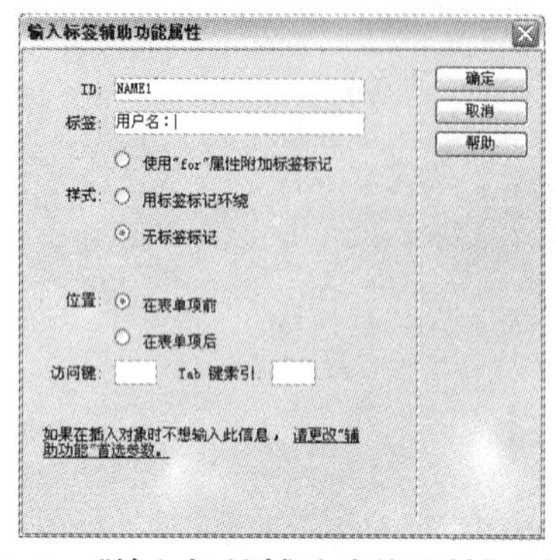

图6-3-4 “输入标签辅助功能属性”对话框

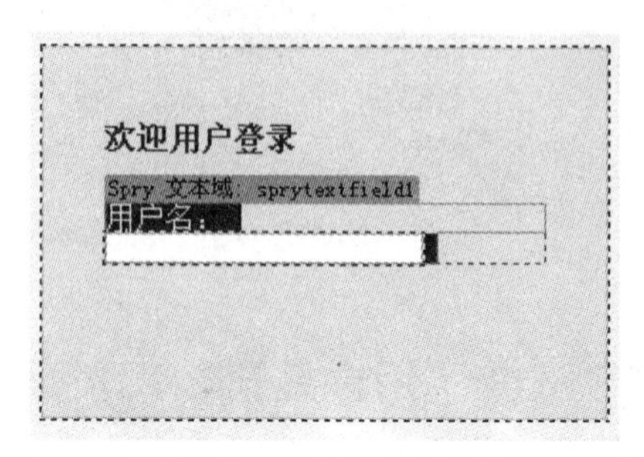

图6-3-5 插入“Spry验证文本域”Spry构件

（3）保证处于选中“Spry验证文本域”Spry构件的状态，在其“属性”栏内“类型”下拉列表框中选择“整数”选项，在“最小字符数”文本框中输入“8”，在“最大字符数”文本框中输入16，在“提示”文本框中输入“请输入整数数字”，在“预览状态”下拉列表框中选择“初始”选项，选中onBlur（模糊）复选框，如图6-3-6所示。

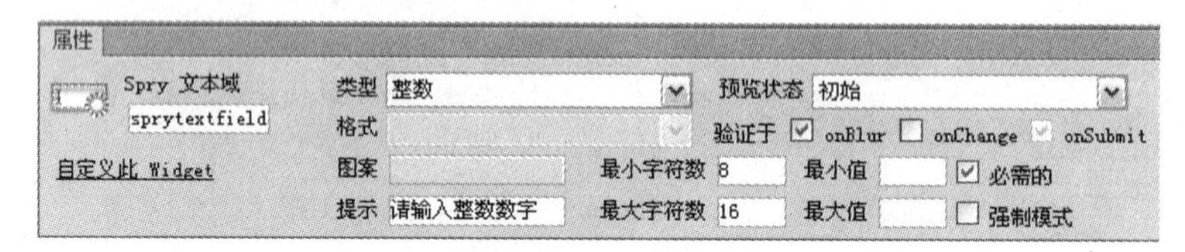

图6-3-6 “Spry验证文本域”Spry构件的“属性”栏1

（4）采用相同的方法，再创建一个标签文字为“密码：”、ID值为“PASS1”的Spry验证文本域，其“属性”栏设置如图6-3-7所示。

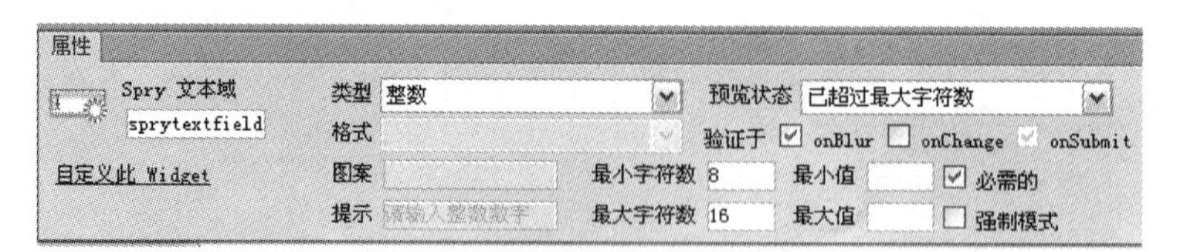

图6-3-7 “Spry验证文本域”Spry构件的“属性”栏2

（5）选中刚刚创建的“Spry验证文本域”的文本域，调出其“属性”栏，选中“密码”单选按钮，如图6-3-8所示。

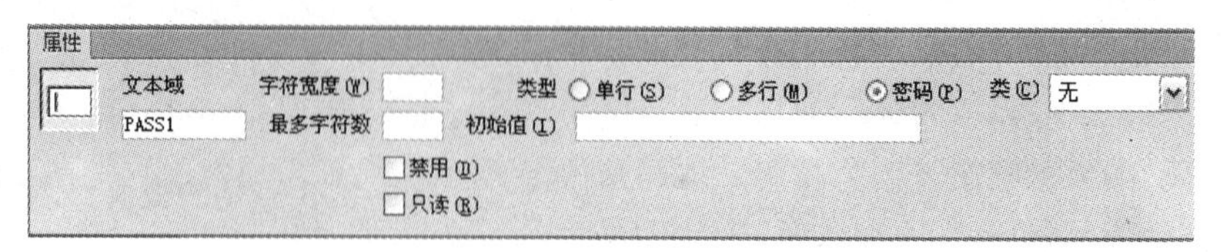

图6-3-8 文本域的“属性”栏设置

（6）按【Enter】键，将光标定位在下一行起始位置。然后，单击“插入”（表单）栏内的“按钮”

按钮，调出“输入标签辅助功能属性”对话框，在该对话框内的 ID 文本框中输入 TIJIAO，在“标签”文本框中不输入内容，单击“确定”按钮，创建一个按钮。

（7）单击“用户名：”上边蓝色背景区域，选中“Spry 验证文本域”Spry 构件，单击“文档工具”栏中的“拆分”按钮，切换到“拆分”视图窗口，如图 6-3-9 所示。其中，与定义“Spry 验证文本域”Spry 构件的有关程序如下：

```
<SPAN id="sprytextfield1">用户名：
  <INPUT type="text" name="NAME1" id="NAME1" />
   <SPAN class=” textfieldRequiredMsg” >需要提供一个值。</span><span class=
“textfieldInvalidFormatMsg” >格式无效。</SPAN><SPAN class= “textfield
MinCharsMsg” >不符合最小字符数要求。</SPAN><SPAN class=” textfieldMax
CharsMsg” >已超过最大字符数。</SPAN></SPAN>
```

由上述代码可见，可以很容易地修改 ID 名称、文本域名称和有关的提示信息。

采用相同的方法，也可以观察和修改“密码：”的“Spry 验证文本域”Spry 构件。

（8）将网页文档以名称“用户登录.html”保存在“【案例 20】用户登录”文件夹内。

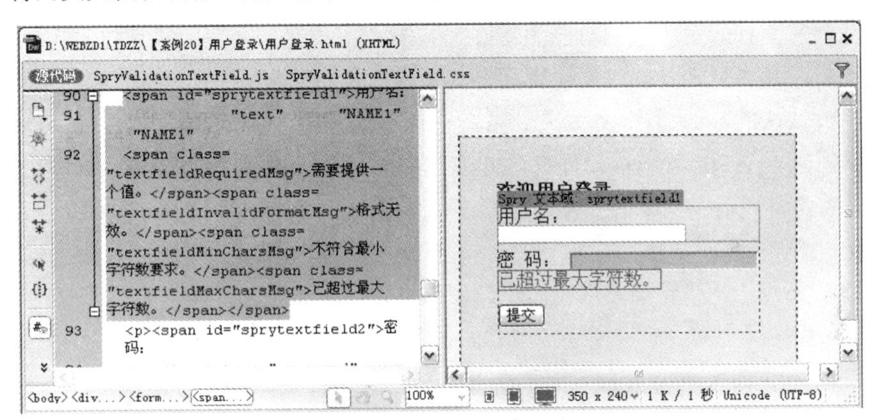

图6-3-9　“拆分”视图窗口

相关知识——验证类Spry构件

1．Spry 构件简介和 Spry 构件的基本操作

Spry 构件是预置的常用用户界面组件，是一个网页页面元素，可以使用 CSS 自定义这些组件，然后将其添加到网页中。使用 Dreamweaver，可以将多个 Spry 构件添加到页面中，这些构件包括折叠构件、选项卡式界面和具有验证功能的表单元素等。

Spry 构件由构件结构（用来定义构件结构组成的 HTML 代码）、构件行为（用来控制构件如何响应用户启动事件的 JavaScript 程序，它赋予构件功能）和构件样式（用来指定构件外观的 CSS，包含设置构件样式所需的全部信息）3 部分组成。

Spry 框架支持一组用标准 HTML、CSS 和 JavaScript 编写的可重用构件，使用 Spry 框架可以加强用户体验，例如在网页中创建可验证的文本域表单对象等。Spry 框架中的每个构件都与唯一的 CSS 和 JavaScript 文件相关联。当在 Dreamweaver 页面内插入构件后，Dreamweaver 会自动将这些文件链接到该页面，以使构件中包含该页面的功能和样式。

与网页内所插入的构件相关联的 CSS 文件和 JavaScript 文件会自动根据该构件命名，例如与折叠构件相关联的文件名是 SpryAccordion.css 和 SpryAccordion.js。当在已经保存的页面中插入构件时，Dreamweaver 会在站点中或其他指定的目录下创建一个名称为 SpryAssets 的文件夹，并将相应的 CSS 文件和 JavaScript 文件保存在该文件夹内。

Spry 构件的基本操作方法如下：

（1）插入 Spry 构件：单击“插入记录”→ Spry →“××××”命令（“××××”是要插入的 Spry 构件的名称），或者单击“插入”（表单）栏内的 Spry 类别中的按钮，都可以调出“输入标签辅助功能属性”对话框，在该对话框内的 ID 文本框中输入 ID 值，在“标签”文本框中输入标签文字；在“样式”选项组内选中一个单选按钮，确定一种样式；在“位置”选项组内选中一个单选按钮，确定标签文字的位置；还可以设置访问键。然后，单击“确定”按钮，即可插入一个 Spry 构件对象。

（2）选择和编辑 Spry 构件：将鼠标指针移到构件之上，会在构件的左上角显示蓝色背景的选项卡，单击构件左上角中的构件选项卡，即可选中该 Spry 构件。此时，“属性”栏会切换到该 Spry 构件的“属性”栏。利用 Spry 构件的“属性”栏可以编辑该 Spry 构件。

（3）设置 Spry 构件的样式：在站点或其他目录下的 SpryAssets 文件夹中可以找到与该构件相对应的 CSS 文件，可以根据自己的喜好来编辑 CSS 文件。另外，也可以利用“CSS 样式”面板来设置 Spry 构件的属性，这与对页面上其他带样式的元素所做的操作一样。

（4）更改默认的 Spry 资源文件夹：当在已保存的页面中插入 Spry 构件后，Dreamweaver 会在站点中创建一个 SpryAssets 文件夹，并将相应的 CSS 文件和 JavaScript 文件存放在该文件夹内。如果需要将 SpryAssets 文件夹保存到其他目录下，可以更改 Dreamweaver 保存这些资源的默认位置，操作方法如下：

◎ 单击“站点”→“管理站点”命令，调出“管理站点”对话框。单击其内的“编辑”按钮，调出“站点定义”对话框。单击“高级”标签，在“站点定义”（高级）对话框内“分类”列表框中选择 Spry 选项。

◎ 在“Spry 资源文件夹”文本框中输入 Spry 资源保存的文件夹路径，也可以单击其右边的文件夹按钮，调出一个对话框，利用该对话框来查找文件夹。然后，单击“确定”按钮，完成更改默认的 Spry 资源文件夹的设置。

2．Spry 验证文本域

“Spry 验证文本域”Spry 构件是一个文本域，用于输入时显示输入的状态（有效或无效）。例如，如果输入电子邮件地址时没有输入“@”和“.”，则会显示相应的提示信息。该 Spry 构件与一般的文本域表单对象的主要区别是它不但有文本域，还具有验证和给出相应提示的功能。

单击 Spry 验证文本域表单对象左上角的蓝色背景选项卡，可以选中“Spry 验证文本域”Spry 构件，调出它的“属性”栏。它的“属性”栏如图 6-3-6 所示。

当在“类型”下拉列表框中选择不同选项时，“属性”栏内的选项会不一样，例如，在“类型”下拉列表框中选择“日期”选项时，“属性”栏如图 6-3-10 所示。

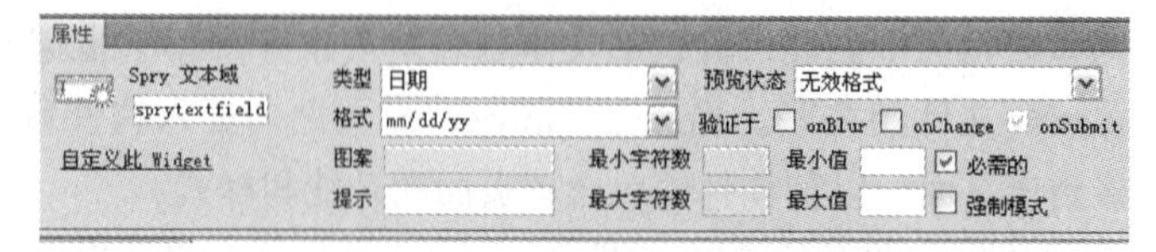

图6-3-10 “Spry验证文本域”Spry构件的“属性”栏（选择“日期”类型）

“Spry 验证文本域”Spry 构件“属性”栏内各选项的作用如下：

（1）“类型”下拉列表框：用来选择“Spry 验证文本域”Spry 构件的验证类型。例如，如果文本域将接收日期验证类型，则可以在“类型”下拉列表框中选择“日期”选项。“类型”下拉列表框内各选项（即验证类型）的名称和格式如表 6-3-1 所示。

表6-3-1　“类型”下拉列表框内各验证类型的名称和格式

验证类型	格　　式
无	不需要特殊格式
整数	文本域只可以接受整数数字
电子邮件	文本域必须输入包含“@”和“.”字符的电子邮件地址，而且“@”和“.”的前面和后面都必须至少有一个字母
日期	格式可以改变，可以在“属性”面板内的“格式”下拉列表框中选择
时间	格式可以改变，在“属性”面板内的“格式”下拉列表框中选择，其中，“tt”表示 am/pm 格式，“t”表示 a/p 格式
信用卡	格式可以改变，在“属性”面板内的“格式”下拉列表框中选择，可以选择接受所有信用卡，或者指定特定种类的信用卡（MasterCard、Visa 等），文本域不接受包含空格的信用卡号，例如 1234 5678 8765 9999
邮政编码	格式可以改变，在“属性”面板内的“格式”下拉列表框中选择
电话号码	如果在“属性”面板内的“格式”下拉列表框中选择了“美国 / 加拿大”选项，则文本域接受美国和加拿大格式，即“(000)000-0000”格式；也可以在“属性”面板内的“格式”下拉列表框中选择了“自定义模式”选项，则应在“图案”（模式）文本框中输入格式，例如，000.00(00)
社会安全号码	文本域接受 000-00-0000 格式的社会安全号码
货币	文本域接受 1,000,000.00 或 1.000.000,00 格式的货币格式
实数 / 科学计数法	验证各种数字：数字（例如 1）、浮点值（例如 12.123）、以科学计数法表示的浮点值（例如 1.234e+10、1.234e-10，其中 e 是 10 的幂）
IP 地址	格式可以改变，在“属性”面板内的“格式”下拉列表框中选择
URL	文本域接受 http://xxx.xxx.xxx 或 ftp://xxx.xxx.xxx 格式的 URL
自定义	可以用于指定自定义验证类型和格式，在“属性”面板内的“图案”文本框中输入格式模式，并根据需要在“提示”文本框中输入提示信息

（2）“格式”下拉列表框：在“类型”下拉列表框中选中“日期”、“时间”、“邮政编码”等选项后，该下拉列表框变为有效，用来选择相应的格式。

（3）“图案”文本框：在“类型”下拉列表框中选中“自定义”选项后，它用来输入格式模式，并根据需要在“提示”文本框中输入提示信息。

（4）“验证于”选项组：有 3 个复选框，用来指定验证发生的时间，可以设置验证发生的时间，包括站点访问者在构件外部单击时、键入内容时或尝试提交表单时。

◎“onBlur”（模糊）：选中它后，当用户在文本域的外部单击时进行验证。

◎“onChange”（更改）：选中它后，当用户更改文本域中的文本时进行验证。

◎“onSubmit”（提交）：选中它后，当用户尝试提交表单时进行验证。

（5）“提示”文本框：用于输入提示信息。由于文本域有很多不同格式，因此为了帮助用户输入正确的格式，可以输入相应的提示文字。当“Spry 验证文本域”Spry 构件的文本框中没有输入内容时，该文本框内会显示“提示”文本框内的文字。

（6）“预览状态”下拉列表框：用来设置验证 Spry 构件的状态，验证文本域构件的状态有“初始”、“有效”、“无效格式”和“必填”等，它们的含义如下：

◎“初始”状态：在浏览器中加载页面或用户重置表单时 Spry 构件的状态。

◎“必填”状态（即必需状态）：在选中“必需的”复选框后，“预览状态”下拉列表框内才会增加“必填”（即“必需”）选项，当用户在文本域中没有输入必需的文本时 Spry 构件的状态。当用户没有输入时，会在文本域后边显示“需要提供一个值。”。

◎“无效格式”状态：当用户所输入文本的格式无效时 Spry 构件的状态。例如，在设置“日期”类型后，在文本域中输入 12 而不是输入 2012 来表示年份，则属于无效状态。

◎“有效”状态：当用户正确地输入信息且表单可以提交时 Spry 构件的状态。

（7）“最小字符数”和“最大字符数”文本框：它们仅在“类型”下拉列表框中选择了“无”、“整数”、“电子邮件地址”和“URL”选项时有效。例如，在“最小字符数”文本框中输入 2，在“最大字符数”文本框中输入 4，则只有当输入 2、3 或 4 个字符时才通过验证，当输入的字符个数小于 2 或大于 4 时，都无法通过验证，会显示相应的提示信息。

◎“最小字符数”状态：在该文本框中输入数字后，“预览状态”下拉列表框内会增加“未达到最小字符数”选项。当输入的字符数少于“最小字符数”文本框中的数值时，则进入 Spry 构件的“最小字符数”状态，会在文本域后边显示“不符合最小字符数要求。”。

◎“最大字符数”状态：在该文本框中输入数字后，“预览状态”下拉列表框内会增加“已超过最大字符数”选项。当输入的字符数大于“最大字符数”文本框中输入的数值时，进入 Spry 构件的“最大字符数”状态，会在文本域后边显示“已超过最大字符数”。

（8）“最小值”和“最大值”文本框：这两个复选框仅在“类型”下拉列表框中选择了“无”、“整数”、“电子邮件地址”和“URL”验证类型时有效。例如，如果在“最小值”框中输入 2，在“最大值”框中输入 4，则只有当用户输入数值在 2 和 4 之间时才能通过验证，当用户输入的数值小于 2 或大于 4 时，都无法通过验证，会显示相应的提示信息。

◎“最小值”状态：在“最小值”文本框中输入数字后，“预览状态”下拉列表框内才会增加“小于最小值”选项。当用户输入的数值小于“最小值”文本框中输入的数值时，进入 Spry 构件的“最小值”状态，会在文本域后边显示“输入值小于所需的最小值。”。

◎“最大值”状态：在“最大值”文本框中输入数字后，“预览状态”下拉列表框内才会增加“大于最大值”选项。当用户输入的值大于“最大值”文本框中输入的数值时，进入 Spry 构件的“最大值”状态，会在文本域后边显示“输入值大于所允许的最大值。”。

“最小值”和“最大值”状态适用于整数、实数和数据类型的验证。

（9）“必需的”复选框：选中它后，“预览状态”下拉列表框内会出现“必填”选项。

（10）“强制模式”复选框：选中它后，即可进入强制模式，此时可以禁止用户在验证文本域构件中输入无效字符。例如，如果再设置“整数”验证类型的情况下，当用户尝试键入字母时，文本域中将不显示任何内容。

每当“验证文本域”Spry 构件以用户交互方式进入其中一种状态时，Spry 框架会在运行时向该构件的 HTML 代码程序应用相应的 CSS 样式类。例如，当用户还没有在必填文本域中输入文本就提交表单时，会向该 Spry 构件应用一个 CSS 样式类，使文本域后边显示“需要提供一个值”提示文字。这里的 CSS 样式是外部 CSS 样式，相应的 CSS 文件是“SpryAssets”文件夹内的“SpryValidationTextField.css”文件。

思考与练习6-3

1．使用“Sprt 验证文本域”Spry 构件制作一个具有只可以输入 5 到 20 个字母的文本区域。

2．创建一个“个人简历登记表”网页，该网页内有多个使用“Spry 验证文本域”的 Spry 构件，可以用来输入编号、姓名、年龄、出生日期、邮箱地址、邮政编码、电话号码等信息。

3．修改【案例 20】“用户登录”网页，将“不符合最小字符数要求。”提示信息改为“输入的字符个数少于规定的个数。”，将““已超过最大字符数。”提示信息改为“输入的字符个数超出了规定的个数。”。提示：可以修改代码内的文字。

6.4　案例21 旅游协会申请表

案例效果和操作

“旅游协会申请表”网页在浏览器中的显示效果如图 6-4-1（a）所示。用户可以输入姓名、密码、电子邮箱地址、个人简历等信息等。在输入姓名、密码等内容时，如果输入的字符个数少于或大于规定的数值，则会显示相应的提示信息；在输入电子邮箱地址时，如果输入的字符中没有“@”和“.”字符，则会显示相应的提示信息；在选择爱好时，如果选择了 1 个以下或 4 个以上的复选框时，会显示相应的提示信息，如图 6-4-1（b）所示。在选择学历时如果选择了无效的“——”选项时，也会显示相应的提示信息。该网页的制方法如下：

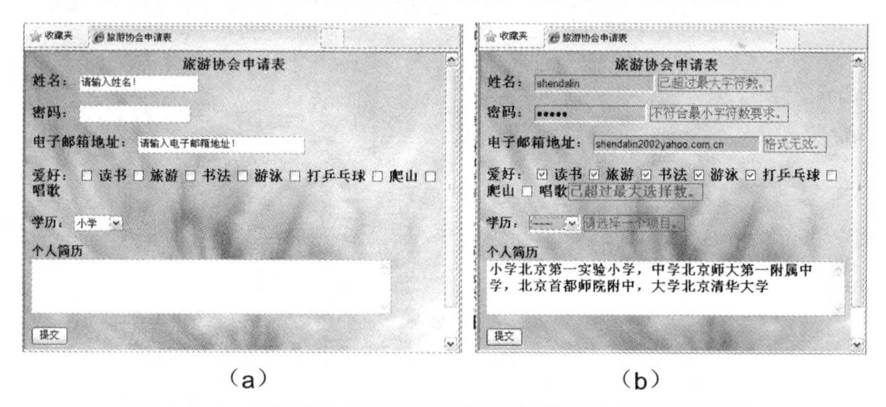

（a）　　　　　　（b）

图6-4-1　“旅游协会申请表”网页在浏览器中的显示效果

1．创建 Spry 验证文本域和 Spry 验证文本区域

（1）创建一个新网页文档，设置背景图像为“【案例 21】旅游协会申请表”文件夹内的“BJ.jpg”，标题为“旅游协会申请表”，以名称“旅游协会申请表 .html”保存在“D:\WEBZD1\TDZZ\【案例 21】旅游协会申请表”文件夹内。

（2）在新建的网页“设计”视图窗口内，输入 18 像素、宋体、加粗、居中分布、蓝色文字“旅游协会申请表”。单击“表”字右边，将光标定位在“表”字右边。按【Enter】键，将光标定位在下一行的起始位置。

（3）单击“插入”（表单）栏内的“Spry 验证文本域”按钮，调出“输入标签辅助功能属性”对话框，在该对话框内的“ID”文本框中输入“xingming”，在“标签”文本框中输入“姓名：”，选中“无标签标记”和“表单项前”单选按钮。单击“确定”按钮，创建一个 Sprt 构件，该 Sprt 构件左边的标签文字是“姓名：”，如图 6-4-2 所示。

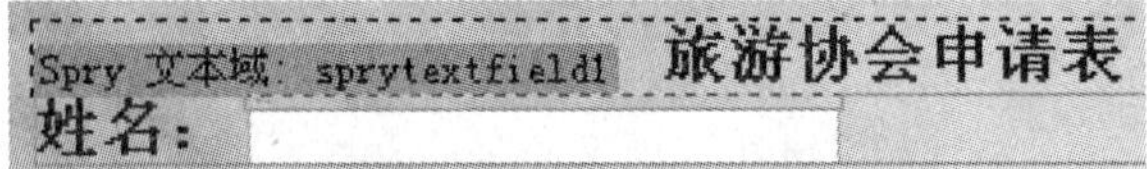

图6-4-2　插入“Sprt验证文本域”Sprt构件

（4）单击选中“Spry 验证文本域”Spry 构件对象，如图 6-4-3 所示。在它的“属性”栏内的“类型”下拉列表框中选择“无”选项，在“最小字符数”文本框中输入 2，在“最大字符数”文本框中输入 8，在“提示”文本框中输入“请输入姓名！”，选中“onChange”（在改变时）复选框，在“预览状态”下拉列表框中选择“未达到最小字符数”选项。选中“onChange”复选框后，在显示网页后，在 Spry 验证文本域的文本框内输入文字时，当输入的字符个数改变且不符合要求时，会自动显示相应的提示信息。

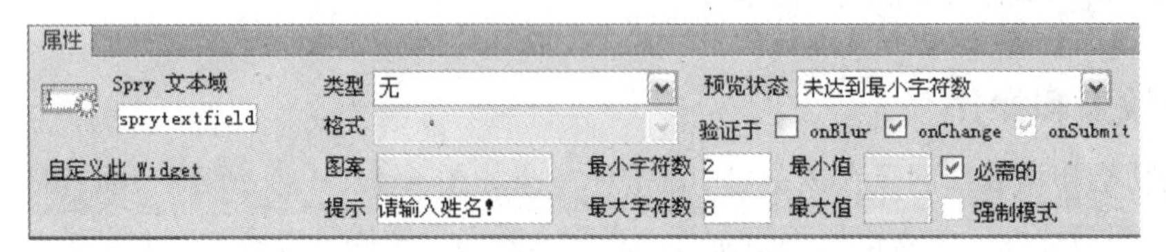

图6-4-3　Spry验证文本域的“属性”栏设置

（5）采用相同的方法，再创建一个标签文字为“密码：”、ID 值为“mima”、名字为“sprytextfield2”的 Spry 验证文本域，它的“属性”栏设置如图 6-4-4 所示。

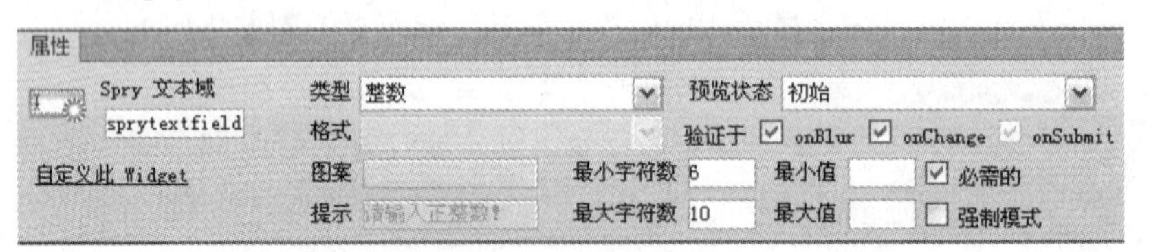

图6-4-4　Spry验证文本域的“属性”栏设置

（6）选中刚刚创建的 Spry 验证文本域的文本域，调出它的“属性”栏，选中“密码”单选按钮，如图 6-4-5 所示。

图6-4-5　文本域的“属性”栏设置

（7）采用相同的方法，再创建一个标签文字为“电子邮箱地址：”、ID 值为“Email”的 Spry 验证文本域，它的“属性”栏设置如图 6-4-6 所示。

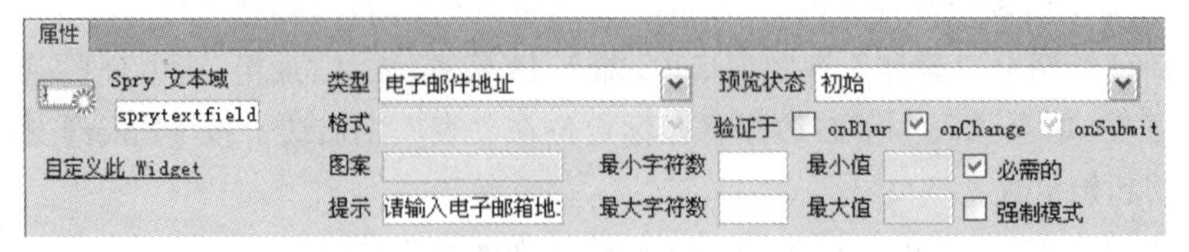

图6-4-6　Spry验证文本域的“属性”栏设置

(8)选中刚刚创建的 Spry 验证文本域的文本域，调出它的“属性”栏，选中“单行”单选按钮，在“字符宽度”文本框内输入 30，如图 6-4-7 所示。

图6-4-7　文本域的“属性”栏设置

(9)采用相同的方法，再创建一个标签文字为“个人简历：”、ID 值为“jian”的 Spry 验证文本区域，它的“属性”栏设置如图 6-4-8 所示。

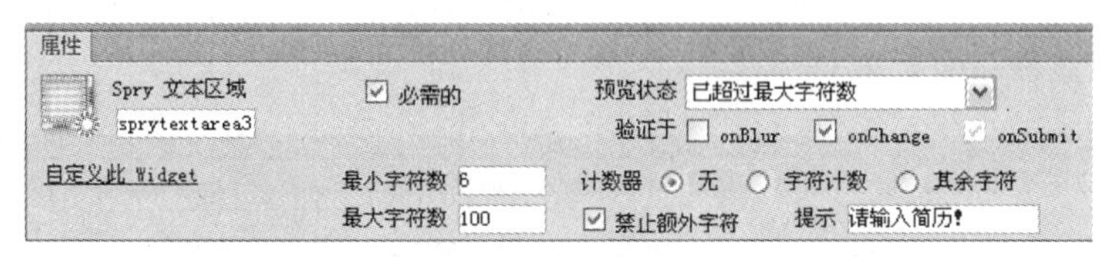

图6-4-8　Sprt验证文本区域的“属性”栏设置

(10)将所有 Spry 验证文本域的标签文字设置为宋体、粗体、蓝色和 18 磅大小。

2．创建其他 Spry 构件

(1)将光标定位在第 3 行 Spry 验证文本域右边，按【Enter】键，光标移到下一行。输入蓝色、18 磅、加粗、宋体文字“选择您的爱好”。按【Enter】键，将光标定位在下一行。

(2)单击“插入”(表单)栏内的“Spry 验证复选框”按钮，调出“输入标签辅助功能属性”对话框，在其内“ID”文本框中输入“aihao1”，在“标签”文本框中输入“读书”，选中“无标签标记”单选按钮。然后，单击“确定”按钮，即可创建一个名字为“aihao”的“Spry 验证复选框”Spry 构件，该 Spry 构件的标签文字是“读书”。

(3)选中“Spry 验证复选框”Spry 构件对象，在它的“属性”栏内，在“预览状态”下拉列表框中选中“初始”选项；选中“实施范围（多个）”单选按钮，在“最小选择数”文本框内输入 2，当用户选择的复选框数小于 2 时，会在 Spry 构件后边显示“不符合最小选择数要求。”提示信息；在“最大选择数”文本框内输入 5，则当用户选择的复选框数大于 5 时，会在 Spry 构件后边显示“已超过最大选择数。”提示信息。其他设置如图 6-4-9 所示。

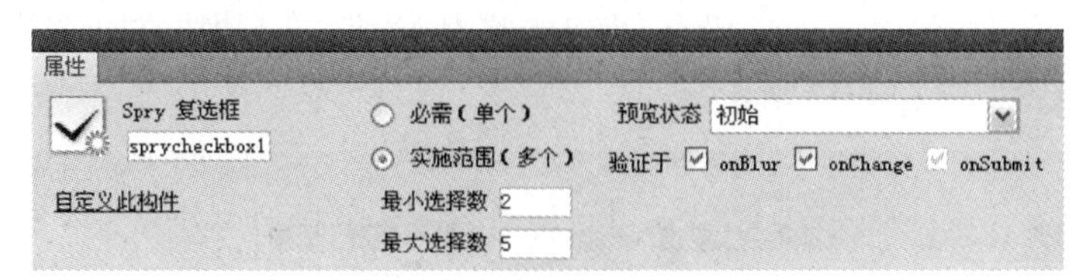

图6-4-9　Spry验证复选框的“属性”栏设置

(4)将光标定位在“Spry 验证复选框”Spry 构件内的最右边(蓝色框内)。再单击“插入”(表单)栏内的“复选框”按钮，调出“输入标签辅助功能属性”对话框，在该对话框内的“ID”文本框中输入“aihao2”，在“标签”文本框中输入“旅游”，选中“在表单后”单选按钮，单击“确定”按钮，创建一个复选框。

(5)按照上述方法再在“旅游”复选框的右边创建其他的 5 个复选框。这 7 个复选框都属于“Spry 验证复选框”Spry 框架内的复选框。

（6）将光标定位在“Spry 验证复选框”Spry 框架右边（蓝色框右边），按【Enter】键，将光标定位在下一行。单击“插入”（表单）栏内的“Sprt 验证选择”按钮，调出“输入标签辅助功能属性”对话框，在其内“ID”文本框中输入“xueli”，在“标签”文本框中输入“学历”，选中“无标签标记”单选按钮。单击“确定”按钮，创建一个名字为“xueli”的 Sprt 构件，它的标签文字是“学历”的“Spry 验证选择”Spry 构件。

（7）单击选中下拉列表框，调出它的“属性”栏（其内“初始化时选定”列表框中还没有内容），选中“菜单”单选按钮，如图 6-4-10 所示。单击“属性”栏内的“列表值”按钮，调出“列表值”对话框，按照“列表 / 菜单”表单对象的操作方法，在“列表值”对话框内输入项目标签和对应的值，如图 6-4-11 所示。单击“确定”按钮，关闭“列表值”对话框，此时网页内创建的“Spry 验证选择”Spry 构件如图 6-4-12 所示。

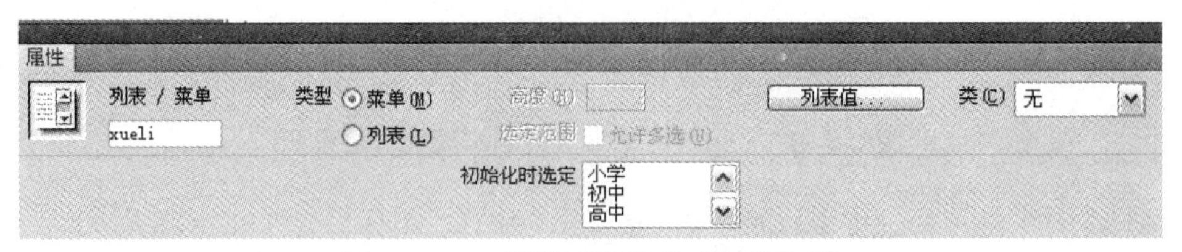

图6-4-10　下拉列表框的“属性”栏

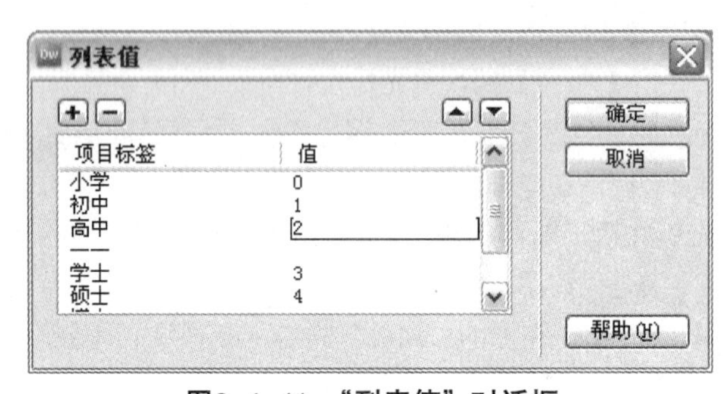

图6-4-11　“列表值”对话框

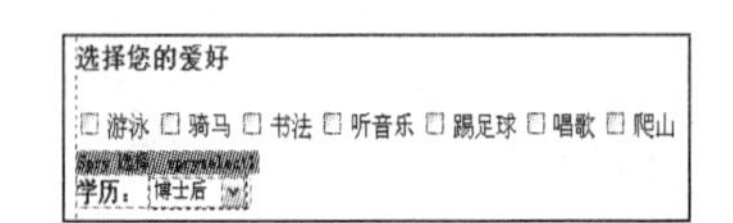

图6-4-12　“Spry 验证选择”Spry构件

（8）单击选中“Spry 验证选择”Spry 构件，在它的“属性”栏内，选中“空值”复选框，在“预览状态”下拉列表框中选择“初始”选项，则在设计状态和选中列表框内的无值选项（在“列表值”对话框内只设置了项目标签“——”，没有设置对应的值）时，在列表框右边会显示“请选择一个项目。”提示信息。其他设置如图 6-4-13 所示。

图6-4-13　“Spry 验证选择”Spry构件的“属性”栏

（9）将光标定位在最下边的一行。然后，单击“插入”（表单）栏内的“按钮”按钮，调出“输入标签辅助功能属性”对话框，在该对话框内的“ID”文本框中输入“TIJIAO”，在“标签”文本框中不输入内容，单击“确定”按钮，创建一个“提交”按钮。

相关知识——验证类Spry构件

1．Sprt 验证文本区域

“Sprt 验证文本区域”Spry 构件（即表单对象）是一个文本区域，在该区域输入几个文本语句时显示文本的状态（有效或无效）。“Spry 验证文本区域”Spry 构件与一般的文本区域表单对象的主要区别是“Spry 验证文本区域”Spry 构件不但有文本域，而且还具有验证和给出相应提示的功能。它的“属性”栏如图 6-4-8 所示。其中各选项的作用如下：

（1）“预览状态”下拉列表框：包含“初始”、“有效”和“必填”选项。当在“最小字符数”文本框中输入数值后，“预览状态”下拉列表框内会增加“未达到最小字符数”选项；在“最大字符数”文本框中输入数值后，“预览状态”下拉列表框内会增加“已超过最大字符数”选项。它的作用与“Sprt 验证文本域”Spry 构件的作用一样。

（2）“计数器”选项组：该选项组有 3 个单选按钮，选中“无”单选按钮后，不添加字符计数器；选中“字符计数”单选按钮后，可以添加字符计数器，当用户在文本区域中输入文本时可以显示已经输入的字符个数。默认情况下，添加的字符计数器会出现在构件右下角的外部，如图 6-4-14 所示。只有当选择所允许的最大字符数时，“其余字符”单选按钮才有效。如果选中“其余字符”单选按钮，也可以添加字符计数器，当用户在文本区域中输入文本时还可以显示输入的字符个数。

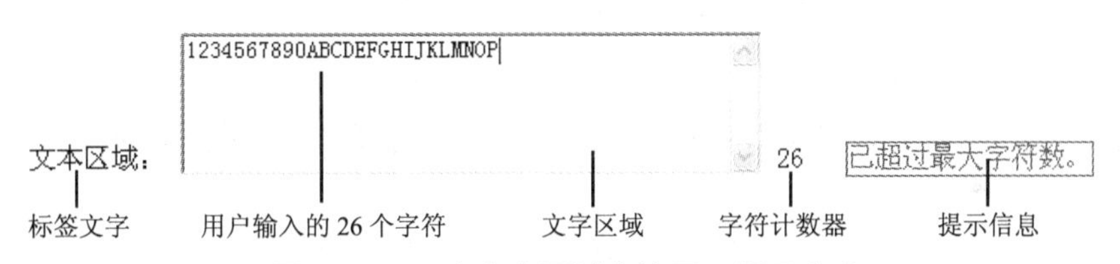

图6-4-14　在文本区域右边显示提示文字

（3）“禁止额外字符”复选框：选中该复选框后，如果输入的字符个数超过“最大字符数”文本框中的数值，则停止在“Sprt 验证文本区域”Spry 构件的文本框内输入。

2．Spry 验证复选框

“Spry 验证复选框”Spry 构件是 HTML 表单中的一个或一组复选框。“Spry 验证复选框”Spry 构件的“属性”栏如图 6-4-9 所示。其中各选项的作用如下：

（1）“必需（单个）”单选按钮：选中该单选按钮后，只对是否选择了一个复选框进行验证控制，如果一个复选框都没有选中，则显示 请进行选择。 提示信息。

（2）“实施范围（多个）”单选按钮：选中该单选按钮后，对是否选择了多个复选框进行验证控制，如果多个复选框都没有选中，则显示 请进行选择。 提示信息。

（3）“预选状态”下拉列表框：如果选中“必须（单个）”单选按钮，则该下拉列表框内有“初始”和“必填”两个选项。如果选中“初始”选项，则在“Spry 验证复选框”Spry 构件后边不会显示 请进行选择。 信息；如果选中“必填”选项，则在“Spry 验证复选框”Spry 构件右边显示 请进行选择。。如果选中“实施范围（多个）”单选按钮，则该下拉列表框内有“初始”和“必填”两个选项。

（4）如果在“最小选择数”文本框内输入一个数值，则“预选状态”下拉列表框内才会增加“未达到最小选择数”选项。当用户选择的复选框数小于“最小选择数”文本框中输入数值时，会在 Spry 构件后边显示不符合最小选择数要求。提示信息。

（5）如果在“最大选择数”文本框内输入一个数值，则“预选状态”下拉列表框内才会增加“已超过最大选择数”选项。当用户选择的复选框数大于“最大选择数”文本框中输入数值时，会在 Spry 构件后边显示已超过最大选择数。提示信息。

3．Spry 验证复选框应用实例

制作一个“世界名花选择”网页，该网页在浏览器中的显示效果如图 6-4-15（a）所示。选中一个复选框，再单击取消选取，则会显示不符合最小选择数要求。提示信息，如图 6-4-15（b）所示。如果选中了 3 个复选框，则会显示已超过最大选择数。提示信息，如图 6-4-16 所示。

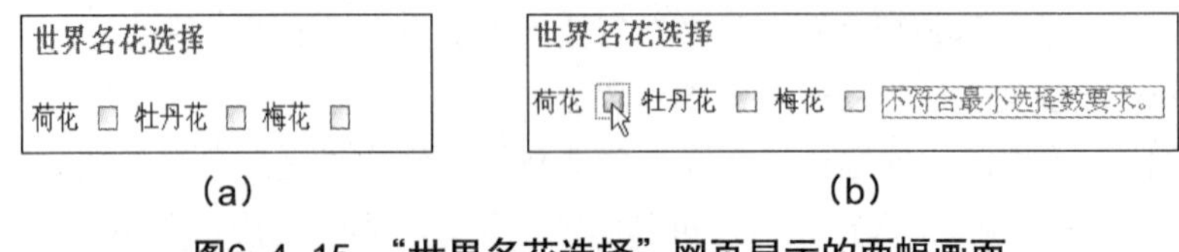

（a）　　　　（b）

图6-4-15　“世界名花选择”网页显示的两幅画面

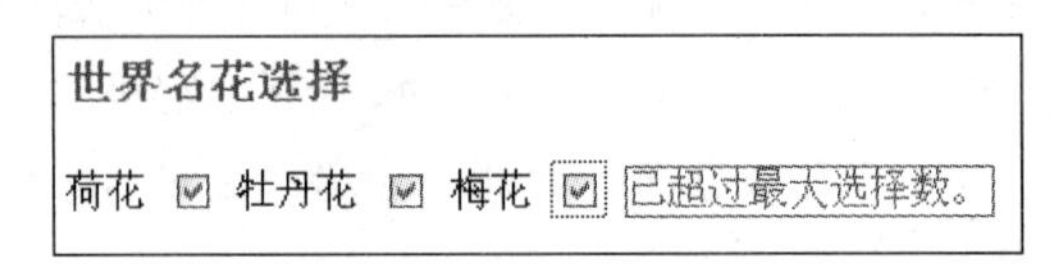

图6-4-16　“世界名花选择”网页显示的一幅画面

“世界名花选择”网页制作方法如下：

（1）输入红色、18 磅、加粗、宋体文字“世界名花选择”，按【Enter】键，将光标定位在文字“世界名花选择”的下一行。

（2）创建一个“Spry 验证复选框”Spry 构件，ID 名为 SSP1，标签名为“荷花”，位于复选框的左边，其“属性”栏设置如图 6-4-17 所示。

（3）将光标定位在复选框的右边，再单击“插入”（表单）栏内的“复选框”按钮，调出“输入标签辅助功能属性”对话框，在该对话框内的 ID 文本框中输入“SSP2”，在“标签”文本框中输入“牡丹花”，选中“在表单前”单选按钮，单击“确定”按钮，创建一个复选框。

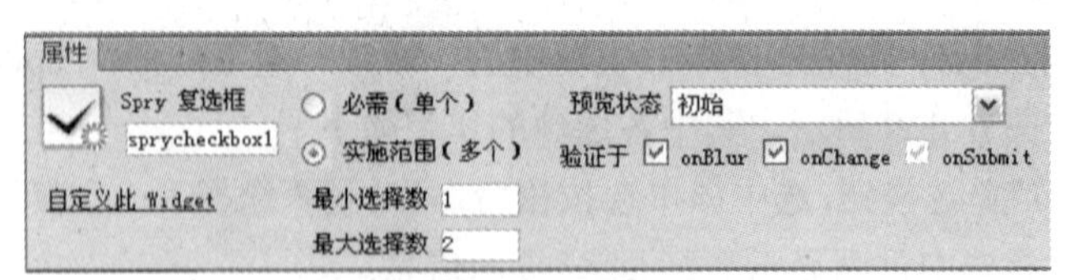

图6-4-17　Spry验证复选框的“属性”栏设置

（4）按照上述方法再在“牡丹花”复选框的右边创建一个“梅花”复选框。这 3 个复选框都属于“Spry 验证复选框”Spry 框架内的复选框。

（5）单击“荷花”上边蓝色背景的选项卡，选中“Spry 验证复选框”Spry 构件，单击“文档工具”栏中的“拆分”按钮，切换到“拆分”视图窗口。其中，定义“Spry 验证文本域”Spry 构件的有关程序如下：

```
<form id="form2" name="form2" method="post" action="">
<p class=”STYLE1”>世界名花选择</p>
<p>荷花 <span id=”sprycheckbox1”><label><input type=”checkbox”
```

```
name=” SSP1”  id=” SSP1”  />
  牡丹花
  <input type="checkbox" name="SSP2" id="SSP2" />
  梅花
  <input type="checkbox" name="SSP3" id="SSP3" />
  </label>
  <span class=” checkboxMinSelectionsMsg” >不符合最小选择数要求。</span><span
class=” checkboxMaxSelectionsMsg” >已超过最大选择数。</span>  <br />
  <br/>
  <br/>
</span></p>
</form>
```

由上述代码可见，可以很容易地修改 ID 名称、文本域名称、复选框的名称和有关的提示信息等内容。

4．Spry 验证选择

“Spry 验证选择”Spry 构件是一个下拉菜单，该菜单在用户进行选择时会显示构件的状态（有效或无效）。例如，创建了一个 ID 名为 XL、标签名为“学历：”、标签文字位于前边的“Spry 验证选择”Spry 构件，即一个左边有文字“学历：”的下拉列表框。“学历：”下拉列表框内的选项有“小学”、“初中”、“高中”、“大学本科”、“硕士”、“博士”和“博士后”。

选中下拉列表框，调出其“属性”栏（其内“初始化时选定”列表框中还没有内容），选中“列表”单选按钮，在“高度”文本框中输入“6”。

单击“属性”栏内的“列表值”按钮，调出“列表值”对话框，按照“列表 / 菜单”表单对象的操作方法，在“列表值”对话框内输入项目标签和对应的值，如图 6-4-18 所示。单击“确定”按钮，关闭“列表值”对话框，此时网页内创建的“Spry 验证选择”Spry 构件如图 6-4-19 所示。

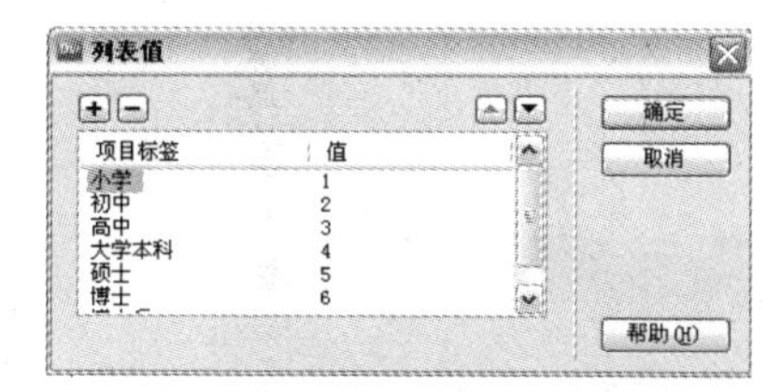

图6-4-18　“列表值”对话框

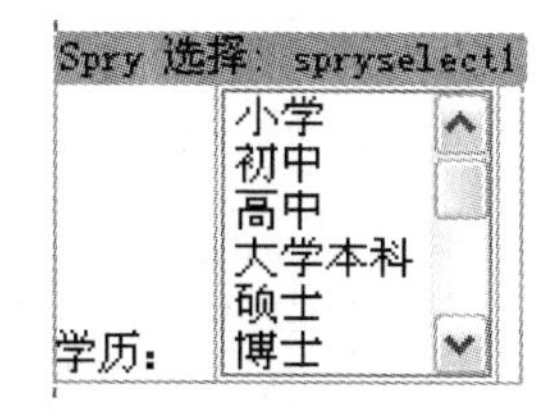

图6-4-19　“Spry验证选择”Spry构件

选中“Spry 验证选择”Spry 构件，其“属性”栏如图 6-4-20 所示。

图6-4-20　“Spry 验证选择”Spry构件的“属性”栏

其中各选项的作用如下：

（1）“空值”复选框：选中该复选框后，在“预览状态”下拉列表框中选择“必填”选项，则在设计状态和选中列表框内无值选项（在“列表值”对话框内只设置了项目标签，没有设置对应的值）时，在列表框右边会显示请选择一个项目。提示信息。例如，在图 6-4-19 所示的列表框中添加了一个“——”项目标签，没有设置相应的值，在浏览器中显示该网页，单击“——”选项，效果如图 6-4-21 所示。

（2）“无效值”复选框：选中该复选框后，在其右边输入一个数值（例如“1”），则设置了其值为该数值（例如“1”）的项目标签为无效选项。网页显示后，单击“小学”选项（“小学”项目标签的对应值为 1）后的显示效果如图 6-4-22 所示。

图6-4-21　无值选项时的效果　　　图6-4-22　选择无效选项时的效果

“Spry 验证选择”Spry 构件与一般的列表 / 菜单表单对象的主要区别是“Spry 验证选择”Spry 构件不但有“列表”或“菜单”，而且还具有验证和给出相应提示的功能。

思考与练习6-4

1. 使用“Spry 验证文本区域”Spry 构件制作一个具有输入字母个数计数功能的文本区域。

2. 参考【案例 21】“旅游协会申请表”网页的制作方法，制作一个“鲜花展人员登记表”网页。其中，“参展人员姓名：”和“E-mail：”文本框、“参展鲜花名称：”复选框组均有相应的检验控制和提示，“最后学历：”下拉列表框中在“本科”选项之上添加一条横线（没有相应的值），而且也有相应的检验控制和提示。

6.5 案例22 “世界名花浏览2”网页

案例效果和操作

“世界名花浏览 2”网页在浏览器中的显示效果如图 6-5-1 所示。可以看到，它与【案例 19】“世界名花浏览 1”网页的显示效果基本相同，只是标题下边增加了一行导航菜单，上边框架栏内的背景是鲜花图像。

图6-5-1　“世界名花浏览2”网页在浏览器中的显示效果1

单击“世界名花 1”菜单，会调出其二级菜单，如图 6-5-2 所示。单击该菜单中的命令，可以在右下边的框架内显示相应的网页，这与选中列表框中的选项再单击“前往”按钮的效果相同。在鼠标指针移到二级命令上时，会显示相应的文字提示，如图 6-5-2 所示。单击“世界名花 2”和“世界名花 3”菜单，也会调出其二级菜单，单击该菜单中的命令，也可以在右下边的框架内显示相应的网页。

图6-5-2　“世界名花浏览2”网页在浏览器中的显示效果2

单击“梅花图像”菜单，调出其二级菜单，如图 6-5-3 所示。单击该菜单中的命令，可以在右下边的框架内显示相应的高清晰大图像。在鼠标指针移到二级命令上时，会显示相应的文字提示。单击“荷花图像”和“其他鲜花图像”菜单，也会调出它的二级菜单，单击该菜单中的命令，也可以在右下边的框架内显示相应的高清晰大图像。通过该网页的制作，可以掌握“Spry 菜单栏”Spry 构件的使用方法等。

图6-5-3　“世界名花浏览2”网页在浏览器中的显示效果3

1．修改 TOP1.htm 网页

（1）将“【案例 22】世界名花浏览 2”文件夹复制一份，将复制的文件夹重命名为“【案例 22】世界名花浏览 2”，将该文件夹内的“世界名花浏览 .htm”网页文件的名称更改为“世界名花浏览 2.htm”，再在“【案例 22】世界名花浏览 2”文件夹内复制一幅名称为“XH.jpg”的鲜花图像，作为“TOP1.htm”网页的背景图像。

（2）打开“【案例 22】世界名花浏览 2”文件夹内的“TOP1.htm”网页，单击该文档“属性”栏内的“页面属性”按钮，调出“页面属性”对话框，利用该对话框设置“背景图像”为“XH.jpg”。

（3）拖动选中红色标题文字“世界名花浏览”，将该文字改为绿色、隶书、50 磅大小的文字“世界名花浏览 2”。

2．添加“Spry 菜单栏”Spry 构件

（1）在“TOP1.htm”网页的“设计”视图窗口内，将光标定位在“世界名花浏览 2”文字的右边，按【Enter】键，将光标定位到标题文字的下一行。

（2）单击“插入记录”→ Spry →“Spry 菜单栏”命令，调出“Spry 菜单栏”对话框，如图 6-5-4 所示，选中“水平”单选按钮，再单击“确定”按钮，即可关闭该对话框，同时在网页内创建一个 Spry 菜单栏，如图 6-5-5 所示。

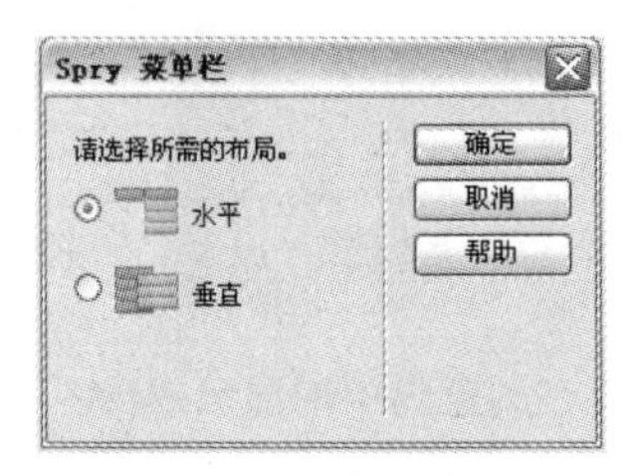

图6-5-4 “Spry菜单栏”对话框

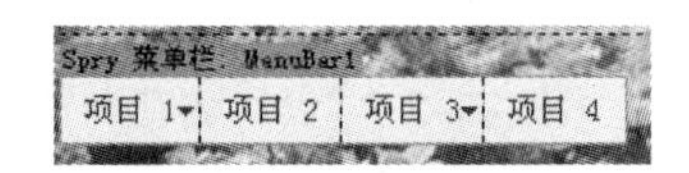

图6-5-5 Spry菜单栏

（3）单击选中 Spry 菜单栏的蓝色背景选项卡，单击“文档工具”栏中的“代码”按钮，切换到“代码”视图窗口。其中，与定义“Spry 菜单栏”Spry 构件的有关程序如下：

```
<UL id="MenuBar1" class="MenuBarHorizontal">
  <LI><a class="MenuBarItemSubmenu" href="#">项目 1</A>
      <UL>
        <LI><a href="#">项目 1.1</A></LI>
        <LI><a href="#">项目 1.2</A></LI>
        <LI><a href="#">项目 1.3</A></LI>
      </UL>
  </LI>
  <LI><a href="#">项目 2</A></LI>
  <LI><a class="MenuBarItemSubmenu" href="#">项目 3</A>
      <UL>
        <LI><a class="MenuBarItemSubmenu" href="#">项目 3.1</A>
            <UL>
              <LI><a href="#">项目 3.1.1</A></LI>
              <LI><a href="#">项目 3.1.2</A></LI>
            </UL>
        </LI>
        <LI><a href="#">项目 3.2</a></LI>
```

```
        <LI><a href="#">项目 3.3</a></LI>
      </UL>
    </LI>
    <LI><a href="#">项目 4</A></LI>
  </UL>
```

（4）如果创建的Spry菜单栏内的各菜单选项太宽，可以打开SpryAssets文件夹内的SpryMenuBarHorizontal.css文件。然后，在该文件内找到ul.MenuBarHorizontal ul、ul.MenuBarHorizontal li和ul.MenuBarHorizontal ul li规则，分别将这些规则下边的width: 8.2em;中的8.2em属性值改小一些，或者改为auto（以删除固定宽度），然后向该规则中添加white-space: nowrap;。

如果创建的是垂直的Spry菜单栏，则在SpryMenuBarHorizontal.css文件内找到ul.MenuBarVertical ul、ul.MenuBarVertical li和ul.MenuBarVertical ul li规则，分别将这些规制下边的width: 8.2em;中的8.2em属性值改小一些，或者改为auto（以删除固定宽度），然后向该规则中添加white-space: nowrap;。

另外，还可以选中“Spry菜单栏”Spry构件，再在“CSS样式”面板中进行设置。方法：单击“CSS样式”面板内的“添加属性”文字，在调出的下拉列表框中，选中width，再在width右边的栏中输入auto，如图6-5-6所示。

（5）如果菜单中的名称文字太大，可选中菜单文字，在其“属性”栏内“大小单位”下拉列表框中选择“像素”选项，在“大小”下拉列表框中输入文字大小数值（例如“18”）。

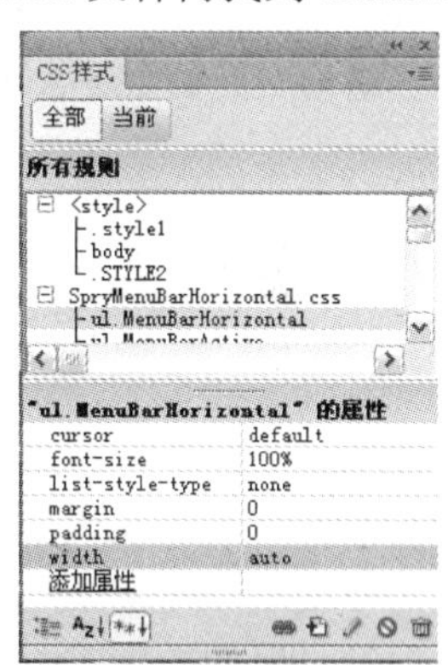

图6-5-6 “CSS样式”面板添加width属性

3．设置菜单和创建链接

（1）选中刚创建的Spry菜单栏，调出其“属性”栏，如图6-5-7所示。选中左边列表框中的“项目1”选项，将右边“文本”文本框中的“项目1”文字改为“世界名花1”；将“项目2”选项文字改为“世界名花2”，将“项目3”选项文字改为“世界名花3”，“项目4”选项文字改为“梅花图像”。

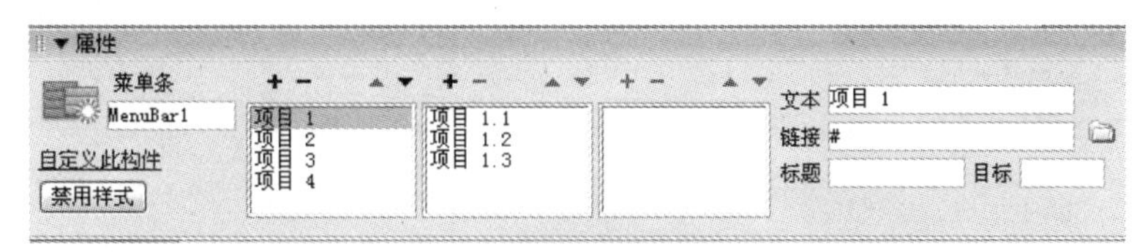

图6-5-7 Spry菜单栏的“属性”栏1

（2）单击左边列表框上边的+按钮，增加一个选项，并将该选项的名称改为“荷花图像”；再增加一个选项，将该选项的名称改为“其他鲜花图像”。此时，左边列表框中有6个选项，表示生成菜单的一级菜单选项有6个，如图6-5-8所示。

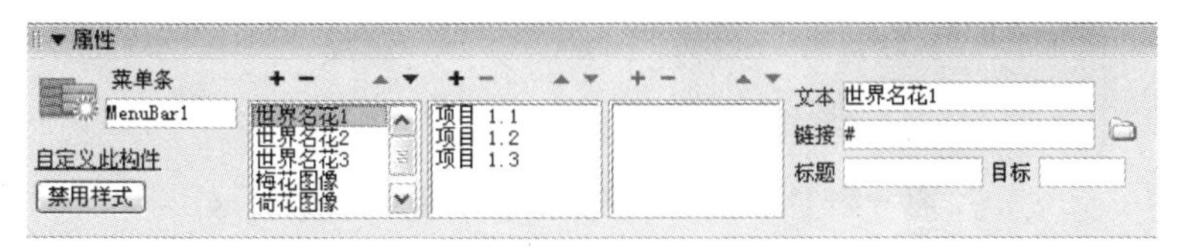

图6-5-8 Spry菜单栏的“属性”栏2

（3）选中左边列表框中的“世界名花 1”选项，再单击选中中间列表框内的“项目 1.1”选项，将右边的“文本”文本框中的“项目 1.1”文字改为“长寿花”；继续将中间列表框内的“项目 1.2”和“项目 1.3”文字分别改为“倒挂金钟”和“东方罂粟”。

（4）选中中间列表框内的“长寿花”选项，单击右边“链接”文本框右侧的按钮，调出“选择文件”对话框，利用该对话框选中“【案例 22】世界名花浏览 2”文件夹内的“世界名花——长寿花 .html”网页文档，在“链接”文本框中显示“世界名花—长寿花 .html”，并建立“长寿花”命令与“世界名花——长寿花 .html”网页的链接。

（5）在“标题”文本框中输入“长寿花”，该文字是菜单的提示文字；在“目标”文本框中输入 MAIN，用来确定链接的网页在“世界名花浏览 2.htm”网页右边框架（其名称为 MAIN）内显示。

（6）按照上述方法，继续设置“倒挂金钟”和“东方罂粟”命令的链接、提示和目标。此时的“属性”栏如图 6-5-9 所示。

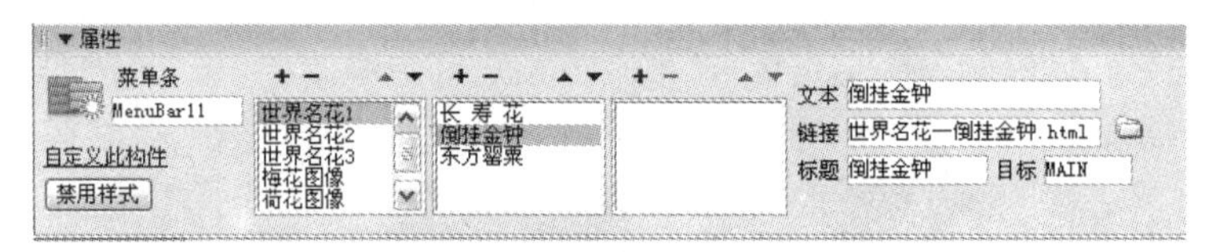

图6-5-9　Spry菜单栏的“属性”栏（三）

（7）按照上述方法，选中左边列表框中的“世界名花 2”选项，设置“世界名花 2”菜单选项下各命令；再设置“世界名花 3”菜单选项下各命令，以及设置“梅花图像”、“荷花图像”和“其他鲜花图像”菜单选项下各命令。

“梅花图像”、“荷花图像”和“其他鲜花图像”菜单选项下各命令链接的是“【案例 22】世界名花浏览 2”文件夹内“世界名花”文件夹中的 JPG 格式图像。例如选中“梅花 1”选项后，在“链接”文本框中输入“世界名花 / 梅花 1.jpg”，建立“梅花 1”命令和“【案例 22】世界名花浏览 2”文件夹内“世界名花”文件夹中“梅花 1.jpg”图像的链接。此时，Spry 菜单栏的“属性”栏如图 6-5-10 所示。

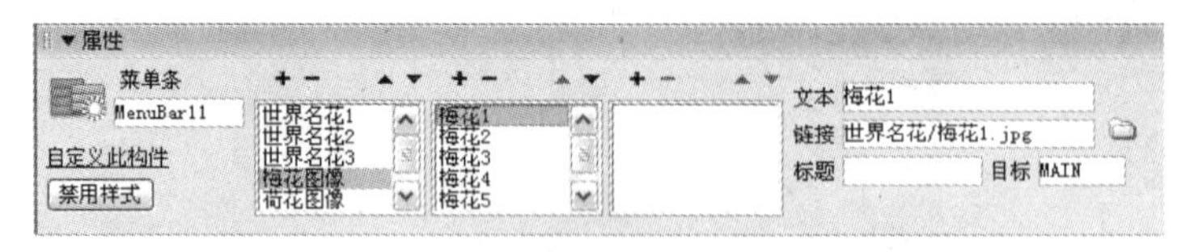

图6-5-10　Spry菜单栏的“属性”栏（四）

只选中左边列表框中的选项时，如果不进行文件链接，则“链接”文本框中应输入“#”，如图 6-5-11 所示。

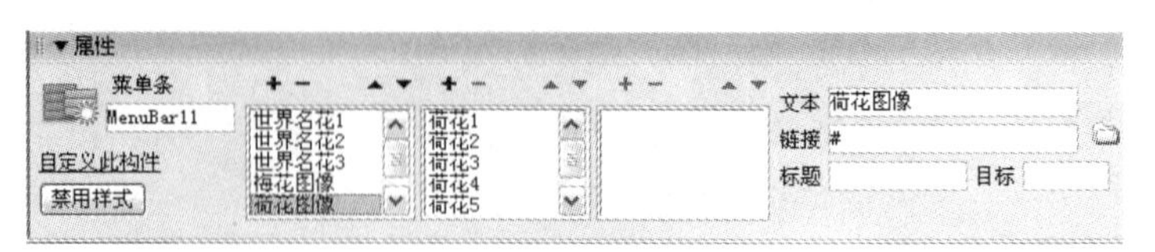

图6-5-11　Spry菜单栏的“属性”栏（五）

另外，可以切换到“代码”视图窗口，然后修改与菜单有关的代码。

相关知识——菜单栏、可折叠面板和选项卡式面板构件

1．“Spry 菜单栏”Spry 构件

“Spry 菜单栏”Spry 构件是一组可导航的菜单按钮，当站点访问者将鼠标悬停在其中的某个按钮上时，会显示相应的子菜单。单击子菜单下的命令可调出相应的网页。Dreamweaver CS6 允许插入垂直“Spry 菜单栏”构件和水平“Spry 菜单栏”构件。菜单栏构件的 HTML 中包含一个外部 UL 标签，该标签中对于每个顶级菜单项都包含一个 LI 标签，而顶级菜单项（LI 标签）又包含用来为每个菜单项定义子菜单的 UL 和 LI 标签，子菜单中同样可以包含下一级子菜单。顶级菜单和子菜单可以包含任意多个子菜单项。“Spry 菜单栏”构件“属性”栏内各选项的作用、使用“Spry 菜单栏”构件的基本方法和注意事项如下：

（1）+按钮：用来添加菜单和子菜单。选中“属性”栏内列表框中的一个菜单选项，单击相应列表框上边的+按钮，即可在选中的菜单选项下边新增一个菜单选项。

（2）−按钮：用来删除菜单和子菜单。选中“属性”栏内列表框中要删除的菜单选项，单击相应列表框上边的−按钮，即可删除选中的菜单选项。

（3）▲和▼按钮：用来移动菜单项的顺序。选中“属性”栏内列表框中要移动的菜单选项，单击相应列表框上边的▲按钮，即可将选中的菜单选项上移一个位置；单击相应列表框上边的▼按钮，即可将选中的菜单选项下移一个位置。

（4）“文本”文本框：用来更改菜单选项的名称。选中“属性”栏内列表框中要更改名称的菜单选项，在右边的“文本”文本框内输入新的菜单选项的名称。

（5）“链接”文本框右侧的📁按钮：用来建立菜单命令与网页或图像等链接，选中“属性”栏内列表框中要建立链接的菜单命令名称，单击“链接”文本框右侧的📁按钮，调出“选择文件”对话框，利用该对话框选中要链接的网页或图像文件，再单击“确定”按钮，即可在“链接”文本框内显示链接的网页或图像文件的名称，完成链接。也可以直接在“链接”文本框内输入相应路径和文件名称来建立菜单命令与网页或图像等的链接。

注 意

不建立链接的菜单选项，其“链接”文本框内必须输入“#”。

（6）“标题”文本框：用来建立菜单选项的提示信息。选中“属性”栏内列表框中要建立提示信息的菜单选项，在右边的“标题”文本框中输入提示信息文字。

（7）“目标”文本框：用来设置菜单项的目标属性。其内可以输入属性值，用来设置链接的网页或图像的显示位置。例如，可以为菜单项分配一个目标属性，以便在站点访问者单击菜单选项时，在新浏览器窗口中打开所链接的页面。如果使用的是框架集，还可以指定在其中哪个框架中显示链接的网页或图像。其内可输入的内容及其作用如下：

◎ _blank：在浏览器窗口中打开所链接的网页或图像。

◎ _self：在同一个浏览器窗口中显示所链接的网页或图像。这是默认选项，如果页面位于框架或框架集中，该页面将在框架中显示。

◎ _parent：在文档的父框架集中显示所链接的网页或图像。

◎ _top：在框架集的顶层窗口中显示所链接的网页或图像。

◎ 框架名称：输入框架集内分栏框架的名称，在指定的框架内显示链接的网页或图像。

（8）使子菜单显示在 Flash 动画上边：“Spry 菜单栏”构件通常会显示其他部分的上方。如果页面中插入有 Flash 动画，则 Flash 动画通常会显示在子菜单的上方。为了使子菜单显示在 Flash 动画的上边，可以修改 Flash 影片的参数，设置 wmode="transparent"。

（9）定位子菜单：Spry 菜单栏子菜单的位置由子菜单 UL 标签的 margin 属性控制。找到 ul.MenuBarVertical ul 或 ul.MenuBarHorizontal ul 规则。将默认值“margin: -5% 0 0 95%;”修改为所需的值。

2.“Spry 折叠式”Spry 构件

“Spry 折叠式”Spry 构件是一组可折叠的面板，可以将大量内容存储在一个紧凑的空间中。用户可以通过单击该组面板上的选项卡来收缩或展开折叠构件中的一个面板，并显示该面板中的内容。在可折叠的面板中，每次只能有一个面板处于展开且可以看见其中内容的状态。图 6-5-12 是一个“Spry 折叠式”Spry 构件，其中第 1 个面板处于展开状态。“Spry 折叠式”Spry 构件可以包含任意数量的单独面板。

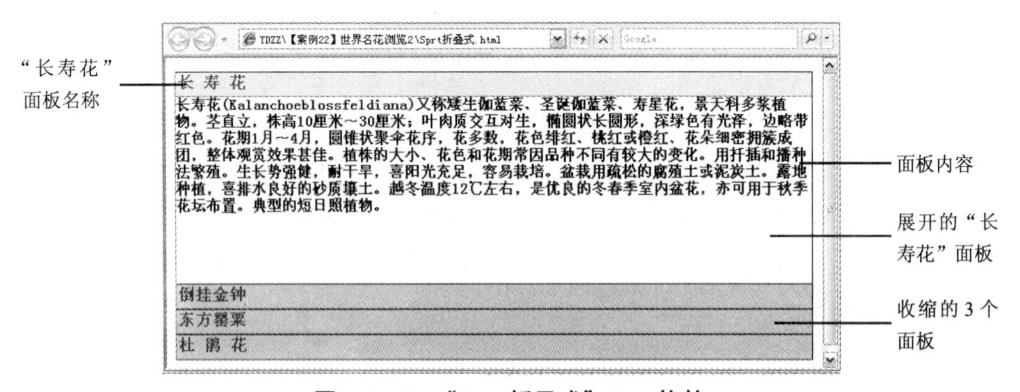

图6-5-12 “Spry折叠式”Spry构件

“Spry 折叠式”Spry 构件包含一个含有所有面板的外部 DIV 标签以及各面板对应的 DIV 标签，各面板的标签中有一个标题 DIV 和内容 DIV。在文件头中和“Spry 折叠式”Spry 构件的 HTML 标记之后还包括 SCRIPT 标签。创建和修改“Spry 折叠式”Spry 构件的方法如下：

（1）新建一个网页文档，以名称“Spry 折叠式 .htm”保存在“【案例 22】世界名花浏览 2”文件夹内。单击“插入记录”→ Spry →“Spry 折叠式”命令，即可在网页内光标处创建一个“Spry 折叠式”Spry 构件，如图 6-5-13 所示。

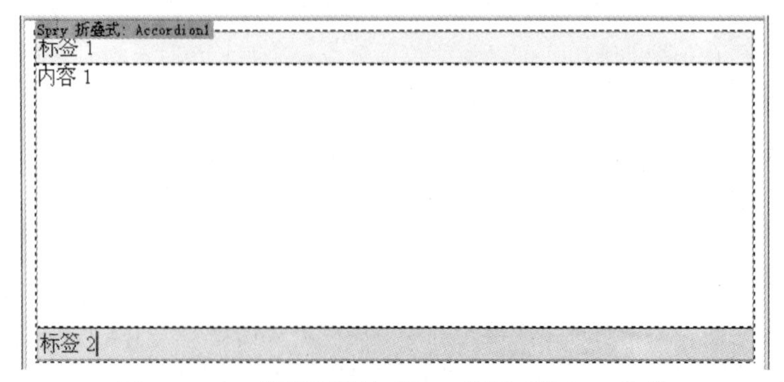

图6-5-13 创建原始的“Spry折叠式”Spry构件

(2)选中“Spry 折叠式”Spry 构件,其“属性”栏如图 6-5-14(a)所示。选中“属性”栏内“面板”列表框上边的+按钮,在“面板”列表框内增加一个名称为 LABEL3 的面板,再单击+按钮,在“面板”列表框内再增加一个面板名称 LABEL4。

(3)选中“属性”栏内“面板”列表框中的面板名称 LABEL1,拖动选中网页内的 LABEL1 文字,将该文字改为“长寿花”,再利用其“属性”栏将选中的文字改为红色、加粗、大小为 18 磅、宋体。

按照相同的方法,再将网页内的 LABEL2 文字改为“倒挂金钟”,将网页内的 LABEL3 文字改为“东方罂粟”,将网页内的 LABEL4 文字改为“杜鹃花”。然后,利用它们的“属性”栏将这些文字改为红色、加粗、大小为 18 磅、宋体文字。

此时,“Spry 折叠式”Spry 构件的“属性”栏如图 6-5-14(b)所示。

(a) (b)

图6-5-14 “Spry折叠式”Spry构件的“属性”栏

(4)打开“【案例 22】世界名花浏览 2”文件夹内 TXT 文件夹中“长寿花 .txt”、“倒挂金钟 .txt”、“东方罂粟 .txt”和“杜鹃花 .txt”文本文件。单击选中“Spry 折叠式”Spry 构件“属性”栏内“面板”列表框中的“长寿花”面板名称,展开“长寿花”面板,此时的网页设计窗口如图 6-5-14 所示(在面板名称下还没有文字)。

另外,也可以将鼠标指针移到网页内“长寿花”面板标签内的右边,如果出现一个眼睛图标,单击该图标,也可以展开“长寿花”面板。

(5)将“长寿花 .txt”中文字复制到剪贴板内,再粘贴到网页内“长寿花”面板名称下边的“内容 1”文字处,替换原来的文字“内容 1”。然后,选中粘贴的文字,再利用其“属性”栏将选中的文字改为蓝色、加粗、大小为 16 磅、宋体文字,如图 6-5-15 所示。

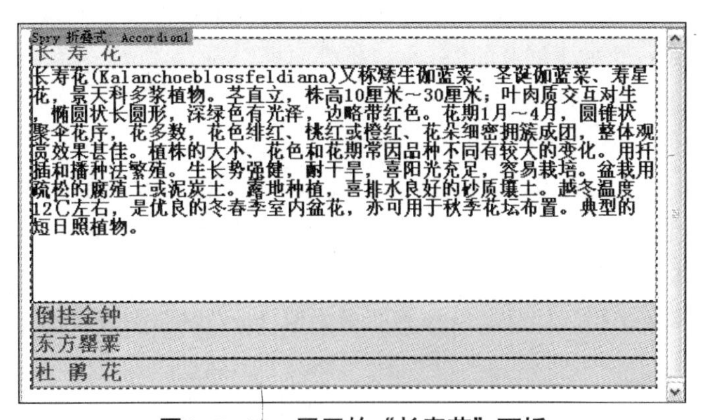

图6-5-15 展开的“长寿花”面板

(6)按照上述方法,分别将“倒挂金钟 .txt”、“东方罂粟 .txt”和“杜鹃花 .txt”文本内的文字复制到“倒挂金钟”、“东方罂粟”和“杜鹃花”面板的“内容”中。

（7）然后，分别选中这些文字，再利用其“属性”栏将选中的文字改为蓝色、加粗、大小为 16 磅、宋体文字。其中，展开“杜鹃花”面板如图 6-5-16 所示。

默认情况下，折叠构件会展开以填充可用空间。但是，可以通过设置折叠式容器的 width 属性来限制折叠构件的宽度。方法：打开 SpryAccordion.css 文件，查找到 .Accordion CSS 规则。此规则可用来定义折叠构件的主容器元素的属性。向该规则中添加一个 width 属性和值，例如 width: 300px;。

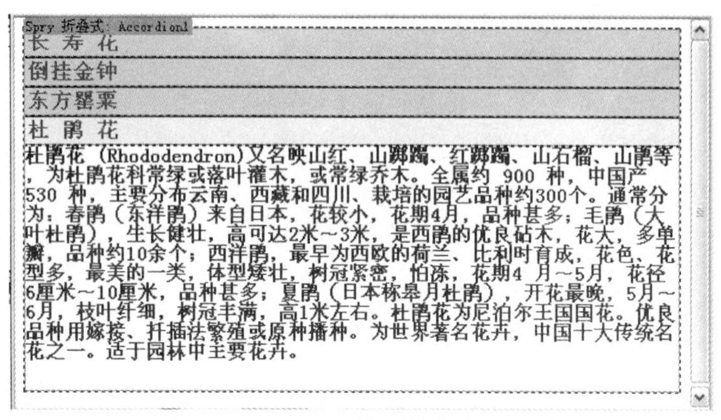

图6-5-16　展开的“杜鹃花”面板

（8）另外，还可以选中“Spry 折叠式”Spry 构件，然后在“CSS 样式”面板中进行设置。方法：选择“CSS 样式”面板内的“添加属性”选项，使其成为一个下拉列表框，选中该下拉列表框中的 width 属性，再在它右边的下拉列表框中输入 500 px，如图 6-5-17 所示。

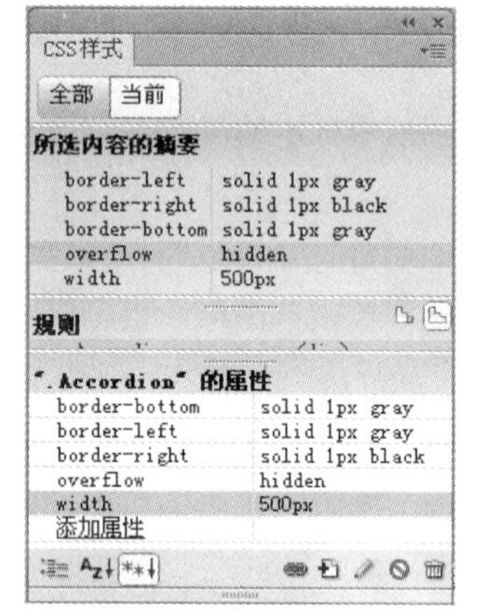

图6-5-17　“CSS样式”面板设置

3．“Spry 可折叠面板”Spry 构件

“Spry 可折叠面板”Spry 构件是一个面板，它可以将内容存储到紧凑的空间中。单击该构件面板的选项卡，即可以展开或折叠面板，显示或隐藏存储在可折叠面板中的内容。图 6-5-18（a）所示是一个处于展开的“Spry 可折叠面板”Spry 构件，图 6-5-18（b）所示是一个处于折叠状态的“Spry 可折叠面板”Spry 构件。

“Spry 可折叠面板”Spry 构件的 HTML 中包含一个外部 DIV 标签，其中包含内容 DIV 标签和选项卡容器 DIV 标签，在文档头中和可折叠面板的 HTML 标记之后还包括脚本标签。

创建和修改“Spry 可折叠面板”Spry 构件的方法如下：

（1）新建一个网页文档，以名称“Spry 可折叠面板 .htm”保存在“【案例 22】世界名花浏览 2”文件夹内。

（2）单击“插入记录”→ Spry →“Spry 可折叠面板”命令，即可在网页内光标处创建一个“Spry 可折叠面板”Spry 构件，如图 6-5-19 所示。

（3）拖动选中网页内的 Tab 文字，将该文字改为“长寿花”，再利用其“属性”栏将选中的文字改为红色、加粗、大小为 18 磅、宋体文字。

长寿花
长寿花(Kalanchoeblossfeldiana)又称矮生伽蓝菜、圣诞伽蓝菜、寿星花，景天科多浆植物。茎直立，株高10厘米～30厘米；叶肉质交互对生，椭圆状长圆形，深绿色有光泽，边略带红色。花期1月～4月，圆锥状聚伞花序，花多数，花色绯红、桃红或橙红、花朵细密拥簇成团，整体观赏效果甚佳。植株的大小、花色和花期常因品种不同有较大的变化。用扦插和播种法繁殖。生长势强健，耐干旱，喜阳光充足，容易栽培。盆栽用疏松的腐殖土或泥炭土。露地种植，喜排水良好的砂质壤土。越冬温度12℃左右，是优良的冬春季室内盆花，亦可用于秋季花坛布置。典型的短日照植物。
长寿花

（a）展开状态　　　　　（b）折叠状态

图6-5-18　“Spry可折叠面板”Spry构件的展开和折叠状态

Spry 可折叠面板: CollapsiblePanel1
长寿花
100%
753 x 52
1 K / 1 秒 简体中文 (GB18030)

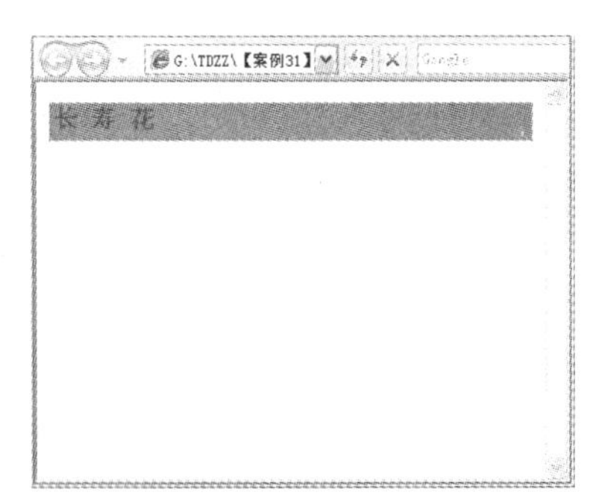

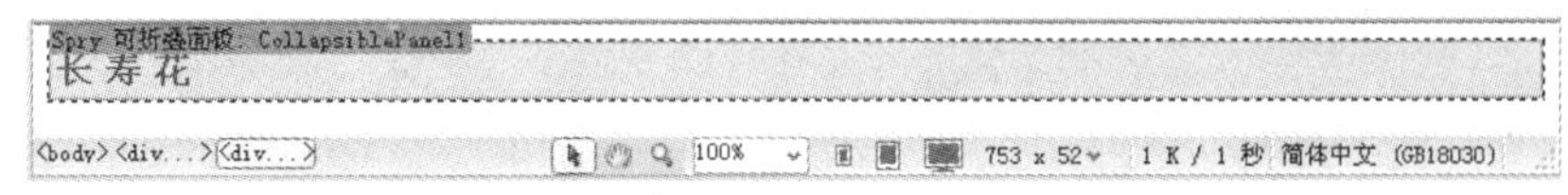

图6-5-19　创建的原始“Spry可折叠面板”Spry构件

（4）拖动选中网页中“内容 1”文字，并删除该文字，复制粘贴另一些文字，再利用其“属性”栏将选中的文字改为蓝色、加粗、大小为 16 磅、宋体文字，如图 6-5-20 所示。

Spry 可折叠面板: CollapsiblePanel1
长寿花
长寿花(Kalanchoeblossfeldiana)又称矮生伽蓝菜、圣诞伽蓝菜、寿星花，景天科多浆植物。茎直立，株高10厘米～30厘米；叶肉质交互对生，椭圆状长圆形，深绿色有光泽，边略带红色。花期1月～4月，圆锥状聚伞花序，花多数，花色绯红、桃红或橙红、花朵细密拥簇成团，整体观赏效果甚佳。植株的大小、花色和花期常因品种不同有较大的变化。用扦插和播种法繁殖。生长势强健，耐干旱，喜阳光充足，容易栽培。盆栽用疏松的腐殖土或泥炭土。露地种植，喜排水良好的砂质壤土。越冬温度12℃左右，是优良的冬春季室内盆花，亦可用于秋季花坛布置。典型的短日照植物。
100%
736 x 158
1 K / 1 秒 简体中文 (GB18030)

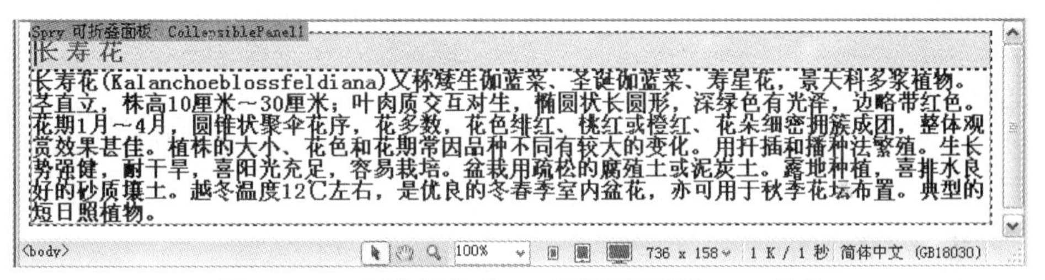

图6-5-20　制作好的“Spry可折叠面板”Spry构件

将鼠标指针移到网页内“长寿花”面板标签内右边，当出现一个图标时，单击该图标，可展开“长寿花”面板；当出现一个图标时，单击该图标，可收缩“长寿花”面板。

（5）选中“Spry 可折叠面板”Spry 构件，它的“属性”栏如图 6-5-21 所示，各选项的作用如下：

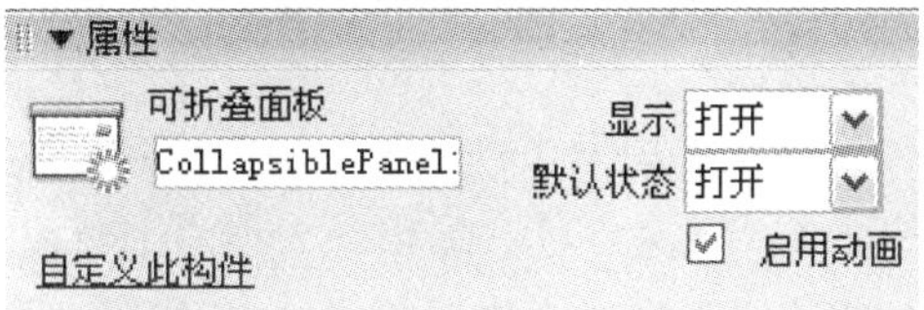

属性
可折叠面板
CollapsiblePanel1
显示 打开
默认状态 打开
启用动画
自定义此构件

图6-5-21　“Spry可折叠面板”Spry构件的“属性”栏

◎“显示”下拉列表框：选中其中的“打开”选项，可以展开可折叠面板；选中其中的“已关闭”选项，可以收缩可折叠面板。

◎“默认状态”下拉列表框：选中其中的“打开”选项，可设置默认状态为展开可折叠面板；选中“已关闭”选项，可以设置默认状态为收缩可折叠面板。

◎“启用动画”复选框：选中该复选框，可以设置启用“Spry 可折叠面板”Spry 构件的动画，当用户单击该面板的选项卡时，该面板会打开和关闭；不选中该复选框，则禁止使用该动画，当用户单击该面板的选项卡时，该面板会迅速打开和关闭。

可以通过设置可折叠面板容器的 width 属性来限制“Spry 可折叠面板”构件的宽度。方法：打开 SpryCollapsible Panel.css 文件，查找到 .CollapsiblePanel CSS 规则。此规则可用来定义折叠构件的主容器元素的属性。还可以利用“CSS 样式”面板来进行设置。

4．“Spry 选项卡式面板”Spry 构件

“Spry 选项卡式面板”Spry 构件是一组面板，用来将内容存储到紧凑空间中。可以通过单击要访问面板上的选项卡来隐藏或显示存储在选项卡式面板中的内容。在给定时间内，选项卡式面板构件中只有一个面板处于打开状态。图 6-5-22 所示是一个“选项卡式面板”Spry 构件，(a)是第 1 个面板处于打开状态，（b）是第 3 个面板处于打开状态。

“Spry 选项卡式面板”Spry 构件的 HTML 代码中包含一个含有所有面板的外部 DIV 标签、一个标签列表、一个用来包含内容面板的 DIV 以及各面板对应的 DIV，在文档头中和选项卡式面板构件的 HTML 标记之后还包括脚本标签。

（a）第1个面板打开状态

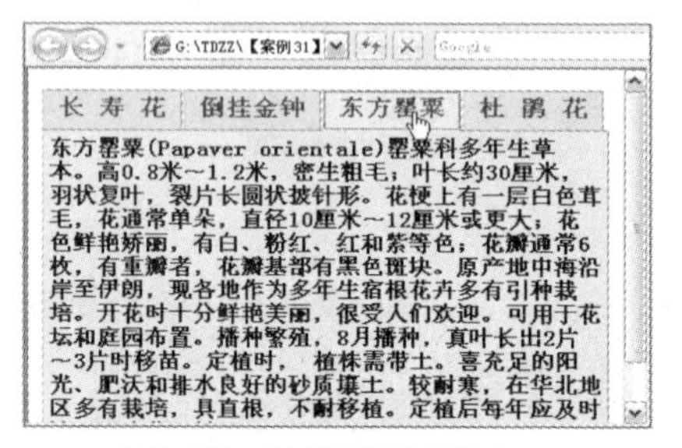

（b）第3个面板打开状态

图6-5-22 “Spry选项卡式面板”Spry构件的两个状态

创建和修改“Spry 选项卡式面板”Spry 构件的方法如下：

（1）新建一个网页文档，以名称“Spry 选项卡式面板 .htm”保存在“【案例 22】世界名花浏览 2”文件夹内。单击“插入记录”→ Spry →“Spry 选项卡式面板”命令，即可在网页内光标处创建一个“Spry 选项卡式面板”Spry 构件，如图 6-5-23 所示。

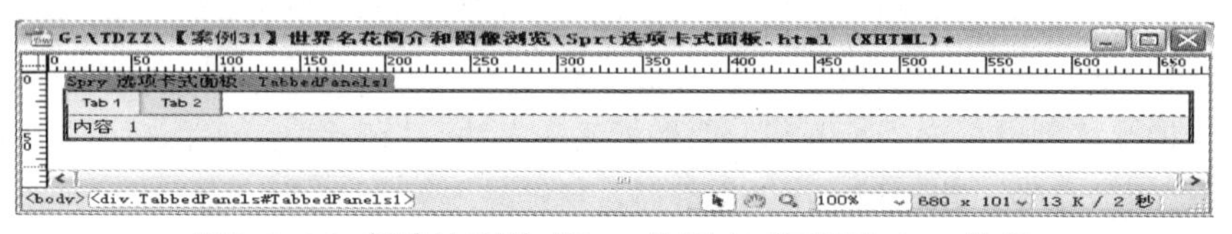

图6-5-23 创建的原始“Spry选项卡式面板”Spry构件

（2）拖动选中网页内的“Tab1”文字，将该文字改为“长寿花”，再利用它的“属性”栏将选中的文字改为红色、加粗、大小为 18 磅、宋体文字。

（3）拖动选中网页内的“内容 1”文字，删除该文字，复制粘贴一些文字，再利用它的“属性”栏将选中的文字改为蓝色、加粗、大小为 16 磅、宋体文字。

（4）拖动选中网页内的 Tab2 文字，将该文字改为“倒挂金钟”，再利用它的“属性”栏将选中的文字改为红色、加粗、大小为 18 磅、宋体文字。

（5）拖动选中网页内的“内容 2”文字，删除该文字，复制粘贴一些文字，再利用它的“属性”栏将选中的文字改为蓝色、加粗、大小为 16 磅、宋体文字。

（6）单击选中“Spry 可折叠面板”Spry 构件，它的“属性”栏如图 6-5-24 所示。2 次单击“属性”栏内“面板”列表框上边的+按钮，在“面板”列表框内增

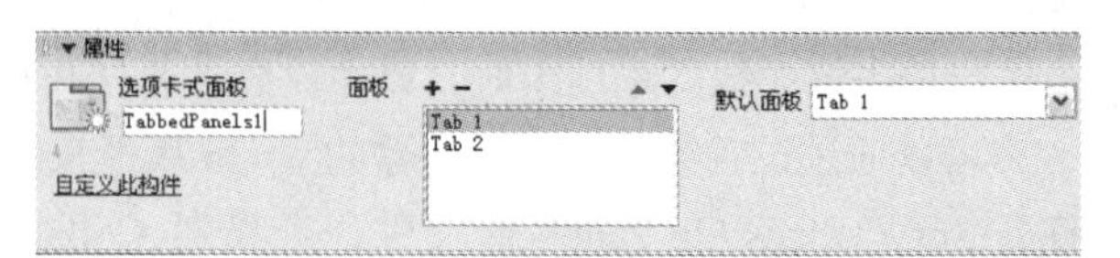

图6-5-24 “Sprt可折叠面板”Sprt构件的“属性”栏

加2个名称为Tab3和Tab4的面板。

（7）将网页中的Tab3文字改为红色、加粗、大小为18磅、宋体文字“东方罂粟”，将网页中的Tab4文字改为同样属性的文字“杜鹃花”。“Spry折叠式”Spry构件的“属性”栏如图6-5-25所示。

图6-5-25　“Spry可折叠面板”Spry构件的“属性”栏

（8）将鼠标指针移到网页内面板标签内的右边，当出现一个图标时，单击该图标，可以切换到该面板。选中“东方罂粟”面板，拖动选中网页内的“内容2”文字，删除该文字，复制粘贴一些文字，再利用它的“属性”栏将选中的文字改为蓝色、加粗、大小为16磅、宋体文字。选中“杜鹃花”面板，拖动选中网页内的“内容2”文字，删除该文字，复制粘贴一些文字，再利用它的“属性”栏将选中的文字改为蓝色、加粗、大小为16磅、宋体文字。此时设计的网页中的“Spry折叠式”Spry构件如图6-5-26所示。

（9）选中“Spry可折叠面板”Spry构件的“属性”栏，在其内的“默认面板”下拉列表框中选择“长寿花”选项，设置默认打开的可折叠面板是“长寿花”面板。

可以通过设置“Spry可折叠面板”Spry构件的width属性来限制折叠构件的宽度。方法：打开SpryTabbedPanels.css文件，查找到.TabbedPanels CSS规则。此规则可用来定义折叠构件的主容器元素的属性。另外，还可以利用“CSS样式”面板来进行设置。

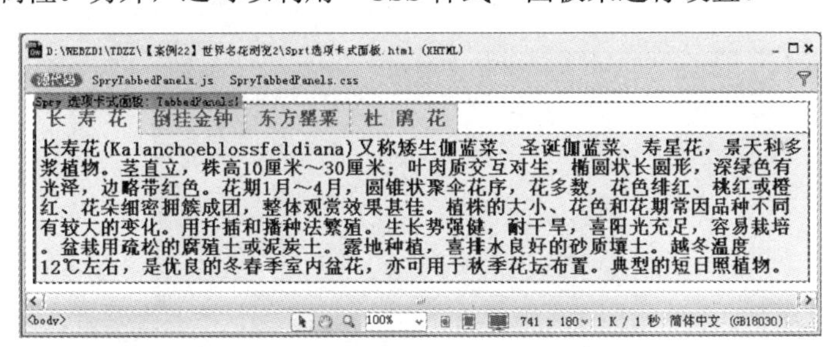

图6-5-26　制作好的“Spry可折叠面板”Spry构件

思考与练习6-5

1．修改【案例21】网页，将“不符合最小字符数要求。”提示信息改为“选择的选项不够，再进行选择。”，将“已超过最大字符数。”提示信息改为“选择的选项超出了规定的个数。”。

2．制作一个“中国名胜”网页，其内用“Spry折叠式”Spry构件制作可折叠的面板。

3．制作一个“动物世界”网页，其内用“Spry可折叠面板”Spry构件制作面板。

第7章　行为

本章通过完成 3 个案例，了解 Dreamweaver CS6 中的动作和事件，初步掌握使用各种动作和事件制作网页的方法与设计技巧。

7.1 案例23 “世界名花浏览3”网页

案例效果和操作

“世界名花浏览3”网页在浏览器中的显示效果如图7-1-1和图7-1-2所示。可以看到，它与【案例22】“世界名花浏览2”网页的显示效果基本一样，只是在标题下边的导航菜单有一些变化。一级菜单改由文字图像组成，二级菜单由水平排列改为垂直排列。单击命令的效果不变，也可以在右下边的框架内显示相应的网页。制作该菜单采用了动作。通过该网页的制作，可以掌握“显示—隐藏AP Div”动作的使用方法。

图7-1-1　“世界名花浏览3”网页在浏览器中的显示效果1

图7-1-2　“世界名花浏览3”网页在浏览器中的显示效果2

1．修改“TOP1.htm”网页

（1）将“【案例 19】世界名花浏览 1”文件夹复制一份，将复制的文件夹重命名为“【案例 23】世界名花浏览 3”，将该文件夹内“世界名花浏览 1.htm”网页文件的名称更改为“世界名花浏览 3.htm”，再在“【案例 23】世界名花浏览 3”文件夹内复制一幅名称为 XH.jpg 的鲜花图像，作为“TOP1.htm”网页的背景图像。

（2）打开“【案例 23】世界名花浏览 3”文件夹内的“TOP1.htm”网页，单击该文档“属性”栏内的“页面属性”按钮，调出“页面属性”对话框，选中该对话框内左边“分类”列表框中的“外观”选项，在“背景图像”文本框中输入 XH.jpg，在“重复”下拉列表框中选中“重复”选项，再单击“确定”按钮，给“TOP1.htm”网页背景添加图像。

（3）拖动选中红色标题文字“世界名花浏览”，将该文字改为绿色、隶书、46 磅大小。将光标定位在“世界名花浏览”文字的右边，按【Enter】键，将光标定位到下一行。

2．制作调出式菜单

（1）在“TOP1.htm”网页内光标处创建 1 行 5 列的表格，在表格内插入“世界名花 1”、“世界名花 2”、“世界名花 3”、“梅花图像”和“荷花图像”立体文字图像。

（2）在“世界名花 1”图像下方，紧靠“世界名花 1”图像的位置插入一个 AP Div，将 AP Div 命名为 DMT1，并将 AP Div 背景设置成浅蓝色，在 AP Div 中输入蓝色、隶书、36 像素大小、加粗、居中文字“长寿花”。按【Shift+Enter】组合键后再复制粘贴文字“长寿花”，然后将“长寿花”文字改为“倒挂金钟”。按【Shift+Enter】组合键后再复制粘贴文字“长寿花”，然后将“长寿花”文字改为“东方罂粟”，如图 7-1-3 所示。

（3）选中“长寿花”文字，单击其“属性”栏内“链接”栏中的按钮，调出“选择文件”对话框，利用它选中“【案例 23】世界名花浏览 3”文件夹内的“世界名花——长寿花 .html”网页文档，建立“长寿花”文字与“世界名花——长寿花 .html”网页的链接。

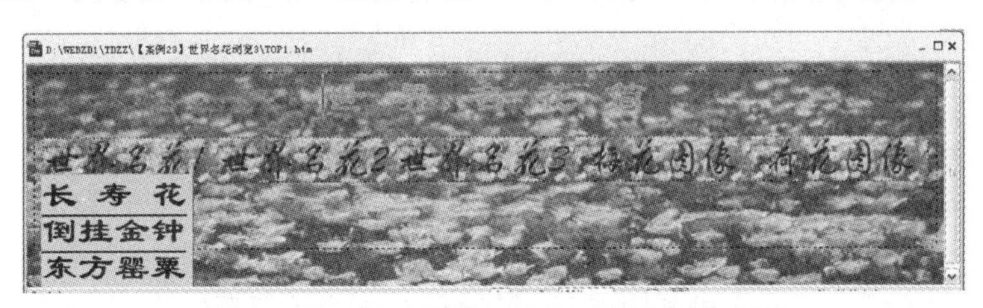

图7-1-3 “DMT1”AP Div及其内的文字

（4）在“目标”下拉列表框中输入 MAIN，用来确定对链接的网页在“世界名花浏览 3.htm”网页内右边框架（其名称为 MAIN）内显示。

（5）按照上述方法，继续设置“倒挂金钟”文字与“世界名花——倒挂金钟 .html”网页的链接，设置“东方罂粟”文字与“世界名花——东方罂粟 .html”网页的链接。选中“长寿花”文字后的“属性”栏如图 7-1-4 所示。

图7-1-4 选中“长寿花”文字后的“属性”栏

（6）选中“DMT1”AP Div，在其“属性”栏中的“可见性”下拉列表框中选择 hidden（隐藏）选项，将该 AP Div 设置成“初始状态下隐藏”。以后如果要显示该 AP Div，可选中“AP 元素”面板中的“DMT1”AP Div，如图 7-1-5 所示。

（7）选中“世界名花 1”文字图像。单击“行为”面板内的按钮，调出“行为”菜单，单击该菜单内的“显示 - 隐藏元素”命令，调出“显示 - 隐藏元素”对话框，单击该对话框中的“显示”按钮，该对话框如图 7-1-6 所示，再单击“确定”按钮。

（8）单击事件右边的▼按钮，调出“事件名称”快捷菜单。在“事件名称”快捷菜单中选择 OnMouseOver 菜单选项，将事件设置成“当鼠标指针经过对象”，如图 7-1-7 所示。

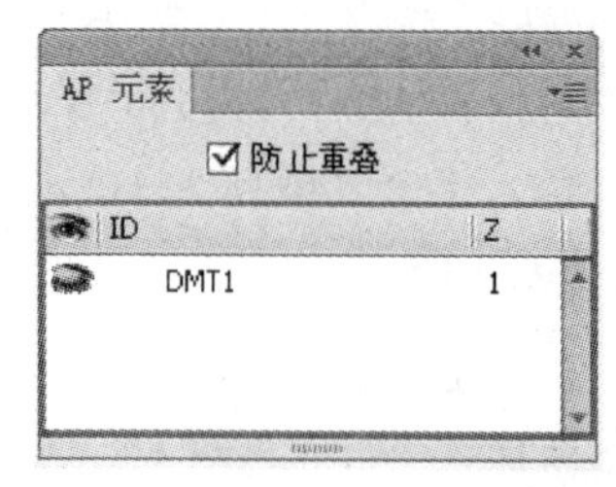

图7-1-5 “AP 元素”面板

图7-1-6 “显示-隐藏元素”对话框1

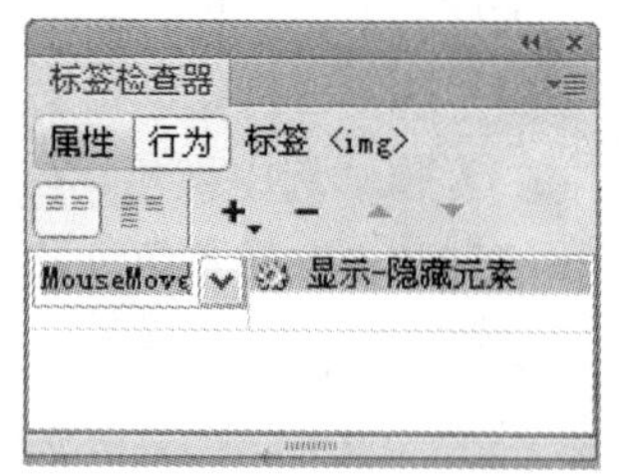

图7-1-7 “行为”面板设置

（9）选中“AP 元素”面板中的“DMT1”AP Div，单击“行为”面板内的+按钮，调出“行为”菜单，单击该菜单内的“显示－隐藏元素”命令，调出“显示－隐藏元素”对话框，单击该对话框中的“显示”按钮，该对话框如图 7-1-6 所示，再单击“确定”按钮。

（10）单击事件右边的▼按钮，调出“事件名称”快捷菜单。在“事件名称”快捷菜单中选择 OnMouseOver 选项，将事件设置成“当鼠标指针经过对象”，如图 7-1-7 所示。

（11）单击“行为”面板内的+按钮，在调出的快捷菜单中单击“显示－隐藏元素”命令，调出“显示－隐藏元素”对话框，然后，单击该对话框中的“隐藏”按钮，“显示－隐藏元素”对话框如图 7-1-8 所示，再单击“确定”按钮。

（12）单击事件右边的▼按钮，调出“事件名称”快捷菜单。选择快捷菜单中的 OnMouseOut（鼠标指针离开对象）选项。此时，“DMT1”AP Div 的“行为”面板设置如图 7-1-9 所示。

（13）按照上述方法，继续完成导航栏中“世界名花 2”、“世界名花 3”、“梅花图像”和“荷花图像”调出菜单的设置，可由读者自行完成。

图7-1-8 “显示-隐藏元素”对话框2

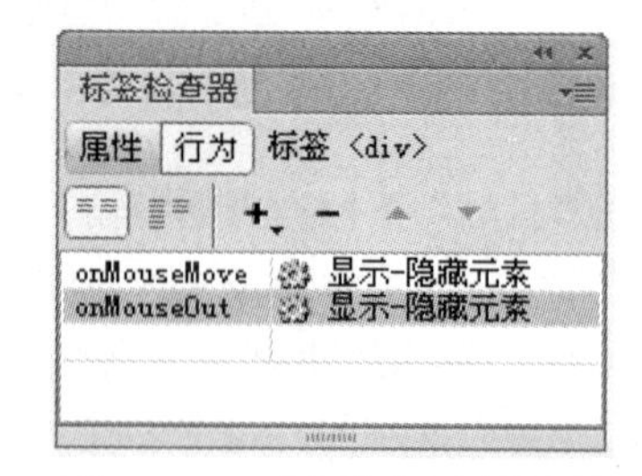

图7-1-9 “行为”面板设置

相关知识——动作和事件及“显示-隐藏元素”动作

1. 动作名称及其作用

行为是动作（actions）和事件（events）的组合，动作就是计算机系统执行的一个动作。例如，调出一个提示框、执行一段程序或一个函数、播放声音或影片、启动或停止“时间轴”面板中的动画等。动作通常是由预先编写好的 JavaScript 脚本程序实现的，Dreamweaver CS6 中自带了一些动作的 JavaScript 程序脚本，可供用户直接调用。用户也可以自己用 JavaScript 语言编写 JavaScript 脚本程序，创建新的行为。

事件是指引发动作产生的事情，例如鼠标移到某对象上、单击某对象、“时间轴”面板中的回放头播放到某一帧等。要创建一个行为，就是要指定一个动作，再确定触发该动作的事件。

有时，某几个动作可以被相同的事件触发，则需要指定动作发生的顺序。

Dreamweaver CS6 采用了“行为”面板（也称为“行为控制器”）来完成行为中动作和事件的设置，从而实现动态交互效果。单击“窗口”→“行为”命令或按【Shift+F3】组合键，即可调出“行为”面板，如图 7-1-7 所示。

单击“行为”面板中的“添加行为” +.按钮，调出“动作名称”菜单，其作用如表 7-1-1 所示。再单击某一个动作名称，即可进行相应的动作设置。

表7-1-1 动作名称及动作的作用

序 号	动作的中文名称	动作的作用
1	交换图像	交换图像
2	调出信息	调出消息栏
3	恢复交换图像	恢复交换图像
4	打开浏览器窗口	打开新的浏览器窗口
5	拖动 AP 元素	拖动 AP Div 到目标位置
6	改变属性	改变对象的属性
7	效果	给选中的对象添加增大 / 收缩、挤压、显示 / 隐藏、晃动、滑动、遮帘和高粱颜色效果
9	显示 - 隐藏元素	显示或隐藏元素
9	检查插件	检查浏览器中已安装插件的功能
10	检查表单	检查指定表单内容的数据类型是否正确
11-1	设置文本（设置容器的文本）	设置 AP Div 中的文本
11-2	设置文本（设置文本域文字）	设置表单域内文字框中的文字
11-3	设置文本（设置框架文字）	设置框架中的文本
11-4	设置文本（设置状态栏文本）	设置状态栏中的文本
12	调用 JavaScript	使用 JavaScript 函数
13	跳转菜单	选择菜单实现跳转
14	跳转菜单开始	选择菜单后，单击 Go 按钮实现跳转
15	转到 URL	跳转到 URL 指定的网页
16	预先载入图像	预装载图像，以改善显示效果

对于选择不同的浏览器，可以使用的动作也不一样，版本低的浏览器可以使用的动作较少。当选定的对象不一样时，动作名称菜单中可以使用的动作也不一样。

进行完动作的设置后，在“行为”面板的列表框内会显示出动作的名称与默认的事件名称。可以看出，在选中动作名称后，“事件”栏中默认事件名称右边会出现一个按钮。

2．事件名称及其作用

如果要重新设置事件，可单击“事件”栏中默认事件名称右边的按钮，调出事件名称菜单。菜单中列出了该对象可以使用的所有事件。

各个事件的名称及其作用如表 7-1-2 所示。

表7-1-2　事件名称及其作用

序　号	事件名称	事件可以作用的对象	事件的作用
1	onBlur	按钮、链接和文本框等	焦点从当前对象移开时
2	onClick	所有对象	单击对象时
3	onDblClick	所有对象	双击对象时
4	onError	图像、页面等	载入图像等当中产生错误时
5	onFocus	按钮、链接和文本框等	当前对象得到输入焦点时
6	onKeyDown	链接图像和文字等	当焦点在对象上，按键处于按下状时
7	onKeyPress	链接图像和文字等	当焦点在对象上，按键按下时
8	onKeyUp	链接图像和文字等	当焦点在对象上，按键抬起时
9	onLoad	图像、页面等	载入对象时
10	onMouseDown	链接图像和文字等	在热字或图像处按下鼠标左键时
11	onMouseMove	链接图像和文字等	鼠标指针在热字或图像上移动时
12	onMouseUp	链接图像和文字等	在热字或图像处释放鼠标键时
13	onMouseOut	链接图像和文字等	鼠标指针移出热字或图像区域时
14	onMouseOver	链接图像和文字等	鼠标指针移入热字或图像区域时
15	onUnload	主页面等	当离开此页时

注　意

如果出现带括号的事件，则该事件是链接对象的。使用它们时，系统会自动在行为控制器下拉列表框内显示的事件名称前面增加一个“#”号，表示空链接。

3．设置行为的其他操作

（1）选择行为的目标对象：要设置行为，必须先选中事件作用的对象。单击选中图像、拖动选中文字等，都可以选择行为的目标对象。另外，也可以单击网页设计窗口左下角状态栏上的标记，选中行为的目标对象。例如，要选中整个页面窗口，可单击<BODY>标记。还可以单击页面空白处，再按【Ctrl+A】组合键。

选中不同的对象后，“标签”面板的标题栏名称会随之发生变化。“标签”面板标题栏的名称中将显示行为的对象名称，例如选择整个页面窗口后，“标签”面板的名称为“标签 <BODY>”。

（2）显示所有事件：单击“行为”面板中的“显示所有事件”按钮，在“行为”面板中会显示选中对象所能使用的所有事件。单击“显示设置事件”按钮后，在“行为”面板中只显示已经使用的事件。

（3）选中“行为”面板内的某一个行为项（即动作和事件）时，再单击 − 按钮，即可删除选中的行为项。

（4）选中“行为”面板内的某一个行为项后，再单击▲按钮，可以使选中的行为执行次序提前，单击选中行为项后，再单击▼按钮，可以使选中的行为，执行次序下降。

4．“显示 - 隐藏元素”动作

选中 AP Div 以后，在“行为”面板中单击“显示 - 隐藏元素”命令，可以调出“显示 - 隐藏元素”对话框，如图 7-1-6 和图 7-1-8 所示。

（1）如果要设置 AP Div 为显示状态，则选中“元素”列表框内 AP Div 的名称，再单击“显示”按钮，此时“元素”列表框内选中的 AP Div 名称右边会出现“(显示)”文字。

(2) 如果要设置 AP Div 为不显示状态，则选中“元素”列表框内 AP Div 的名称，再单击“隐藏”按钮，“元素”列表框内选中的 AP Div 名称右边会出现“(隐藏)”文字。

(3) 单击“默认”按钮后，可将 AP Div 的显示与否设置为默认状态。

5．“跳转菜单”动作

在表单域内创建一个跳转菜单。单击“行为”面板中+.按钮右下角的箭头，调出“动作名称”菜单。单击“跳转菜单”命令，调出“跳转菜单”对话框，如图 7-1-10 所示。因此，可以使用“跳转菜单”对话框来编辑修改跳转菜单设置，例如，在“打开 URL 于”下拉列表框中选择“框架‘MAIN’”选项。

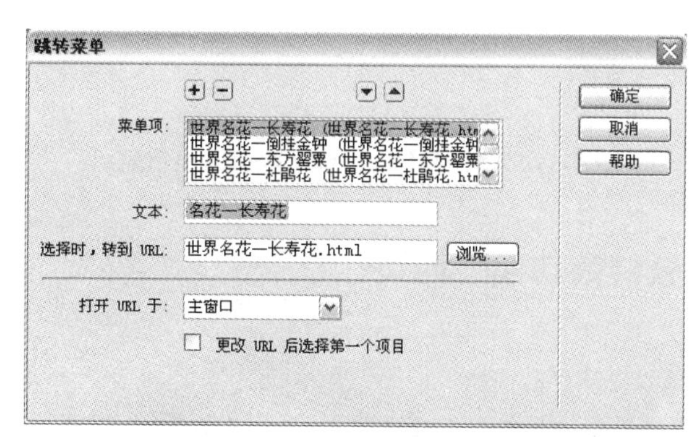

图7-1-10　“跳转菜单”对话框

6．“跳转菜单开始按钮”动作

如果单击【案例 23】中“LEFT1.htm”网页文件内的“前往”按钮，再单击“行为”面板中+.按钮右下角的箭头，调出“行为”菜单，单击该菜单内的“跳转菜单开始”命令，调出“跳转菜单开始”对话框，如图 7-1-11 所示，可以看到该对话框已经设置好了。“选择跳转菜单”下拉列表框内是“跳转菜单”的名称 Menu。

如果没有“前往”按钮，则将光标定位到要添加按钮处，单击“行为”面板中+.按钮右下角的箭头，单击“跳转菜单开始”命令，调出“跳转菜单开始”对话框，选择该对话框内下拉列框中的某个跳转菜单名称，再单击“确定”按钮，即可在选定的跳转菜单右边增加一个“前往”按钮。单击“前往”按钮，可以跳转到与指定菜单内选中的菜单选项相链接的网页。

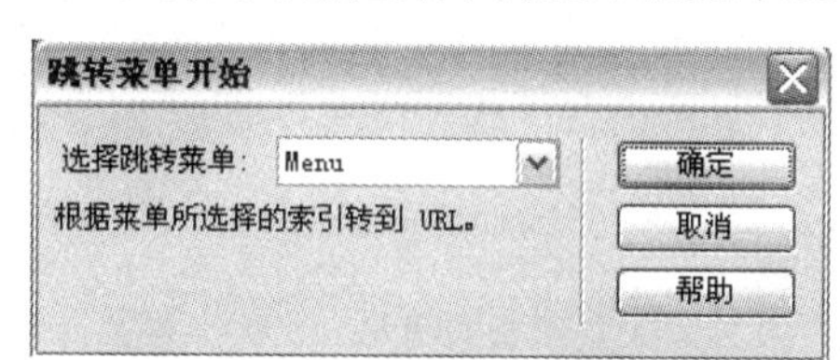

图7-1-11　“跳转菜单开始”对话框

思考与练习7-1

1. 继续完成【案例 23】“世界名花浏览 3”网页的制作。

2．参考【案例 23】“世界名花浏览 3”网页的制作方法，制作一个“中国名胜”网页的导航栏菜单。

3．参考【案例 23】“世界名花浏览 3”网页的制作方法，制作一个“调出式菜单”网页，该菜单在浏览器中的显示效果如图 7-1-12 中第 1 行图像。当鼠标移到“程序设计”文字上面时，出现有“程序设计基础”、“VB 6.0 程序设计”、“C 语言程序设计”、“多媒体程序设计”、“Java 程序设计”、“数据结构”和“面向对象的程序设计”等包含链接的下拉菜单，如图 7-1-12 所示。单击菜单中的命令，可调出链接到的相应网页。

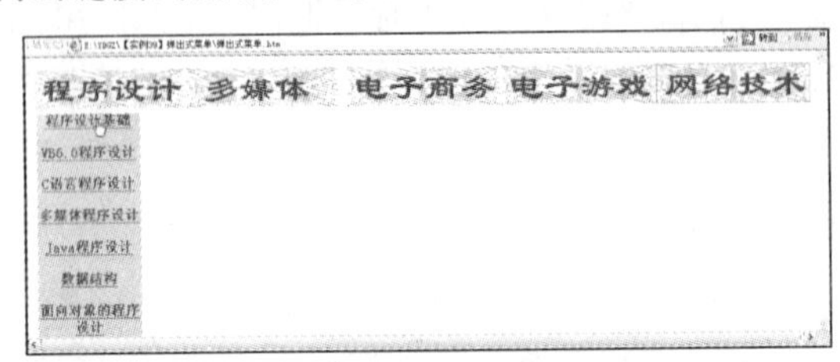

图7-1-12 “调出式菜单”网页的显示效果

7.2 案例24 “图像特效切换”网页

案例效果和操作

“图像特效切换”网页显示效果如图 7-2-1 所示，显示 4 幅图像，状态栏内显示“显示 4 幅图像，右边 3 幅图像可以特效显示，很有意思！”。

图7-2-1 “图像特效切换”网页显示效果

将鼠标指针移到左边第 1 幅图像之上，则状态栏显示“单击第 1 幅图像可使图像特效显示！”，如图 7-2-2 所示。单击左边第 1 幅图像之后显示一个提示框，如图 7-2-3 所示，单击该提示框内的“确定”按钮后，其右边的第 1 幅图像水平晃动显示，其右边的第 2 幅图像垂直卷帘显示，然后又回到图 7-2-1 所示状态。通过该网页的制作，可以掌握一些动作的使用方法。

图7-2-2 状态栏显示变化

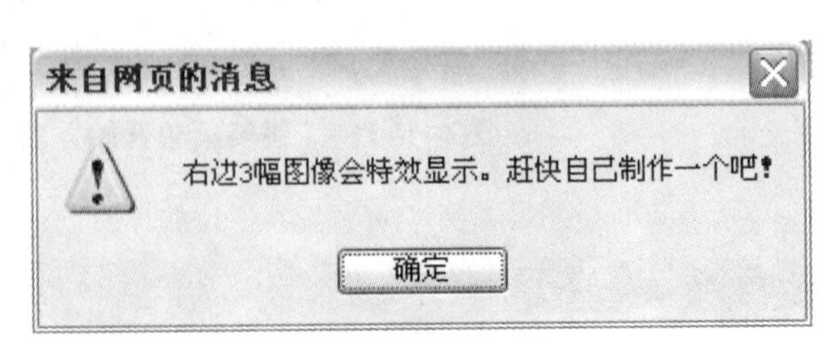

图7-2-3 信息提示框

1．设置提示信息显示

（1）在“D:\WEBZD1\TDZZ\【案例 24】图像特效切换 \PIC”文件夹内放置 4 幅图像，在 Photoshop 中将这些图像的大小调整一致，宽 220 像素，高 200 像素。图像名称分别为“荷花 1.jpg”、“牡丹 1.jpg”、“樱花 1.jpg”和“芍药 1.jpg”。创建一个新网页文档，以名称“图像特效切换 .htm”保存在“【案例 24】图像特效切换”文件夹内。

（2）在网页设计窗口第 1 行左边插入“PIC”文件夹内的“荷花 1.jpg”图像，如图 7-2-7 所示。在它的“属性”栏“ID”文本框内输入“Image1”。在该图像右边，创建“apDiv1”、“apDiv2”和“apDiv3”3 个 AP Div 对象，其内分别插入“牡丹 1.jpg”和“樱花 1.jpg”和“芍药 1.jpg”图像。

（3）单击选中网页窗口左下角“标签选择器”内的<body>按钮，调出“行为”面板。单击“行为”面板的按钮 +，调出“动作名称”菜单。单击该菜单内的“设置文本”→“设置状态栏文本”命令，调出“设置状态栏文本”对话框，在“消息”文本框内输入要在状态栏中显示的文字“显示 3 幅图像，右边 3 幅图像可以特效显示，很有意思！”，如图 7-2-4 所示。单击“确定”按钮。

（4）单击“行为”面板“事件”下拉列表框 onLoad 的箭头按钮，调出它的列表，单击该列表内的“onLoad”选项，设置事件为“onLoad”（打开网页），如图 7-2-5 所示。

（5）再设置“设置状态栏文本”动作，显示内容一样，时间改为“onMouseOut”。此时的“行为”面板如图 7-2-5 所示。

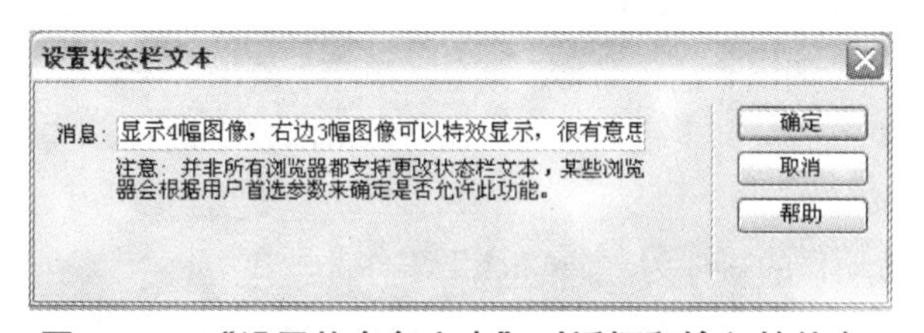

图7-2-4　“设置状态条文本”对话框和输入的信息

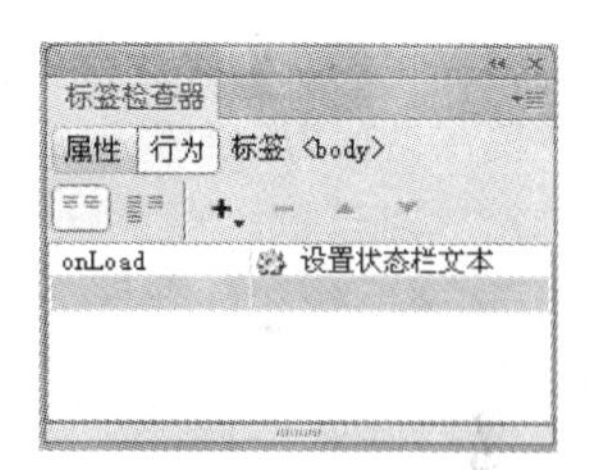

图7-2-5　“行为”面板

（6）单击选中左边第 1 幅图像，单击“行为”面板的按钮 +，调出“动作名称”菜单。单击该菜单内的“设置文本”→“设置状态栏文本”命令，调出“设置状态栏文本”对话框，在“消息”文本框内输入文字“单击第 1 幅图像可以使图像特效显示！”，如图 7-2-6 所示。然后单击“确定”按钮。

（7）单击“行为”面板“事件”下拉列表框 onLoad 右侧的下拉按钮，调出它的列表，单击该列表内的“onMouseMove”选项，设置事件为“onMouseMove”。

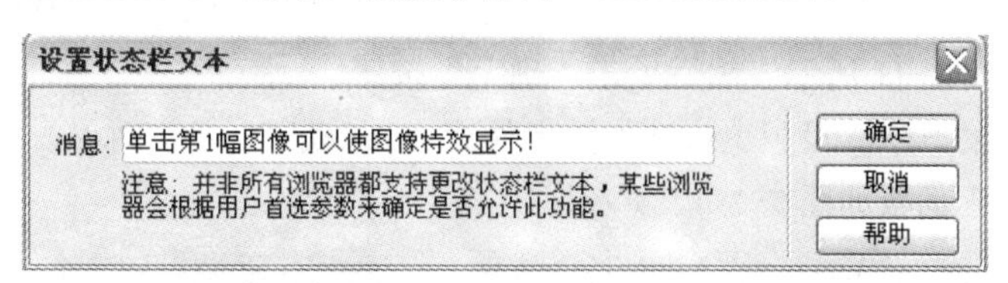

图7-2-6　“设置状态条文本”对话框和输入的信息

（8）单击选中左边第 1 幅图像，单击“行为”面板中的 + 按钮，调出“动作名称”菜单。单击“调出信息”命令，调出“调出信息”对话框，如图 7-2-7 所示。在“消息”文本框内输入“右边 3 幅图像会特效显示。赶快自己制作一个吧！”文字，再单击“确定”按钮，完成“调出信息”动作设置。

（9）单击“行为”面板“事件”下拉列表框 onLoad 右侧的下拉按钮，调出它的列表，单击该列表内的“onClick”选项，设置事件为“onClick”（单击对象）。

此时的“行为”面板如图 7-2-8 所示。

图7-2-7 “调出信息”对话框和输入的信息

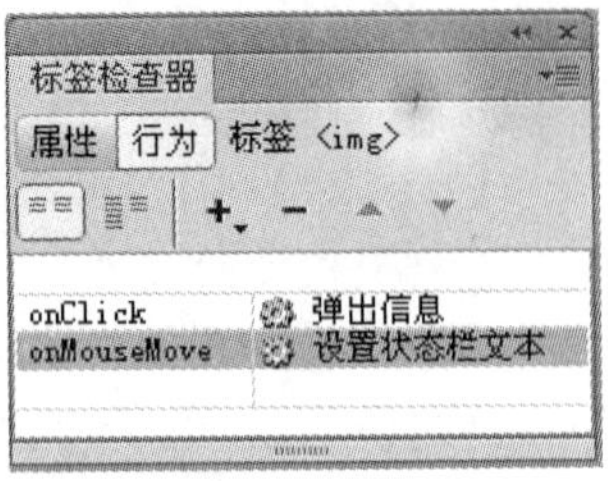

标签检查器
属性 行为 标签 <img>
onClick 弹出信息
onMouseMove 设置状态栏文本

图7-2-8 “行为”面板

2．设置图像特效显示

（1）单击选中左边第 1 幅图像，单击“行为”面板中的+.按钮，调出“动作名称”菜单。单击“效果”→“晃动”命令，调出“晃动”对话框。在“目标元素”下拉列表框内选择“div ‘apDiv1’”选项，如图 7-2-9 所示。然后单击“确定”按钮。

（2）单击“行为”面板“事件”下拉列表框onLoad右侧的下拉按钮，调出它的下拉列表，单击该列表内的“onClick”选项，设置事件为“onClick”（单击对象）。采用相同的方法，将上边其他几个效果动作的事件改为“onClick”（单击对象）事件。

（3）单击“行为”面板中的+.按钮，调出“动作名称”菜单。单击“效果”→“遮帘”命令，调出“遮帘”对话框。在“目标元素”下拉列表框内选择“div ‘ apDiv2’”选项，其他设置如图 7-2-10 所示。然后单击“确定”按钮。

（4）采用相同的方法，设置上边动作的事件为“onClick”事件。

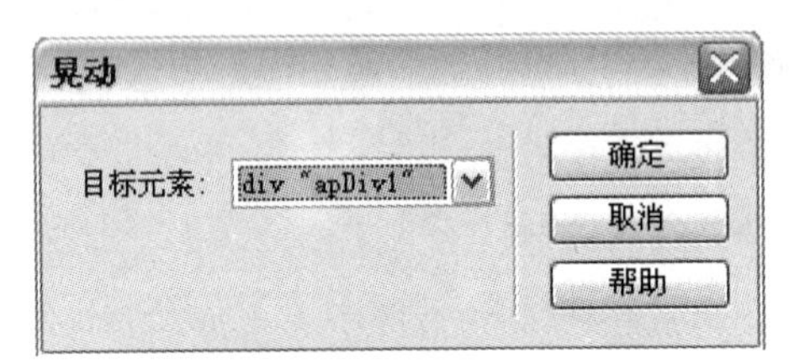

图7-2-9 “晃动”对话框

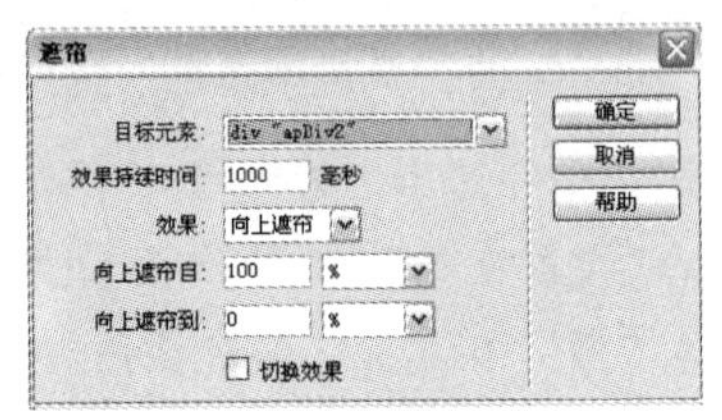

图7-2-10 “遮帘”对话框

（5）单击“行为”面板中的+.按钮，调出“动作名称”菜单。单击“效果”→“显示 / 渐隐”命令，调出“显示 / 渐隐”对话框。在“目标元素”下拉列表框内选择“div ‘apDiv3’”选项，其他设置如图 7-2-11 所示。然后单击“确定”按钮。

（6）采用相同的方法，设置上边动作的事件为“onClick”（单击对象）事件。

最后的“行为”面板如图 7-2-12 所示。

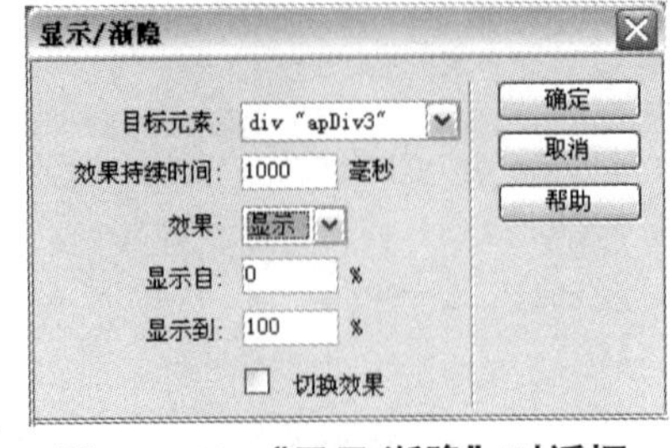

图7-2-11 “显示/渐隐”对话框

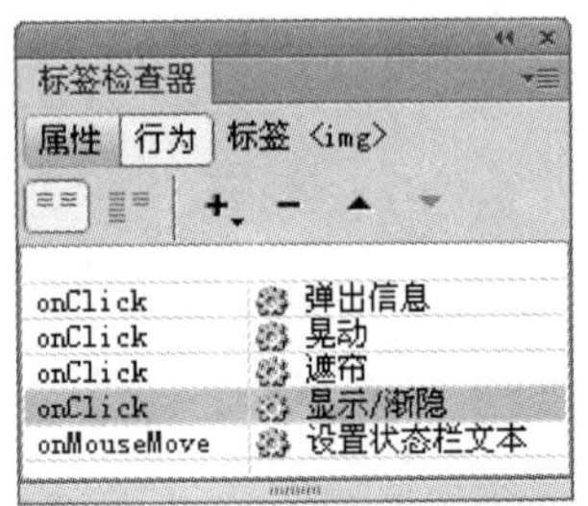

图7-2-12 “行为”面板

相关知识——“调出信息”、“设置文本”和“效果”等动作

1．“调出信息”动作

选择整个页面，单击“行为”面板中的+按钮，调出“动作名称”菜单，单击“调出信息”命令，调出“调出信息”对话框，如图 7-2-7 所示。在“消息”文本框内输入调出的对话框内要显示的文字，单击“确定”按钮，即可完成动作设置。

2．“设置文本”动作

单击选中一个网页内对象，单击“行为”面板中的+按钮，调出“动作名称”菜单，单击“设置文本”命令，调出它的子菜单，各子菜单命令的作用如下：

（1）设置状态条文本：选择整个页面，单击“行为”面板中的+按钮，再单击“设置文本”→“设置状态栏文本”命令，会调出“设置状态栏文本”对话框，如图 7-2-6 所示。在“消息”文本框内输入要在状态栏中显示的文字，然后单击“确定”按钮。

（2）设置容器的文本：选择一个 AP Div，单击“行为”面板中的+按钮，单击“设置文本”→“设置容器的文本”命令，调出“设置容器的文本”对话框，如图 7-2-13 所示。利用该对话框，可以在指定的 AP Div 中建立一个文本域。该对话框中各选项的作用如下：

图7-2-13　“设置容器的文本”对话框

◎“容器”下拉列表框：选择 AP Div 的名称。

◎“新建 HTML”文本框：可以输入发生事件后，在选定 AP Div 内显示的文字内容，该内容包括任何有效的 HTML 源代码。

（3）设置框架文本：在创建框架后，一个分栏框架内部，单击“行为”面板中的+按钮，再单击“设置文本”→“设置框架文本”命令，调出“设置框架文本”对话框，如图 7-2-14 所示。利用该对话框，可以在选中的框架内建立一个文本域。该对话框中各选项的作用如下：

◎“框架”下拉列表框：用来选择分栏框架窗口的名称。

◎“新建 HTML”文本框：可以在此文本框内输入发生事件后，在选定的分栏框架窗口内显示的文字内容，该内容包括任何有效的 HTML 源代码。

◎“获取当前 HTML”按钮：单击后，在“新建 HTML”文本框内会显示选中的分栏框架窗口内网页的 HTML 地址。

◎“保留背景色”复选框：选择后，可以保存背景色。

（4）设置文本域文字：先创建表单域内的文本框并命名，单击“行为”面板中的+按钮，再单击“设置文本”→“设置文本域文字”命令，调出“设置文本域文字”对话框，如图 7-2-15 所示。

图7-2-14　“设置框架文本”对话框

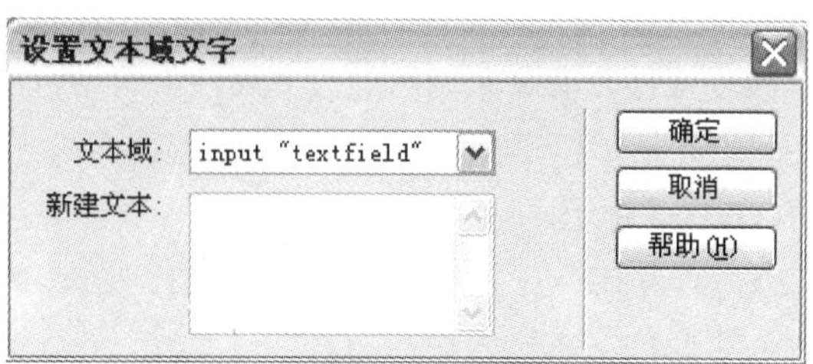

图7-2-15　“设置文本域文字”对话框

在该对话框的“文本域”下拉列表框内选择文本域，再在“新建文本”文本框内输入文本。然后，单击“确定”按钮，退出“设置文本域文字”对话框。

3．“效果”动作

单击“行为”面板中+.按钮，调出“动作”菜单，再单击该菜单内的“效果”命令，调出“效果”菜单，如图 7-2-16 所示。利用这些动作可以获得图像或文字的动态变化效果。举例如下：

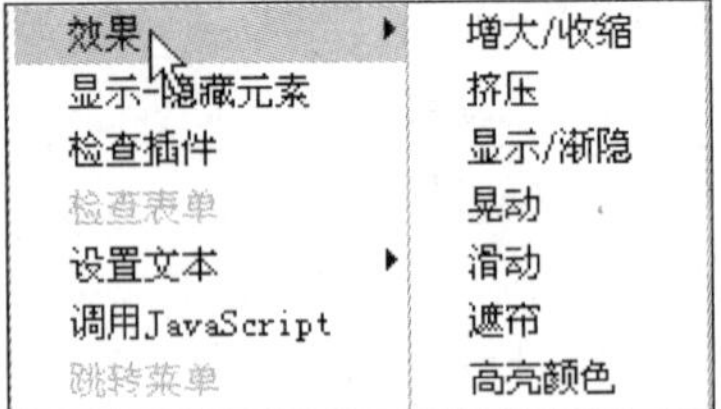

图7-2-16 “效果”动作菜单

（1）增大 / 收缩：单击选中网页内的一幅图像或一个 AP Div 元素，再单击“动作”菜单内的“效果”→“增大 / 收缩”命令，调出“增大 / 收缩”对话框，如图 7-2-17 所示。在该对话框内的“目标元素”下拉列表框中选择图像的 ID 名称或 AP Div 名称（均可以在“属性”栏内设置），在“效果”下拉列表框中选择“增大”或“收缩”选项，以及进行其他设置。然后，单击“确定”按钮，完成效果设置。

在“行为”面板中的“事件”列表框内选择“onClick”（单击）事件名称。以后显示网页，单击网页内相应的图像或 AP Div 元素，即可看到该图像或 AP Div 元素内的文字或图像变大或收缩变小。

（2）滑动：单击选中网页内的一幅图像或一个 AP Div 元素，再单击“动作”菜单内的“效果”→“滑动”命令，调出“滑动”对话框，如图 7-2-18 所示。在该对话框内的“目标元素”下拉列表框中选择图像的 ID 名称或 AP Div 名称，再进行其他设置。然后，单击“确定”按钮，完成效果设置。

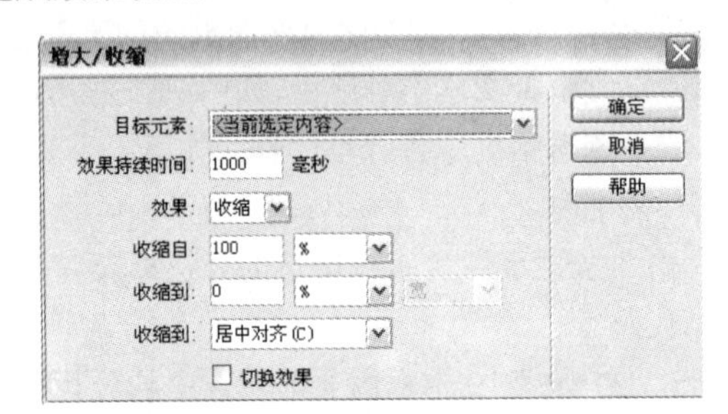

图7-2-17 “增大收缩”对话框

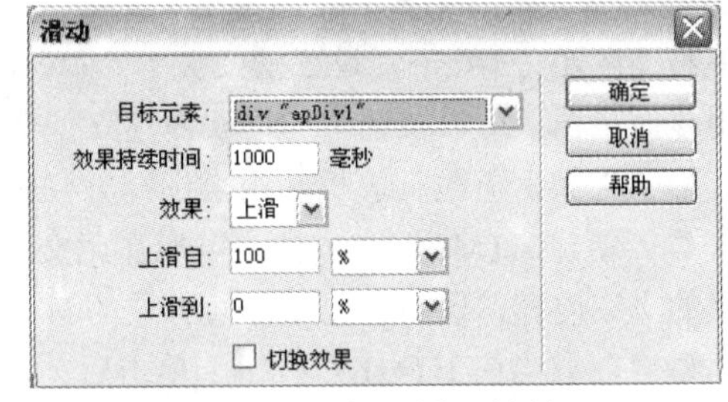

图7-2-18 “滑动”对话框

在“行为”面板中的“事件”列表框内选择“onClick”（单击）事件名称。以后显示网页，单击网页内相应的图像或AP Div元素，即可看到该图像或AP Div元素内的文字或图像滑动变化。

4．“改变属性”动作

在网页内创建一个或多个 AP Div 对象，单击“行为”面板中的+.按钮，调出“动作名称”菜单，单击“改变属性”命令，调出“改变属性”对话框，如图 7-2-19 所示。

（1）“元素类型”下拉列表框：用来选择网页元素对象在 HTML 文件中所用的标记。例如，可选择 <IMG> 标记。

（2）“元素 ID”下拉列表框：用来选择对象的名字。元素对象的名字是在其“属性”选项区域内左上角的文本框内输入的。

（3）“属性”选项区域：在选择“选择”单选按钮后，可以选择要改变对象的属性名字，即它的标识符属性名称。在选择“输入”单选按钮后，可在其右边的文本框内输入属性名字。例如，在“元素类型”下拉列表框内选择了<DIV>标记，在“元素 ID”下拉列表框选中一个 AP Div 元素名称，则“选择”下拉列表框内显示出了相关的所有属性名称，如图 7-2-20 所示，用来提供选择。

（4）“新的值”文本框：用于输入属性的新值。例如，制作一个“变色矩形 .html”网页，该网页显示后，页面内有一个绿色矩形，单击该矩形后，绿色矩形变为红色矩形。制作方法是在网页内创建一个名称为“apDiv1”的 AP Div 元素，设置它的背景色为绿色。然后，打开“改变属性”对话框，按照图 7-2-19 所示进行设置。然后，单击该对话框内的“确定”按钮，即可完成网页的制作。

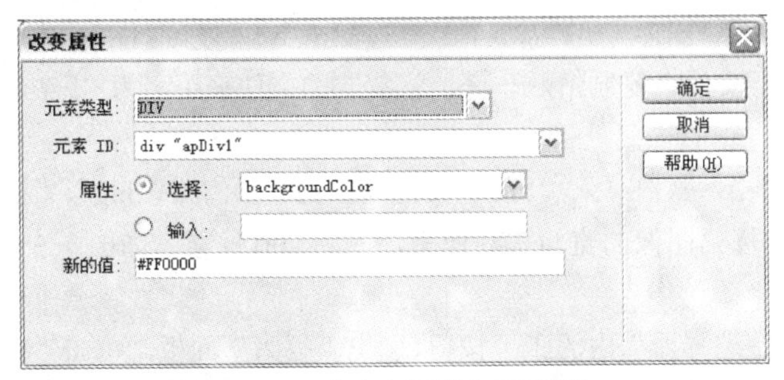

图7-2-19　“改变属性”对话框

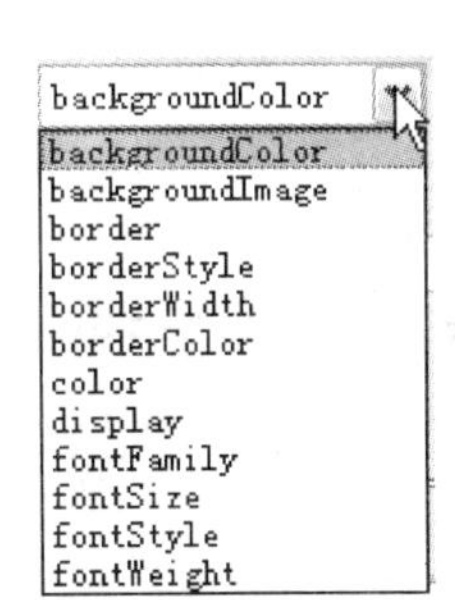

图7-2-20　“选择”下拉列表框

思考与练习7-2

1. 修改【案例 24】“图像特效切换”网页，使该网页右边的 3 幅图像的特效显示更改为其他特效显示方式。

2. 按照【案例 24】“图像特效切换”网页的制作方法，制作另外一个“图像特效切换”网页，要求左边的图像更换为一个 SWF 动画，右边改为 4 幅宝宝图像，状态栏内的提示信息和提示框内的提示信息都要进行改变。

7.3　案例25　“弹出浏览器窗口”网页

案例效果和操作

打开“弹出浏览器窗口”网页时，该网页显示的效果与【案例 24】“图像特效切换”网页的显示效果基本一样。同时，还会在另一个浏览器窗口内调出一个“图像 .html”网页，该网页内显示 3 幅图像，状态栏还显示“这是同时调出的浏览器窗口，其内有 3 幅图像。”，如图 7-3-1 所示。另外，将鼠标指针移到“弹出浏览器窗口”网页内左边第 1 幅图像之上时，第 2 幅图像会更换为另一幅图像，在打开“弹出浏览器窗口”网页时，会将网页用的所有图像预先载入。通过该网页的制作，可以掌握“交换图像”、“打开浏览器窗口”和“预先载入图像”等动作的设计方法。

图7-3-1　“弹出浏览器窗口”网页的显示效果

1．设置打开浏览器窗口

（1）将“【案例 24】图像特效切换”文件夹复制粘贴一份，将复制的文件夹更名为“【案例 25】弹出浏览器窗口”。

（2）新建一个“图像 .html”网页文档，其内导入“PIC”文件夹中的“秋海棠 1.jpg”、“天竺葵 1.jpg”和“梅花 1.jpg”3 幅图像，每幅图像的宽为 220 像素，高为 200 像素，如图 7-3-1 所示。

（3）单击选中网页窗口左下角“标签选择器”内的<body>按钮，调出“行为”面板。单击“行为”面板的+按钮，调出“动作名称”菜单。单击该菜单内的“设置文本”→“设置状态栏文本”命令，调出“设置状态栏文本”对话框，在“消息”文本框内输入要在状态栏中显示的文字“这是同时调出的浏览器窗口，其内有 3 幅图像。”，再单击“确定”按钮。

（4）将“图像 .htm”保存在“【案例 25】弹出浏览器窗口”文件夹内。

（5）打开“图像特效切换 .htm”网页文档。单击窗体左下角的 <body> 标签，选中窗体全部内容。单击“行为”面板中的+按钮，调出“动作”菜单，选择“动作”菜单中的“打开浏览器窗口”命令，调出“打开浏览器窗口”对话框。

（6）单击“打开浏览器窗口”对话框内的“要显示的 URL”文本框右边的“浏览”按钮，调出“选择文件”对话框，利用该对话框加载名称为“图像 .htm”网页，在文本框内输入新打开的浏览器窗口内要显示的网页文件地址；在“窗口宽度”文本框中输入 680，在“窗口高度”文本框中输入 200，设定浏览器窗口的宽度和高度。

（7）“属性”选项组内的多个复选框用来定义浏览器窗口的属性，其作用如下：

◎“导航工具栏”复选框：选中它，表示保留浏览器的导航工具栏。

◎“菜单条”复选框：选中它，表示保留浏览器的主菜单。

◎“地址工具栏”复选框：选中它，表示保留浏览器的地址栏。

◎“需要时使用滚动条”复选框：选中它，表示根据需要给浏览器窗口加滚动条。

◎“状态栏”复选框，选中它：表示给浏览器的显示窗口下边加状态栏。

◎“调整大小手柄”复选框：选中它，表示可用鼠标拖动调整浏览器显示窗口的大小。

（8）在“窗口名称”文本框内输入新的浏览器窗口的名称。其他设置如图 7-3-2 所示。单击“确定”按钮，关闭“打开浏览器窗口”对话框。此时的“行为”面板设置如图 7-3-3 所示（还没有添加“预先载入图像”行为）。

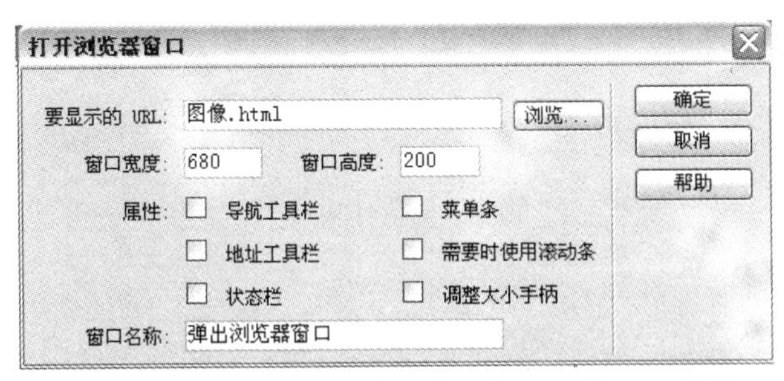

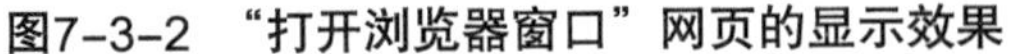
图7-3-2　“打开浏览器窗口”网页的显示效果

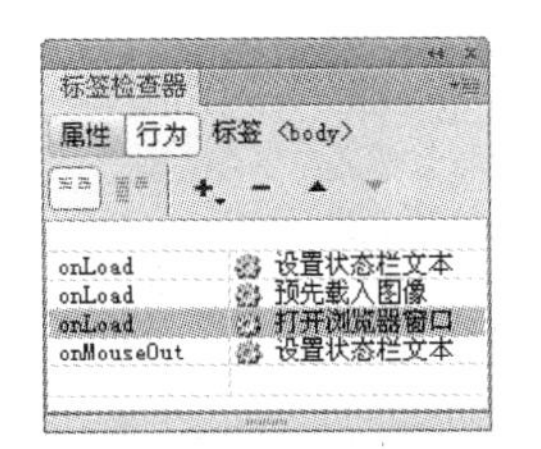

图7-3-3　“行为”面板设置

2．设置交换图像

（1）切换到“弹出浏览器窗口.htm”网页，单击选中第1幅图像，其“属性”栏内“ID”文本框中已经输入“Image1”；单击选中第2幅图像，在其“属性”栏内的“ID”文本框内输入“Image2”。右边3幅图像所在的AP Div对象的名称分别为“apDiv1”、“apDiv2”和“apDiv3”。

（2）单击“图像特效切换.htm”网页内第1幅图像，调出“行为”面板。单击“行为”面板的+.按钮，调出“动作名称”菜单。单击“交换图像”命令，调出“交换图像”对话框，如图7-3-4所示（还没有设置）。

（3）单击选中“图像”列表框中的“图像Image1”选项，单击“设定原始档为”文本框右边的“浏览”按钮，调出“选择图像源文件”对话框，选中“PIC”文件夹内的“秋海棠1.jpg”文件，如图7-3-5所示。单击“确定”按钮，关闭“选择图像源文件”对话框，回到“交换图像”对话框，设置交换图像。此时“交换图像”对话框如图7-3-4所示。

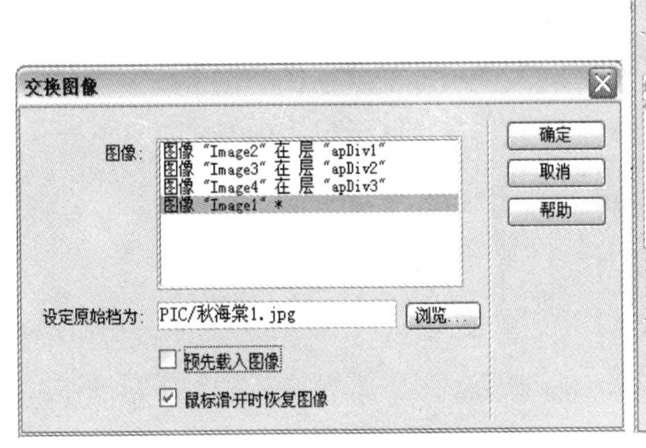

图7-3-4　“交换图像”对话框

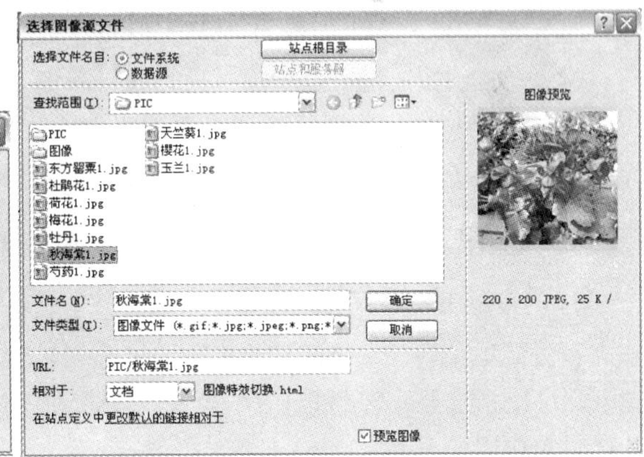

图7-3-5　“选择图像源文件”对话框

（4）单击“交换图像”对话框内的“确定”按钮，关闭该对话框，在“行为”面板内增加了“交换图像”和“恢复交换图像”行为，如图7-3-6所示。其中，“恢复交换图像”行为是自动添加的。

（5）双击“行为”面板内的“交换图像”行为 交换图像，可以调出“交换图像”对话框，进行修改。“行为”面板内的“恢复交换图像”行为 恢复交换图像，调出“恢复交换图像”对话框，其内的文字介绍了“恢复交换图像”行为的作用，如图7-3-7所示。

图7-3-6 “行为”面板

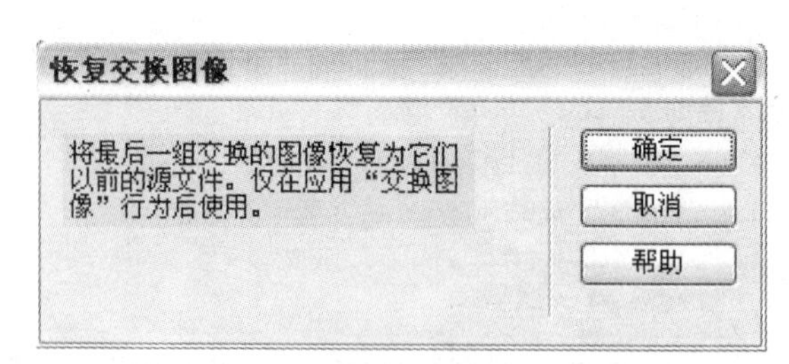

图7-3-7 “恢复交换图像”对话框

3．设置预先载入图像

（1）单击选中网页窗口左下角“标签选择器”内的<body>按钮，调出“行为”面板。单击“行为”面板的+.按钮，调出“动作名称”菜单。单击“预先载入图像”命令，调出“预先载入图像”对话框，如图 7-3-8 所示（还没有设置）。

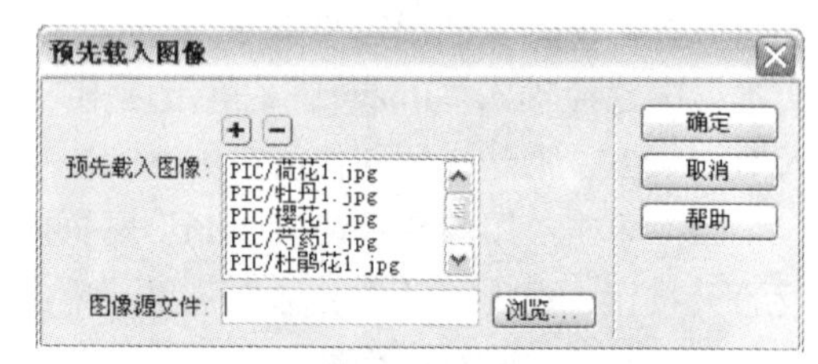

图7-3-8 “预先载入图像”对话框

（2）单击“图像源文件”文本框右边的“浏览”按钮，调出“选择图像源文件”对话框，如图 7-3-5 所示（还没有设置）。选中“PIC”文件夹内的“荷花 1.jpg”文件，单击“确定”按钮，关闭“选择图像源文件”对话框，回到“预先载入图像”对话框，在“预先载入图像”列表框内添加了一幅图像文件的相对路径和文件名。

（3）单击+按钮，在“预先载入图像”列表框内增加一个空选项，再按照上边叙述的方法，再添加一个“PIC”文件夹内的“牡丹 1.jpg”文件。接着再添加其他图像文件。

（4）单击−按钮，可以删除“预先载入图像”列表框内选中的图像文件选项。

（5）在“预先载入图像”列表框内添加完要预先载入的图像文件后，单击“确定”按钮，完成预先载入图像的设置。此时，“行为”面板内会添加“预先载入图像”行为，如图 7-3-3 所示。

相关知识——“转到URL”和有关检查的动作

1．“转到 URL”动作

在设置框架后，选择该动作名称，调出“转到 URL”对话框，如图 7-3-9 所示。利用该对话框，可以指定要跳转到的 URL 网页。该对话框中各选项的作用如下：

（1）“打开在”列表框：显示框架的名称，用来选择显示跳转页面的框架。

（2）URL 文本框与“浏览”按钮：在文本框内输入链接的网页的 URL，也可以单击“浏览”按钮，选择链接的网页文件。

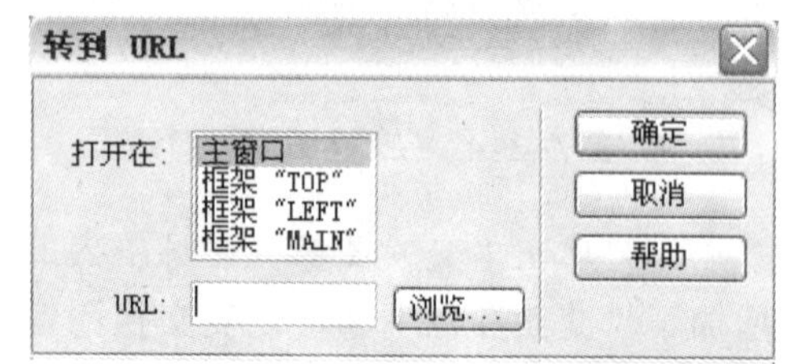

图7-3-9 “转到 URL”对话框

2．“检查表单”动作

如果建立了一个表单域（名字为 form1），再在表单域内创建三个文本字段（名字分别为：text1、text2 和 text3）。然后，选择表单域，再单击“检查表单”命令，即可调出如图 7-3-10 所示的“检查表单”对话框。利用该对话框，可以检查指定的表单内容中数据类型是否正确，可以对表单内容设置检查条件。在用户提交表单内容时，先根据设置的条件，检查提交的表单内容是否符合要求。如果符合要求，则上传到服务器，否则显示错误提示信息。该对话框内各选项的作用如下：

（1）“域”列表框：列出表单内所有文本框的名称，可以选择其中一个进行下面的设置。设置完成后，可以选择另一个，再进行下面的设置。

（2）“值”复选框：选中后，表示文本框内不可以是空白的。

（3）“可接受”选项组：用来选择接收内容的类型，各选项的含义如下所述。

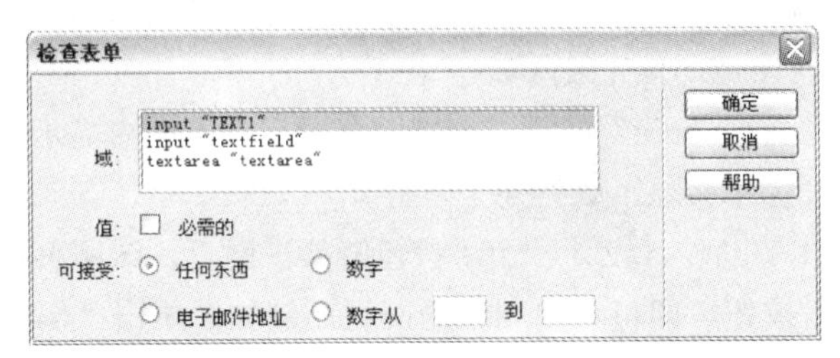

图7-3-10　“检查表单”对话框

◎“任何东西”单选按钮：表示接受不为空的内容。

◎“数字”单选按钮：表示接受的内容只可以是数字。

◎“电子邮件地址”单选按钮：表示接受的内容只可以是电子邮件地址形式的字符串。

◎“数字从”单选按钮：用来限定接收的数字范围。其右边的两个文本框用来输入起始数据和终止数据。

4．“检查插件”动作

在网页中会使用一些需要外部插件才能观看的动态效果（例如：Shockwave、Flash、QuickTime、LiveAudio 和 Windows Media PapDivs 等），如果浏览器中没有安装相应的插件，则会显示出空白。此时，为了不出现空白，可用简单的画面代替。单击“检查插件”命令后，会调出“检查插件”对话框，如图 7-3-11 所示。利用该对话框，可以增加检查浏览器中已安装插件的功能。该对话框内各选项的作用如下：

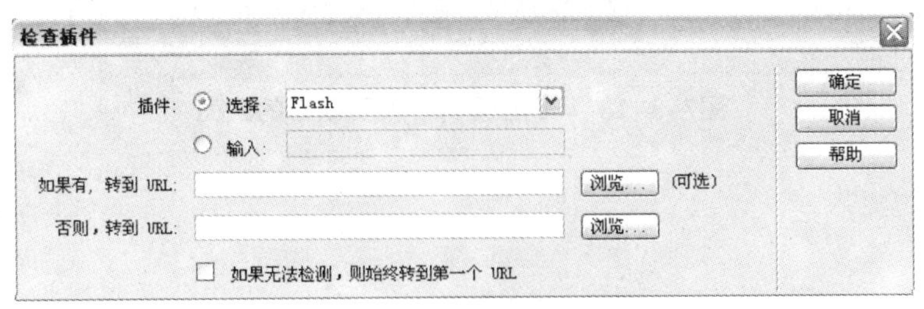

图7-3-11　“检查插件”对话框

（1）“插件”选项组：在“选择”下拉列表框内选择要检测的插件名称，也可以在“输入”文本框内输入列表框内没有的插件名称。

（2）“如果有，转到 URL”文本框：对有该插件的浏览器，采用该文本框内 URL 指示的网页。可以通过单击“浏览”按钮后选择网页文档。

（3）“否则，转到 URL”文本框：对没有该插件的浏览器，采用该文本框内 URL 指示的网页。网页文件也可通过单击“浏览”按钮选择网页文档。

（4）“如果无法检测，则始终转到第一个 URL”复选框：如果使用的是 <OBJECT> 和 <EMBED> 标记，则必须选中该复选框，因为该标记可以在用户没有 ActiveX 控件的情况下自动下载。

思考与练习7-3

1．参考【案例 25】“弹出浏览器窗口”网页的制作方法，修改【案例 15】“牡丹花特点和用处”网页，该网页显示后，同时还会调出另外一个浏览器窗口，该窗口内显示关于牡丹花的图像和文字介绍。网页中的所有图像均预先载入。

2．制作一个“图像变换 .html”网页。该网页显示后，页面内显示 4 幅图像，单击左边第 1 幅图像后，其他 3 幅图像都会显示成另外 3 幅图像。

3．利用“转到 URL”动作，设计一个“按钮链接”网页，该网页在浏览器中的显示效果如图 7-3-12 所示，单击按钮，即可调出相应的网页。例如，单击“倒挂金钟”按钮，弹出的网页如图 7-3-13 所示。

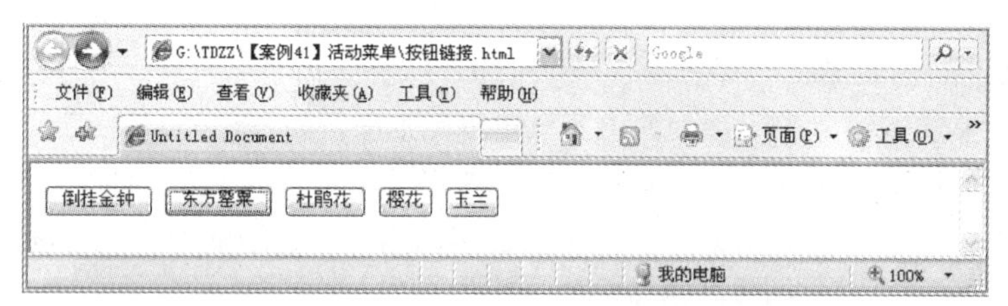

图7-3-12　“按钮链接”网页显示的画面

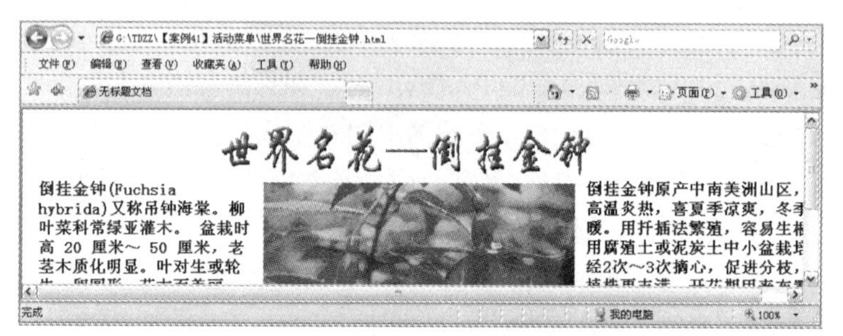

图7-3-13　“倒挂金钟”网页显示的画面

第8章 库和网站发布

本章通过完成4个案例，初步了解Dreamweaver CS6中模板和库的应用，掌握站点管理和发布站点的方法等。

8.1 案例26 “世界名花3”网页

案例效果和操作

“世界名花3”网页是“世界名花”网站的一个网页，如图8-1-1所示，在该网页的左边栏内，从上到下是花朵图案和一组导航文字；在网页的右边栏内，第1行是“返回世界名花简介首页”图像，它下边是“世界名花——鲜花图像”红色文字，左上角是3幅名花图像，再下边是“世界名花网站＞世界名花简介＞鲜花图像”说明路径的文字。单击网页左边导航栏内的链接文字，其右边栏内更换成相应的名花图像，下边的路径文字也相应变化。例如，单击“世界名花——玉兰”文字，可在右边栏显示玉兰的文字和图像，其下边的路径文字改为“世界名花网站＞世界名花简介＞世界名花＞世界名花——玉兰”，上边文字改为“世界名花——玉兰”，如图8-1-2所示。单击左上角图像，可回到图8-1-1所示网页。

图8-1-1 “世界名花”网站内“世界名花3”网页的显示效果

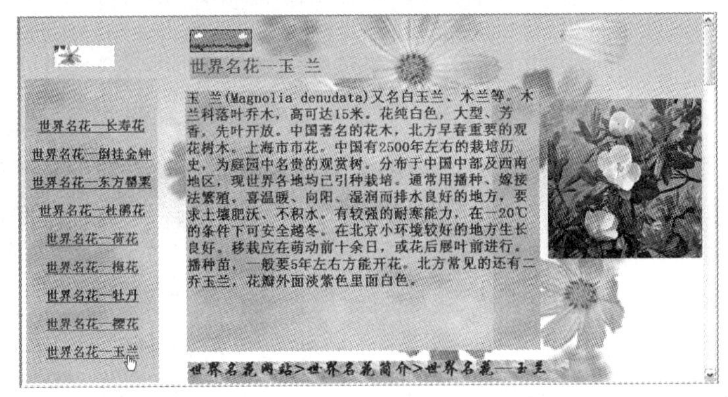

图8-1-2 “世界名花”网站内“世界名花—玉兰.html”网页的显示效果

制作该网站使用了模板，模板（Template）就是网页的样板，它有可编辑区域和不可编辑区域。

不可编辑区域的内容是不可以改变的，通常为标题栏、网页图标、LOGO图像、框架结构、链接文字和导航栏等。可编辑区域的内容可以改变，通常为具体的文字、图像、动画等对象，其内容可以是：每日新闻、最新软件介绍、每日一图、趣谈、新闻人物等。

通常在一个网站中有成百上千的页面，而且每个页面的布局也常常相同，尤其是同一层次的页面，只有具体文字或图片内容不同。将这样的网页定义为模板后，相同的部分都被锁定，只有一部分内容可以编辑，避免了对无须改动部分的误操作。例如，某个网站中的文章页面，其基本格式相同，只是具体内容不同，就可以使用模板来制作。

可以直接制作网页模板，也可以修改已有的网页文件，再将该网页保存为一个模板。模板可以自动保存在本地站点根目录下的Template目录内，如果没有该目录，系统可自动创建此目录。模板文件的扩展名为“.dwt”。

当创建新的网页时，只须将模板调出，在可编辑区插入内容。更新网页时，只需在可编辑区更换新内容。在对网站进行改版时，因为网站的页面很多，如果分别修改每一页，工作量会很大，但如果使用了模板，只要修改模板，所有应用模板的页面都可以自动更新。

网站的开发通常按照这样一个基本流程进行：网站规划、收集与整理素材、网站设计、网页制作、网站发布和网站维护。当网站中的各个网页具有相同的结构和风格时，使用模板和库可以给用户带来极大的方便，有利于创建网页和更新网页。但是，必须在建立了站点后，才可以使用模板和库。

通过本案例的学习，可以进一步掌握创建本地站点的方法，掌握创建模板、设置模板网页的可编辑区域，使用模板以及更新网页的方法等。

1．制作“世界名花3”网页

（1）创建一个新的网页文档，设置网页的背景图像为一幅世界名花3BJ1.jpg。再以名称“世界名花3.html”保存在“【案例26】世界名花3”文件夹内，该文件夹内还创建“世界名花”和GIF文件夹，其内保存网页使用的图像。

（2）单击“插入”（布局）栏内的“绘制AP Div”按钮，将鼠标指针定位在网页内左边，此时鼠标指针变为十字线状态，拖动出一个矩形，创建一个“apDiv1”AP Div。在其“属性”栏内“宽”文本框中输入188，在“高”文本框中输入42。

（3）选中“apDiv1”AP Div，在其“属性”栏内的“背景图像”文本框中输入“GIF/WL2.jpg”，设置该AP Div的背景图像为“【案例26】世界名花3\GIF”文件夹中的“WL2.jpg”图像。

（4）单击“apDiv1”AP Div内部，按【Enter】键，输入文字“世界名花——长寿花”，利用它的“属性”栏设置文字的颜色为蓝色、大小为18px、字体为宋体、加粗和居中。

（5）拖动选中“世界名花——长寿花”文字，右击调出它的快捷菜单，单击该菜单内的“复制”命令，将选中的文字复制到剪贴板中。单击“世界名花——长寿花”文字右边，按【Enter】键，将光标移到下一行的中间，右击调出它的快捷菜单，单击该菜单内的“粘贴”命令，将剪贴板内的文字粘贴到光标处。

按照同样的操作方法再粘贴7行“世界名花——长寿花”文字。

（6）拖动选中第2行“世界名花——长寿花”文字，将该文字改为“世界名花——倒挂金钟”，再将其他行的“世界名花——长寿花”文字改为其他文字，如图8-1-1所示。

（7）单击“插入”（布局）栏内的“绘制AP Div”按钮，在“apDiv1”AP Div的右边拖动出一个矩形，创建一个“apDiv2”AP Div。在其“属性”栏内“宽”文本框中输入500，在“高”

文本框中输入 360。然后，在其内插入 3 幅图像，插入 2 幅图像后，按【Shift+Enter】组合键，将光标移到下一行，再插入第 3 幅图像。

（8）选中“apDiv2”AP Div，在其“属性”栏内的“背景图像”文本框中输入“GIF/WL2.jpg”，设置该 AP Div 的背景图像为“GIF”文件夹中的“WL2.jpg”图像。

（9）在“apDiv2”AP Div 的右边创建一个“apDiv3”AP Div。在其“属性”栏内“宽”文本框中输入 220，在“高”文本框中输入 360。然后，在其内插入一幅图像。

（10）在“apDiv2”AP Div 的上边创建一个“apDiv4”AP Div。设置它的“宽”为 260，“高”为 30，背景图像为“GIF”文件夹中的“WL2.jpg”。然后，在其内输入红色、大小为 24 px、字体为宋体、加粗的“世界名花——鲜花图像”文字。

（11）在“apDiv2”AP Div 下边创建一个“apDiv5”AP Div。在其“属性”栏“宽”和“高”文本框中分别输入 540 和 30，设置该 AP Div 的背景为“GIF/WL1.jpg”图像，在其内输入蓝色、24 px、华文行楷、加粗的“世界名花网站 > 世界名花简介 > 鲜花图像”文字。

（12）在“apDiv1”AP Div 的上边和右上边创建两个 AP Div，其内分别插入不同的 LOGO 图像。最后效果如图 8-1-1 所示。

（13）选中“apDiv1”AP Div 内的“世界名花——长寿花”文字，在其“属性”栏内的“链接”文本框中输入“世界名花——长寿花 .html”文字，建立“世界名花——长寿花”文字与“世界名花——长寿花 .html”网页的链接。

（14）按照相同的方法，再建立“apDiv1”AP Div 内其他行文字与相应网页的链接。

（15）单击“文件”→“保存”命令，将设计后的“世界名花 3.html”网页保存。

2．建立本地站点和创建模板

建立本地站点就是将本地主机磁盘中的一个文件夹定义为站点，然后将所有文档都存放在该文件夹中，以便于管理。建立本地站点的方法如下：

（1）单击“站点”→“新建站点”命令，调出“站点设置对象”对话框，如图 8-1-3 所示。

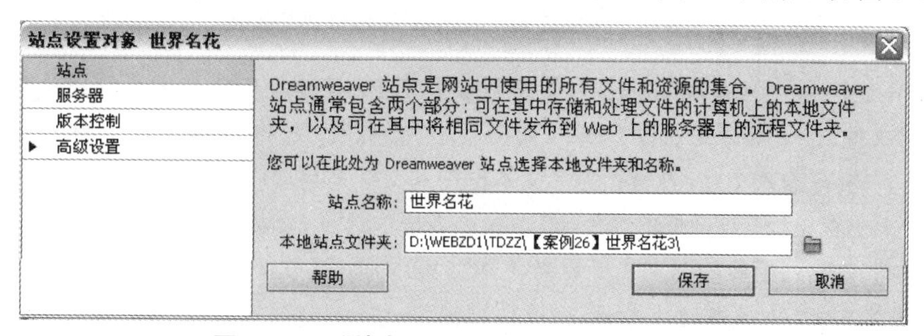

图8-1-3　“站点设置对象”（站点）对话框

（2）在其内的“站点名称”文本框中输入站点的名称“世界名花”。单击“本地站点文件夹”文本框右边的文件夹图标，调出“选择根文件夹”对话框，利用该对话框可以选择本地站点文件夹“D:\WEBZD1\TDZZ\【案例 26】世界名花 3\”作为站点的根目录。

（3）单击“站点设置对象”（站点）对话框内的“本地信息”选项，切换到“站点设置对象”（高级设置 - 本地信息）对话框。在“默认图像文件夹”文本框内输入存储站点图像的文件夹路径“D:\WEBZD1\TDZZ\【案例 26】世界名花 3\ 世界名花”，如图 8-1-4 所示。

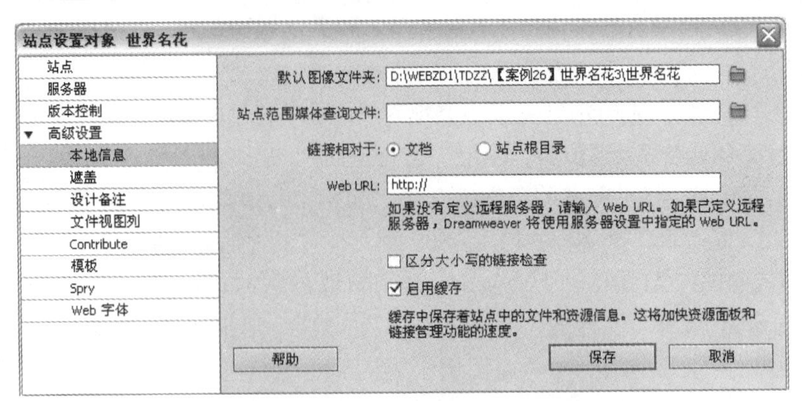

图8-1-4 “站点设置对象”（高级设置-本地信息）对话框

（4）单击“站点设置对象”对话框内的“保存”按钮，初步完成本地站点的设置。此时“文件”面板内会显示出本地站点文件夹内的文件夹和文件，如图 8-1-5 所示。

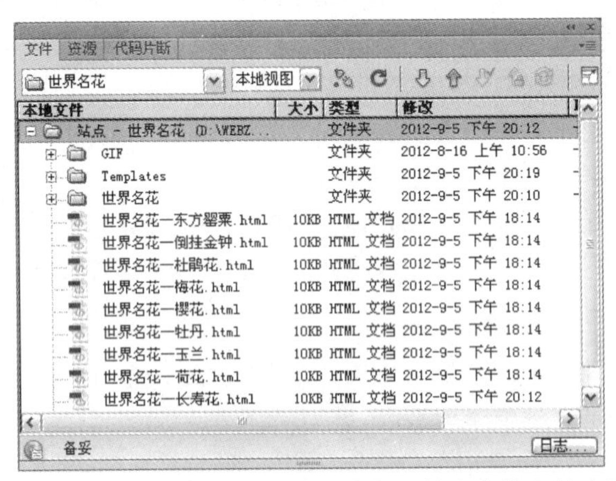

图8-1-5 “文件”面板内显示本地站点文件夹内的文件夹和文件

（5）单击“插入”（常用）栏中“模板”按钮，在调出的菜单中单击“创建模板”按钮，或者单击“文件”→“另存为模板”命令，调出“另存模板”对话框，如图 8-1-6 所示（其中在“描述”文本框中没有输入文字，“另存为”文本框中的文字是自动产生的）。

（6）在“另存模板”对话框的“站点”下拉列表框内选择本地站点的名字“世界名花”，在“另存为”文本框内输入模板的名字“世界名花 3”，在“描述”文本框内输入“这是世界名花的一个模板”描述文字，如图 8-1-7 所示。

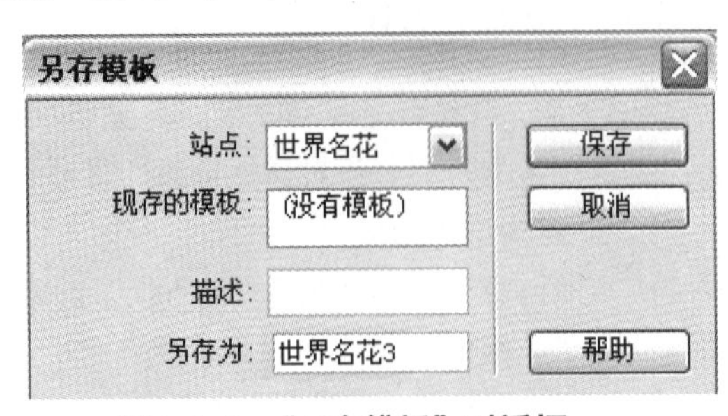

图8-1-6 “另存模板”对话框1

图8-1-7 “另存模板”对话框2

（7）单击“保存”按钮，即可完成模板的保存，调出一个提示框，如图 8-1-8 所示。单击该提示框内的“是”按钮，更新链接。

图8-1-8　提示框

此时，在站点文件夹内自动创建一个名称为 Templates 的文件夹，其内保存有刚创建的模板文件“世界名花简介 .dwt”，以及在 Templates 文件夹自动创建一个名称为 _notes 的文件夹，其内保存世界名花简介 .dwt.mno”文本文件。

如果还没有创建本机站点，则会在调出“另存模板”对话框以前，提示用户先创建本机站点。

3．设置模板网页的可编辑区域

（1）拖动选中“apDiv4”AP Div 内的“世界名花——鲜花图像”文字，目的是要将“apDiv4”AP Div 内的文字设置为可编辑区域。

（2）单击“插入”（常用）栏内的“模板”按钮，在调出菜单中单击“可编辑区域”按钮，或单击“插入记录”→“模板对象”→“可编辑区域”命令，调出“新建可编辑区域”对话框，如图 8-1-9（a）所示。

在“名称”文本框中输入“世界名花标题”，单击“确定”按钮，插入名称为“世界名花标题”的可编辑区域。

（3）按住【Shift】键，单击“apDiv2”AP Div 内的 3 幅图像，同时选中这 3 幅图像。单击“插入”（常用）栏内的“模板”按钮，在调出的菜单中单击“可编辑区域”按钮，调出“新建可编辑区域”对话框，“名称”文本框中输入“文字区域”，如图 8-1-9（b）所示。单击“确定”按钮，插入名称为“文字区域”的可编辑区域。

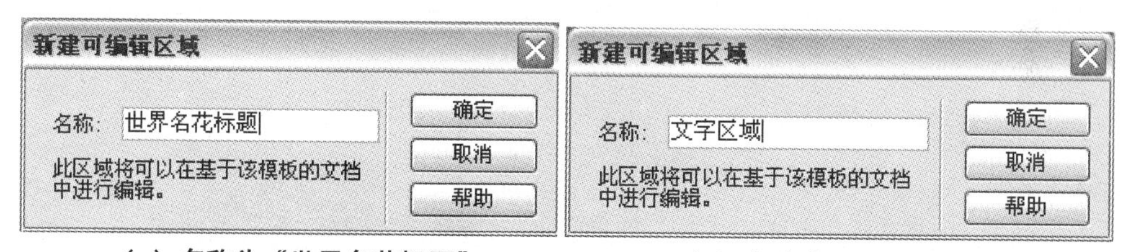

（a）名称为“世界名花标题”　　（b）名称为“文字区域”

图8-1-9　“新建可编辑区域”对话框

（4）选中“apDiv3”AP Div 内的图像，单击“插入”（常用）栏内的“模板”按钮，在调出的菜单中单击“可编辑区域”按钮，调出“新建可编辑区域”对话框，“名称”文本框中输入“图像区域”。单击“确定”按钮，插入名称为“图像区域”的可编辑区域。

（5）拖动选中“apDiv5”AP Div 内的“世界名花图像”文字，单击“插入”（常用）栏内的“模板”按钮，在调出的菜单中单击“可编辑区域”按钮，调出“新建可编辑区域”对话框，在“名称”文本框中输入可编辑区域的名称“路径名称”。单击“确定”按钮，即可插入一个名称为“路径名称”的可编辑区域。

（6）单击“文件”→“保存”命令，将设计好的模板保存。此时的网页设计窗口内的画面如图 8-1-10 所示，它有 4 个可编辑区域。

图8-1-10　有3个可编辑区域的模板

4．使用模板创建新网页

使用模板创建新网页通常有3种方法，下面采用这3种方法来创建“世界名花——长寿花.html”、“世界名花——倒挂金钟.html”、“世界名花——东方罂粟.html”，这些网页均保存在“【案例26】世界名花3”文件夹内。

方法一：

（1）单击“文件”→“新建”命令，调出“新建文档”对话框，单击左边栏内的“模板中的页”按钮，选择“站点”列表框中的“世界名花”选项，选中“站点‘世界名花’的模板”列表框内的“世界名花3”模板名称选项，即可在“预览”显示区域内看到“世界名花3”模板的缩略图，如图8-1-11所示。

图8-1-11　“新建文档”对话框

（2）单击“新建文档”对话框内的“创建”按钮，关闭“新建文档”对话框，同时利用“世界名花3”模板创建一个网页。如果选中“当模板改变时更新页面”复选框，模板被修改后，所有应用该模板的页面将会自动更新。

（3）单击“文件”→“另存为”命令，调出“另存为”对话框，将该网页以名称“世界名花——长寿花.html”保存在“【案例26】世界名花3”文件夹内。

（4）拖动选中“世界名花3”文字，将该文字改为“长寿花”。选中中间的4幅图像（包括

1 幅隔离图像)，按【Delete】键，将这 4 幅图像删除。再复制有关“长寿花”的文字，将这些文字设置为蓝色、23 像素大小、居左、宋体、加粗。拖动选中中间下边的文字“世界名花 3”，将该文字更改为“世界名花——长寿花”。

（5）选中右边的图像，将其“属性”栏内的“源文件”文本框中的文字更改为“世界名花 / 长寿花 .jpg”，即将图像更换为“世界名花”文件夹内的“长寿花 .jpg”图像。再调整图像的宽和高均为 220 像素，再将光标定位在图像的左边，按【Enter】键，将图像下移。

（6）单击“文件”→“另存为”命令，将修改后的网页保存。

方法二：

（1）新建一个空白文档，以名称“世界名花——倒挂金钟 .html”保存在“【案例 26】世界名花 3”文件夹内。

（2）单击“修改”→“模板”→“应用模板到页”命令，调出“选择模板”对话框，在该对话框内的“站点”下拉列表框中选中“世界名花”选项，在“模板”列表框中选中“世界名花”选项，如图 8-1-12 所示。单击“选定”按钮，关闭该对话框，同时将选定的“世界名花”模板应用于当前的空白网页。

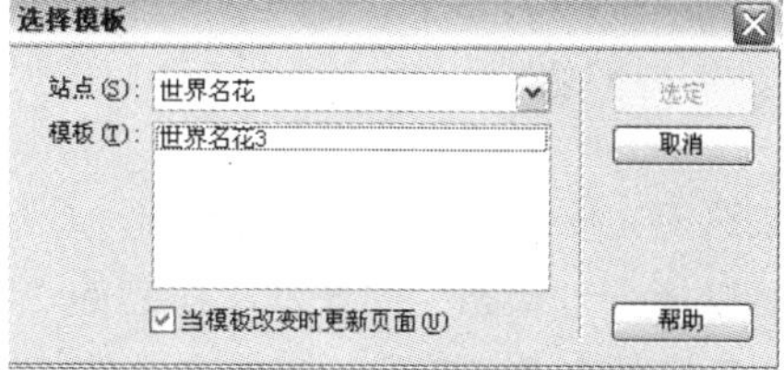

图8-1-12 “选择模板”对话框

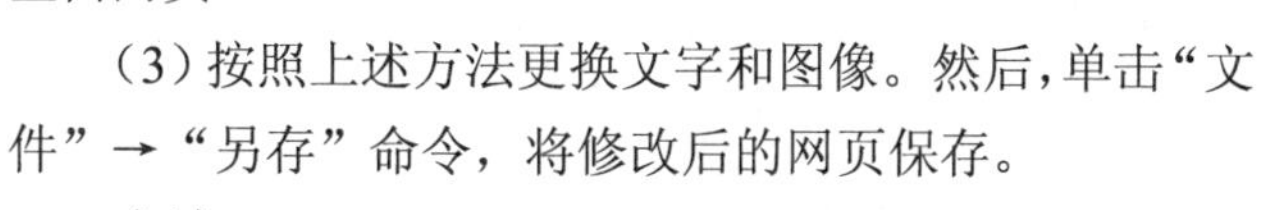

（3）按照上述方法更换文字和图像。然后，单击“文件”→“另存”命令，将修改后的网页保存。

方法三：

（1）新建一个空白文档，以名称“世界名花——东方罂粟 .html”保存在“【案例 26】世界名花 3”文件夹内。然后，单击“窗口”→“资源”命令，调出“资源”面板。

（2）单击“资源”面板内左边的“模板”按钮，在列表框中单击“世界名花”图标，如图 8-1-13 所示，再单击“应用”按钮，将选中的“世界名花”模板应用于当前空白网页。

（3）按照上述方法更换文字和图像。然后，单击“文件”→“另存”命令，将修改后的网页保存。

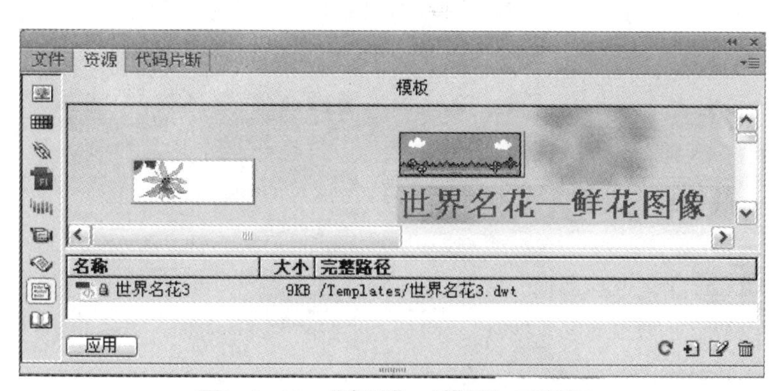

图8-1-13 “资源”（模板）对话框

再按照上述方法创建“世界名花——杜鹃花 .html”、“世界名花——荷花 .html”、“世界名花——梅花 .html”、“世界名花——倒挂金钟 .html”、“世界名花——东方罂粟 .html”、“世界名花——牡丹 .html”、“世界名花——樱花 .html”和“世界名花——玉兰 .html”网页。

相关知识——创建和使用模板

1. 自动更新

模板可以更新，例如改变可编辑区域和不可编辑区域，改变可编辑区域的名字，更换页面的内容等。更新模板后，系统可以由该模板生成的页面自动更新。当然也可以不进行自动更新，以后可由用户手动更新。

（1）单击“文件”→“打开”命令，调出“打开”对话框，选中 Templates 文件夹内要更新的模板，例如“世界名花 3.dwt”，单击“打开”按钮，打开选中的模板文件。

（2）进行模板内容的更新，例如改变页面布局、输入文字、插入图像、删除文字、删除插入的图像、新增可编辑区、删除可编辑区等。

（3）单击“文件”→“保存”命令，保存模板，此时会调出“更新模板文件”对话框，如图 8-1-14 所示。提示用户是否更新使用该模板的网页。单击“不更新”按钮，则不自动更新，可以以后手动更新。单击“更新”按钮，则会自动更新相关的所有网页。

在保存更新的模板文件后，“资源”（模板）面板内相应的模板都会随之更新。

（4）选中“更新模板文件”对话框内要更新的网页名字，再单击“更新”按钮，可自动完成选定文件的更新。同时会调出一个“更新页面”对话框。选中该对话框内的“显示记录”复选框，可以展开“状态”列表框，在它的“状态”列表框中会列出更新的文件名称、检测文件个数、更新文件个数等信息。如果在文件使用的站点内有两个以上的模板，则在“世界名花”文字处会有一个下拉列表框，用来选择模板。

（5）在“更新页面”对话框中的“查看”下拉列表框内选择“整个站点”选项，则其右边会出现一个新的下拉列表框。在新的下拉列表框内选择站点名称，单击“开始”按钮，即可对选定的站点进行检测和更新，并给出类似于图 8-1-15 的检测报告。

另外，在更新模板同时没有更新相关网页的情况下，单击“修改”→“模板”→“更新页面”命令，可以调出“更新页面”对话框。在“查看”下拉列表框内选择“文件使用”选项，则其右边会出现一个新的下拉列表框。在新的下拉列表框内选择模板名称，单击“开始”按钮，即可更新使用该模板的所有网页，并给出如图 8-1-15 所示的检测信息报告。

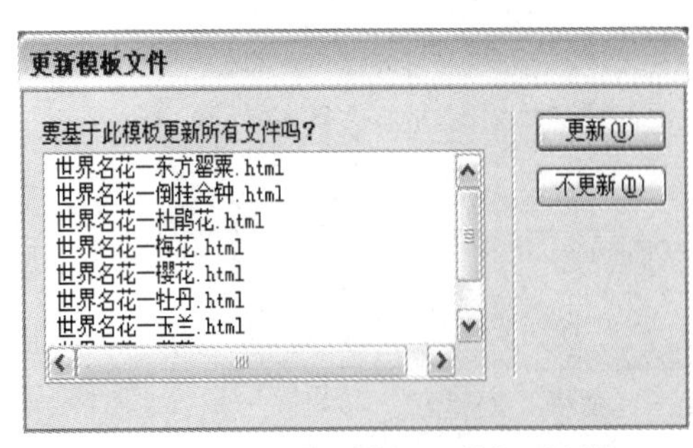

图8-1-14 “更新模板文件”对话框

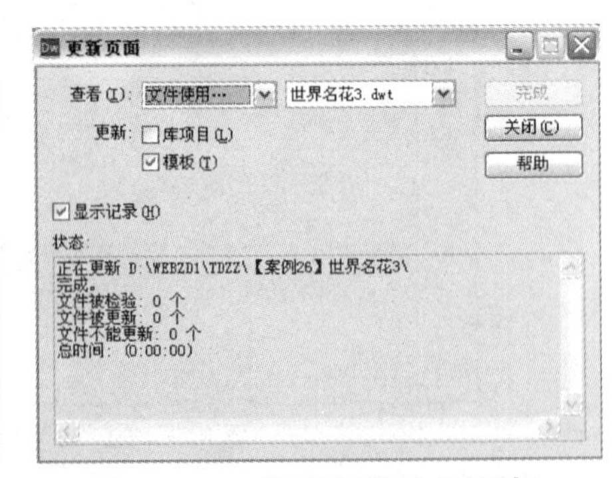

图8-1-15 “更新页面”对话框

2. 手动更新和模板的其他操作

（1）更新一个网页：采用前面介绍的方法修改模板，打开要更新的网页文档，单击“修改”→“模板”→“更新当前页”命令，可将打开的页面按更新后的模板进行更新。

（2）将网页从模板中分离：有时希望网页不再受模板的约束，这时可以单击“修改”→“模板”→“从模板中分离”命令，使该网页与模板分离。分离后页面的任何部分都可以自由编辑，并且修改模板后，该网页也不会再受影响。

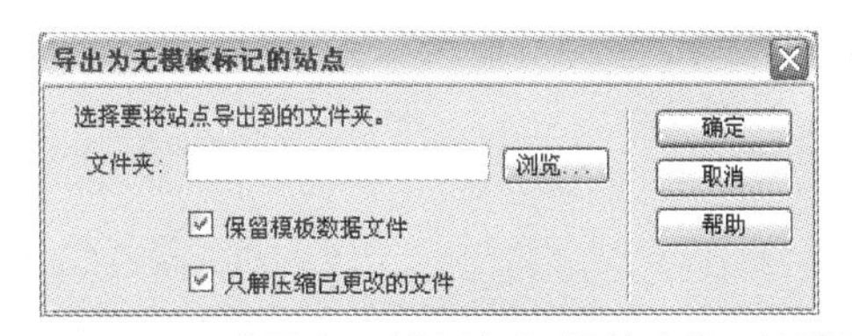

图8-1-16　“导出无模板标记的站点”对话框

（3）输出没有模板标记的站点：单击“修改”→“模板”→“不带标记导出”命令，调出“导出无模板标记的站点”对话框，如图 8-1-16 所示。单击“浏览”按钮，调出“解压缩模板XML”对话框，在该对话框内选择输出路径，再单击“导出无模板标记的站点”对话框中“确定”按钮，即可输出没有模板标记的站点。

思考与练习8-1

1. 修改【案例 26】内制作的“世界名花 3.dwt”模板，在左边栏内的“世界名花——玉兰”文字下边增加“世界名花——芍药”和“世界名花——天竺葵”两行文字。并更新所有与之有关的网页文档。再利用“世界名花 3.dwt”模板创建一个“世界名花——芍药 .html”网页，再建立“世界名花——芍药”文字与“世界名花——芍药 .html”网页的链接。

2. 参考【案例 26】“世界名花 3”网站的制作方法，制作一个“中国名胜”网站。

8.2 案例27 “世界名花列表简介”网页

案例效果和操作

“世界名花列表简介”网页是以表格的形式展示出一些世界名花的简介内容，包括每种名花的一幅图像和一些简介的文字。它是在“【案例 26】世界名花 3”文件夹内增加了一个名称为“世界名花列表简介 .html”的新网页，在“世界名花 3.html”网页内左边列表框中新增一个名称为“世界名花列表简介”的链接文字，如图 8-2-1 所示。

图8-2-1　修改后的“世界名花3”网页的显示效果

单击图 8-2-1 所示网页内的“世界名花列表简介”链接文字，可以打开“世界名花列表简介 .html”网页，如图 8-2-2 所示。

图8-2-2 “世界名花列表简介”网页的显示效果

通过本案例的学习，可以了解“资源”面板的特点，掌握创建库项目的方法，使用库项目在网页内创建引用的方法，以及修改库项目和更新页面的方法等。

1．修改“世界名花 3.dwt”模板

（1）将“【案例 26】世界名花 3”文件夹复制一份，再将复制的文件夹名称改为“【案例 27】世界名花列表简介”。

（2）单击“站点”→“新建站点”命令，调出“站点设置对象”对话框。在“站点名称”文本框中输入站点的名称“世界名花”，在“本地站点文件夹”文本框内输入“D:\WEBZD1\TDZZ\【案例 27】世界名花列表简介\”，如图 8-2-3 所示。单击“保存”按钮。

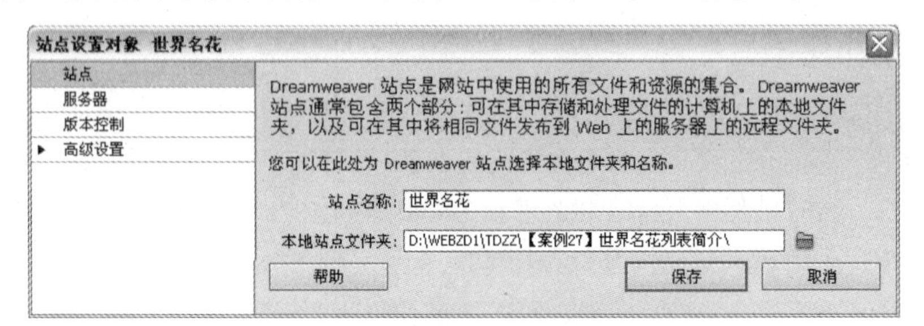

图8-2-3 “站点设置对象”（站点）对话框1

（3）单击“文件”→“打开”命令，调出“打开”对话框，选中“【案例 27】世界名花列表简介”文件夹内 Templates 文件夹内的“世界名花 3.dwt”模板文件，然后单击“打开”按钮，打开选中的“世界名花 3.dwt”模板文件。

（4）将光标定位在“世界名花——玉兰”文字右边，按【Enter】键，将光标移到下一行，拖动选中“世界名花——玉兰”文字，按住【Ctrl】键，同时将选中的文字垂直向下拖动，在下一行复制一份“世界名花——玉兰”文字，然后将改文字改为“世界名花列表简介”。

（5）拖动选中“世界名花列表简介”文字，在其“属性”（HTML）栏内“链接”文本框内，修改文字为“../ 世界名花列表简介 .html”。

（6）单击“文件”→“保存”命令，保存模板，此时会调出“更新模板文件”对话框，如图 8-2-4 所示。提示用户是否更新使用该模板的网页。单击“更新”按钮，自动更新相关的所有网页。同时会调出一个“更新页面”对话框，在它的“状态”列表框中会列出更新的文件名称、检测文件个数、更新文件个数等信息，如图 8-2-5 所示。

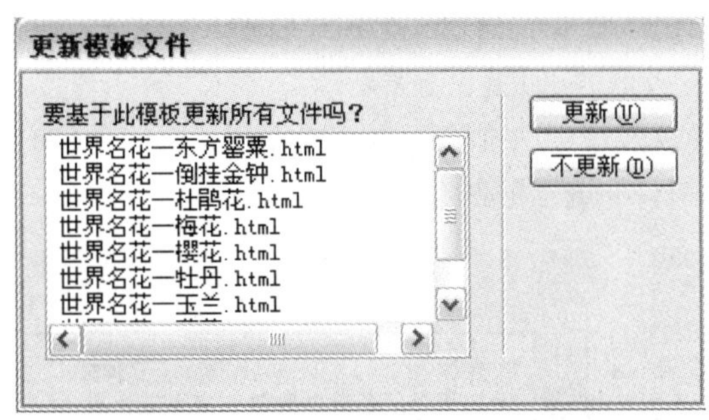

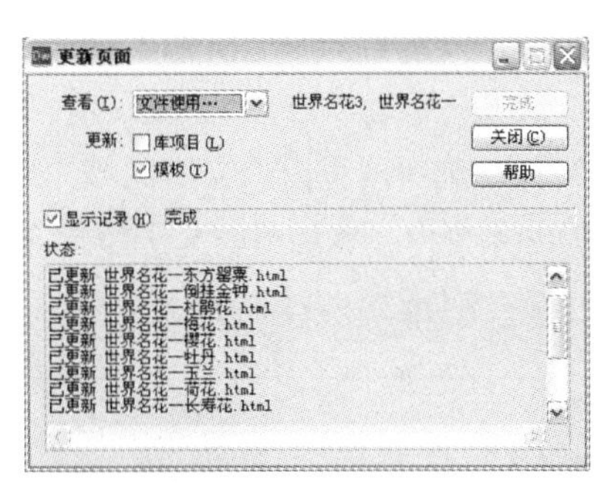

图8-2-4　“更新模板文件”对话框　　　　图8-2-5　“更新页面”对话框

（7）单击“更新页面”对话框内的“关闭”按钮，关闭该对话框，完成更新网页。

（8）单击“文件”→“另存为模板”命令，调出“另存模板”对话框，在“描述”文本框中输入“这是世界名花列表简介模板”文字，在“另存为”文本框内输入“世界名花列表简介”文字，如图 8-2-6 所示。然后，单击“保存”按钮，在 Templates 文件夹内保存一个名称为“世界名花列表简介”的新模板。

（9）关闭“世界名花 3.dwt”模板文件，打开 Templates 文件夹内的“世界名花列表简介”模板文件。将其中的“世界名花标题”可编辑区域内的文字改为“世界名花——世界名花列表简介”，将它的位置进行调整，删除其他可编辑区域。

（10）在“世界名花标题”可编辑区域下边创建一个名称为“apDiv43”的 AP Div 对象，在“apDiv43”AP Div 对象内创建一个名称为表格的可编辑区域，效果如图 8-2-7 所示。

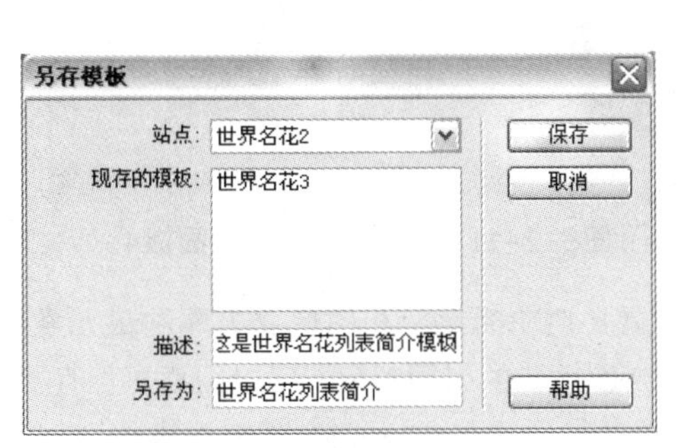

图8-2-6　“另存模板”对话框

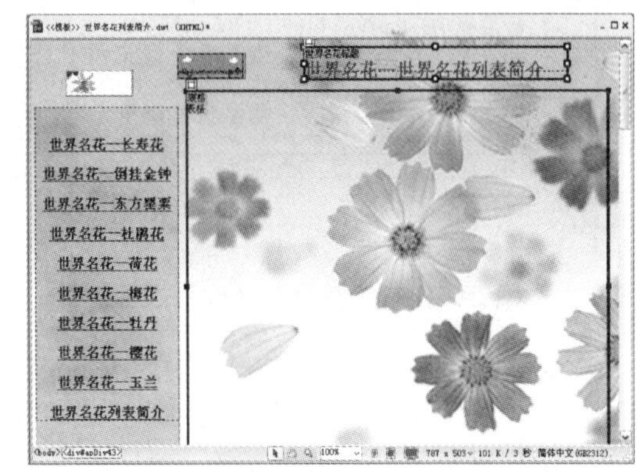

图8-2-7　“世界名花列表简介”模板

（11）单击“文件”→“保存”命令，保存修改后的“世界名花列表简介”模板文件。然后，关闭“世界名花列表简介”模板文件。

（12）按照上述方法，在“世界名花 3.html”网页文档内添加“世界名花列表简介”文字链接文本，链接“世界名花列表简介 .html”网页文档。

2．创建库项目

（1）打开“【案例 27】世界名花列表简介”文件夹内的“世界名花——长寿花 .html”、“世界名花——杜鹃花 .html”、“世界名花——荷花 .html”、“世界名花——梅花 .html”、“世界名花——倒挂金钟 .html”、“世界名花——东方罂粟 .html”、“世界名花——牡丹 .html”、“世界名花——樱花 .html”和“世界名花——玉兰 .html”网页。

（2）单击“窗口”→“资源”命令，调出“资源”面板。单击“资源”面板左边的“库”按钮📖，调出“资源”（库）面板（也叫库管理器），如图 8-2-8 所示。

（3）拖动选中网页内“文字区域”可编辑区域中的文字，将文字拖到“资源”（库）面板内下边的元素框内，该选中的文字转变为库项目元素，如图 8-2-9 所示。

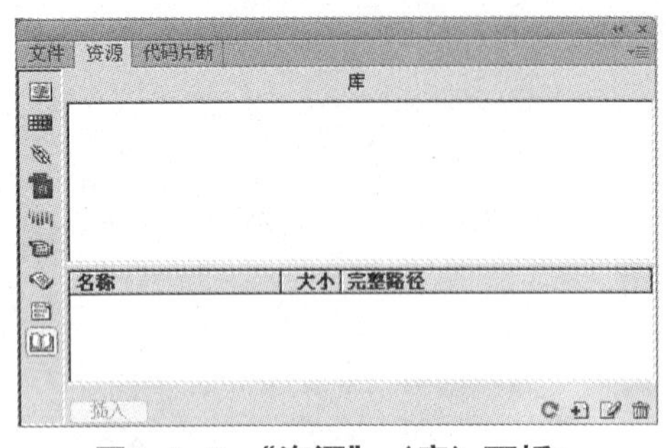

图8-2-8 “资源”（库）面板1

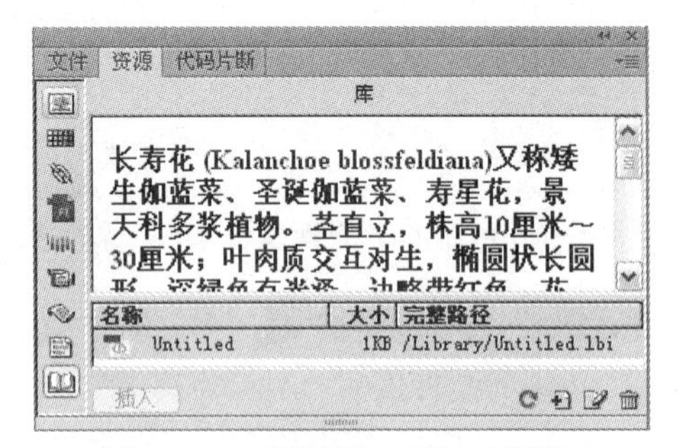

图8-2-9 “资源”（库）面板2

（4）单击选中元素框内新创建的元素名称“Untitled”，进入文字编辑状态，将名字改为“长寿花文字”。其右边的完整路径名称也会随之改变，如图 8-2-10 所示。

（5）拖动选中网页内“图像区域”可编辑区域中的图像到“资源”（库）面板内下边的元素框内，该选中的图像转变为库项目元素，再将该元素名称改为“长寿花图像”，如图 8-2-11 所示。

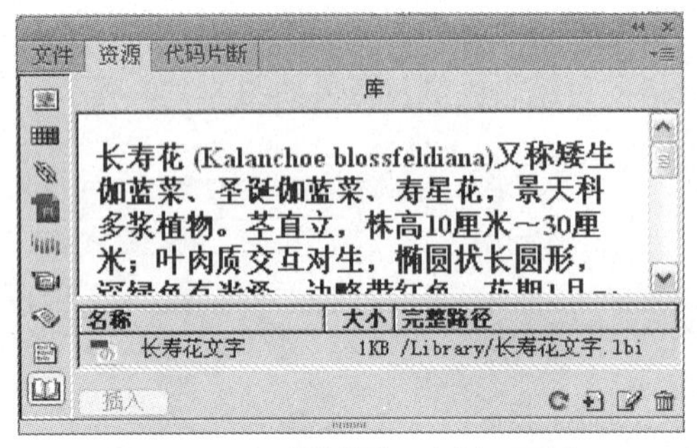

图8-2-10 “资源”（库）面板3

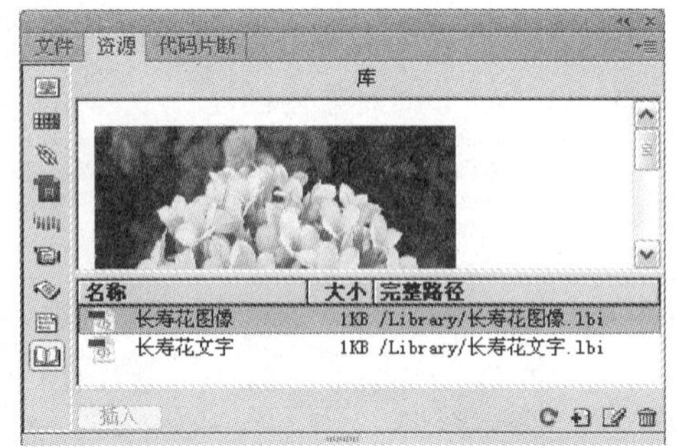

图8-2-11 “资源”（库）面板4

（6）因为在将“世界名花——长寿花 .html”网页文档中的文字和图像变为库项目元素后，原来网页内的文字和图像也成为“资源”（库）面板内库项目的引用对象，所以需要再保存“世界名花——长寿花 .html”网页文档。再关闭“世界名花——长寿花 .html”网页文档。

（7）按照上述方法，将其他打开的网页内“文字区域”可编辑区域中的文字拖动选中，转变为“资源”（库）面板内元素框中的库项目元素；将“图像区域”可编辑区域中的图像，转变为“资源”（库）面板内元素框中的库项目元素。将“资源”（库）面板内元素的名称进行相应的修改。

最后，“资源”（库）面板内有 9 个内容是文字的库项目元素，有 9 个内容是图像的库项目元素。

3．使用库项目在网页内创建引用

（1）单击“文件”→“新建”命令，调出“新建文档”对话框，单击左边栏内的“模板中的页”按钮，选择“站点”列表框中的“世界名花 2”站点名称选项，选中“站点‘世界名花 2’的模板”列表框内的“世界名花列表简介”模板名称选项，即可在“预览”显示区域内看到“世界名花列表简介”模板的缩略图，如图 8-2-12 所示。

（2）在“新建文档”对话框内选中“当模板改变时更新页面”复选框，单击“创建”按钮，关闭“新建文档”对话框，同时利用“世界名花列表简介”模板创建一个网页。

图8-2-12　“新建文档”对话框

（3）单击“文件”→“另存为”命令，调出“另存为”对话框，将该网页以名称“世界名花列表简介.html”保存在“【案例27】世界名花列表简介”文件夹内。

（4）单击网页文档空白处，单击“属性”栏内的“页面属性”按钮，调出“页面属性”对话框，利用该对话框设置网页标题为“世界名花列表简介”，设置背景图像为“GIF/BJ1.jpg”。然后，单击“确定”按钮，关闭“页面属性”对话框。

（5）将光标移到网页内“表格”可编辑区域中，创建一个10行2列的表格。然后，调整表格的大小。

（6）将“资源”（库）面板内“东方罂粟图像”对象拖到表格第1行第1列单元格内，使第1行第1列单元格内的“东方罂粟图像”对象成为库项目的引用对象。

也可以将光标移到网页内新建表格第1行第1列单元格内，在“资源”（库）面板内选中“东方罂粟图像”对象，再单击“插入”按钮。

（7）将“资源”（库）面板内“东方罂粟文字”对象拖到表格第1行第2列单元格内，使第1行第1列单元格内的“东方罂粟文字”对象成为库项目的引用对象。

（8）按照上述方法，在表格的其他单元格内插入相应的图像和文字。

（9）双击“资源”（库）面板内的“东方罂粟文字”对象，调出“《库项目》东方罂粟文字.lbi”面板，拖动选中该面板内的文字，调整选中文字的大小、颜色等属性，如图8-2-13所示。再单击该面板内的×按钮，关闭该面板，调整了“资源”（库）面板内的“东方罂粟文字”对象的属性，同时也修改了网页内“东方罂粟文字”库项目的引用对象。

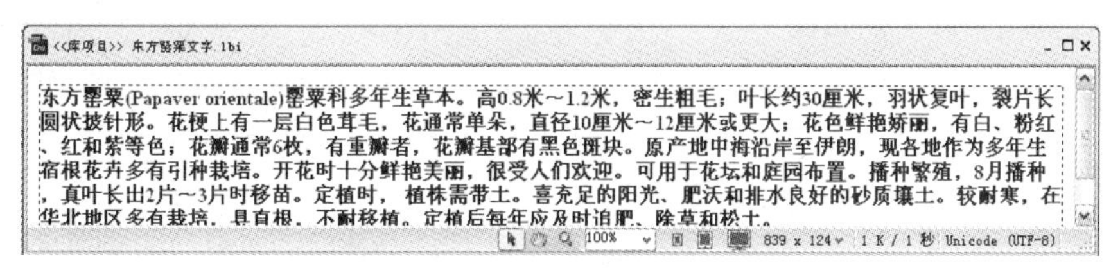

图8-2-13　“新建文档”对话框

（10）单击“文件”→“保存”命令，将修改后的“世界名花列表简介.html”网页文档保存在“【案例 27】世界名花列表简介”文件夹内。

相关知识——“资源”面板和库项目

“资源”面板是用来保存和管理当前站点或收藏夹中网页资源的面板。资源包括存储在站点中的各种元素（也称为对象），例如模板、图像或影片文件等。需要先定义一个本地站点，然后才能在“资源”面板中查看资源。

库在“资源”面板内，可以存储库项目，库项目就是一些对象的集合，这些库项目是网站内各网页经常使用的内容。在创建网页时，只须将库中的库项目插入网页即可。

1．“资源”面板的特点

“资源”面板如图 8-2-9 所示，它分为 4 部分，它们的特点如下：

（1）元素预览窗口：它位于“资源”面板的上边，用来显示选定元素的内容。

（2）元素框：它位于元素预览窗口的下边，用来显示该站点内元素的名字。

（3）元素分类栏：它位于“资源”面板内的左边，它有 9 个按钮。将鼠标指针移到按钮处，即可显示该按钮的名称，从上至下分别为：“图像”、“颜色”、URLs、Flash、Shockwave、“影片”、“脚本”、“模板”和“库”。单击它们可切换“资源”面板显示的元素类型。

（4）应用工具栏：它位于“资源”面板内的底部。单击选中元素分类栏中不同的图标按钮时，应用工具栏中会出现一些不同的按钮。

2．“资源”面板应用工具栏中按钮的作用

（1）“插入”按钮[插入]：单击它，可将选中的素材插入到当前网页的光标处。

（2）“刷新站点列表”按钮：单击它后，可以刷新站点列表。

（3）“编辑”图标按钮：单击它，可调出相应的窗口，对选择的素材进行编辑。

（4）“新建模板”按钮：单击它后，可以在“资源”面板内新建一个模板。

（5）“应用”按钮[应用]：单击它，可以将选中的元素进行应用。例如，在单击“颜色”图标按钮后，选择一种颜色，则单击该按钮，即可应用选择的颜色。

（6）“添加到收藏夹”按钮：单击它，可将选择的内容放到收藏夹中。若要查看收藏夹的内容，可单击“资源”面板上边的“收藏”单选按钮。

（7）“从收藏夹中删除”按钮：单击它，可将在收藏夹内选中内容从收藏夹中删除。

（8）“删除”按钮：单击它，可删除在“站点资源”面板中选中的内容。例如，单击选中模板列表框内的模板图标和默认的名称，再单击默认的名称后，可以修改模板的名称。在选中模板图标的情况下，单击“删除”按钮，即可删除选中的模板图标。

（9）“新建收藏夹的文件夹”按钮：单击它，可在收藏夹中新建一个文件夹。

3．修改库项目和更新页面

网页页面中引用的对象会有特定的颜色进行标记。选择一个该对象后，它的“属性”面板如图 8-2-14 所示。“属性”面板中的 Src 文字给出了库的名称和路径，其扩展名为“.lbi”。说明此对象是这个库的一个库项目的引用对象。

（1）编辑页面中库项目的引用：在选中页面中由库项目产生的对象（即库项目引用）时，单击库项目引用“属性”面板中的“从源文件中分离”按钮后，会使应用库项目建立的对象与库项目的引用关系断开，以后修改库项目不会影响对象的变化。

（2）编辑库项目的方法：

◎ 选中页面中由库项目产生的对象，单击库项目引用“属性”面板内的“打开”按钮或双击库项目图标，打开选定的库项目的编辑窗口和库项目对象，用来修改库项目对象。

◎ 修改完库项目对象后，单击“文件”→“保存”命令，进行库文件的保存。此时会调出“更新库项目”对话框，如图 8-2-15 所示，提示用户是否更新网站。

图8-2-14　库项目引用对象的“属性”面板

图8-2-15　“更新库项目”对话框

◎ 单击选中要更新的网页文件名称，单击“更新”按钮，即可开始更新。更新后，页面内由库项目产生的对象即会随之改变。然后，屏幕会显示“更新页面”对话框。此时，“更新”栏中选中的是“库项目”复选框。

（3）编辑库项目：如果将库中的一些项目删除或重命名，则页面内使用库项目建立的对象就会成为一般的对象，不再与库的项目有引用关系。要利用这些对象重新建立库项目，可在选择对象的情况下，单击库项目引用的“属性”面板内的“重新创建”按钮，重建原来的库项目。

如果要修改包含行为的对象，则会使对象的行为丢失，因为只有一部分行为代码在部件中。此时只能断开对象与库项目的引用关系，重新修改对象的行为，再将对象拖动到库中生成新的库项目。新的库项目的名字要和原库项目的名字一样。

（4）更新站点：在“更新页面”对话框中的“查看”下拉列表框中选择“整个站点”选项，右边会出现一个新的下拉列表框，并激活“开始”按钮。在新的下拉列表框中选择站点名称，单击“开始”按钮，即可对选定的站点进行检测和更新，并给出检测信息报告。

思考与练习8-2

1．在“资源”（库）面板内创建一个库项目，将它应用于网页。修改库项目，观察引用了库项目的网页有何变化？如果要想在修改库项目后不影响引用了库项目的网页，应如何操作？

2．利用本案例介绍的创建库项目和使用库项目的方法，制作一个“中国著名建筑”网站。该网站内的许多网页使用了相同的图像、文字、AP Div 和 Flash 动画，在制作网站内各网页以前，先将这些常用的对象创建成库项目，以后制作网页时再使用这些库项目。

8.3　案例28　创建“鲜花缘”网站

案例效果和操作

“鲜花缘”网站的首页是“index.html”网页，它的显示效果如图 8-3-1 所示，该网页的背景由一幅鲜花图像、“鲜花缘”标题文字、小花仙子图像、竖排立体文字“欢迎光临”和一幅鲜花图像等组成，其上边第 1 行的左边是一个 LOGO 动画，“鲜花缘”标题文字下面是导航栏。单击导航栏内的按钮，即可打开相应的网页。

图8-3-1 “鲜花缘”网站内首页（“index.html”）网页的显示效果

单击“鲜花缘”网站首页内的“鲜花简介”文字按钮，即可打开“鲜花简介”网页（即【案例 26】“世界名花 3”网页，名称改为“XHJJ.html”）。单击“鲜花简介”网页内第 1 行第 2 列小图像，可以回到“鲜花缘”网站的主页，即图 8-3-1 所示的网页。

单击“鲜花缘”网站首页内的“鲜花浏览”文字按钮，可打开“鲜花浏览”网页（“XHLL.html”），如图 8-3-2 所示。在该网页内除了有与“index.html”主页内容一样的标题文字、LOGO 动画、花仙子图像外，一个“图像浏览器”Flash 动画替代原来“欢迎光临”立体文字和一幅鲜花图像。“图像浏览器”动画播放后的一幅画面如图 8-3-2 所示。

图8-3-2 “鲜花缘”网站内“鲜花浏览”网页（“XHLL.html”）的显示效果

单击“下一幅”按钮，在图像框内显示下一幅图像；单击“上一幅”按钮，显示上一幅图像；单击“第 1 幅”按钮，显示第 1 幅图像；单击“最后一幅”按钮，显示最后一幅图像（即第 10 幅图像）。单击右边的小图像，会显示相应的大图像。在大图像的下边还有正在显示的图像名称和序号。

单击“鲜花缘”网站首页内的“鲜花药理”文字按钮，可打开“鲜花药理”网页（“XHYL.html”），如图 8-3-3 所示。可以看到，该网页与“index.html”主页内容基本一样。介绍一些鲜花药理的文字和两个“图像切换”Flash 动画替代原来“欢迎光临”立体文字和一幅鲜花图像。

图8-3-3　“鲜花缘”网站内“鲜花药理”网页（“XHYL.html”）的显示效果

单击“鲜花缘”网站首页内的“城市市花”文字按钮，可打开“城市市花”网页（“CSH.html”），如图 8-3-4 所示。可以看到，该网页与“index.html”主页内容基本一样。一些介绍城市市花的文字和“日历”与“滚动图像”Flash 动画替代原来“欢迎光临”立体文字和一幅鲜花图像。

图8-3-4　“鲜花缘”网站内“城市市花.html”网页的显示效果

通过本案例的学习，进一步掌握创建网站站点的方法，创建模板和应用模板的方法等，初步掌握本地站点的测试以及本地站点内链接的修复和替换。该案例的制作方法如下：

1．创建“鲜花缘”站点

（1）将“【案例 26】世界名花 3”文件夹复制，将复制的文件夹名称更改为“XHYUAN”（鲜花缘），为了避免免上传文件时发生错误，将网站内的文件夹和文件的名称均改为英文字母。将“世界名花”文件夹名称更改为“SJMH”；创建“ANHBT”文件夹，其内保存主页等网页内使用的图像，图像的文件名为相应的汉语拼音首字母组成；创建“Flash”文件夹，其内保存一些网站要用的 Flash 动画文件。

（2）将“XHYUAN”文件夹中“Templates”文件夹内的“世界名花 3.dwt”模板文件名称更改为“SJMH.dwt”，将该文件夹内“_notes”文件夹中的“世界名花 3.dwt.mno”文本文件名称改为“SJMH.dwt.mno”。将“XHYUAN”文件夹内的“世界名花 3.html”网页名称更改为“XHJJ.html”（“鲜花简介”网页），将“世界名花——长寿花 .html”文件名称更改为“SCS.html”，“世界名花——倒挂金钟 .html”文件名称更改为 SDG.html……

（3）单击“站点”→“新建站点”命令，调出“站点设置对象”对话框，如图 8-3-5 所示。

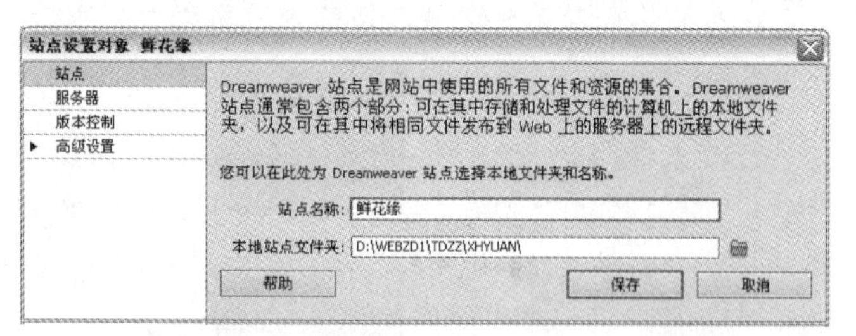

图8-3-5　“站点设置对象”（站点）对话框

（4）在其内的“站点名称”文本框中输入站点的名称“鲜花缘”。在“本地站点文件夹”文本框内输入“D:\WEBZD1\TDZZ\XHYUAN\”，作为站点的根目录。

（5）单击“站点设置对象”对话框内的“保存”按钮，初步完成本地站点的设置。此时“文件”面板内会显示出本地站点文件夹内的文件夹和文件，如图 8-3-6 所示。

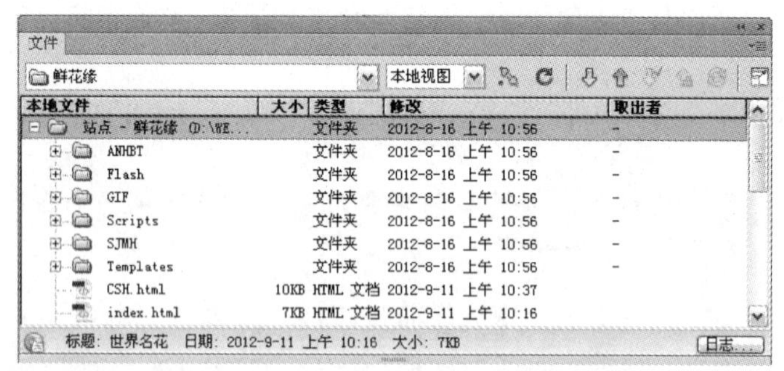

图8-3-6　“文件”面板内显示本地站点文件夹内的文件夹和文件

2．制作“鲜花缘”网站主页

“鲜花缘”网站主页（“index.html.html”）如图 8-3-1 所示，它的制作方法如下：

（1）在 Photoshop 中加工一幅图像，如图 8-3-7 所示，它的宽为 900 像素、高为 600 像素，文件名为“KJ1.jpg”，保存在“XHYUAN”文件夹内的“GIF”文件夹中。

图8-3-7　背景图像

（2）在 Dreamweaver CS6 中，新建一个空白文档，单击其“属性”栏内的“页面属性”按钮，调出“页面属性”对话框，利用该对话框设置网页的背景为“KJ1.jpg”图像，选择“不重复”复选框。再以名称“index.html.html”保存在“XHYUAN”文件夹内。

（3）单击“插入”（布局）栏内的“绘制 AP Div”按钮，在网页内左边拖动出一个矩形，创建一个“apDiv1”AP Div。在其“属性”栏内“宽”文本框中输入 74，在“高”文本框中输入 130。单击该 AP Div 内部，插入“RT2.gif”动画，作为 LOGO 动画。

（4）在页面内创建一个 2 行 2 列的表格，在标题文字下边创建一个“apDiv2”AP Div，单击“apDiv2”AP Div 内部，创建 1 行 5 列表格，调整各表格单元格的大小。在各单元格内依次插入“网页首页”……“城市市花”5 个按钮状鼠标经过图像，方法如下：

◎ 将光标定位在第 1 个单元格内，即“网页首页”按钮图像应该在的位置，单击“插入”（常用）栏“图像”下拉菜单中的“鼠标经过图像”按钮，调出“插入鼠标经过图像”对话框，按照图 8-3-8 所示进行设置。

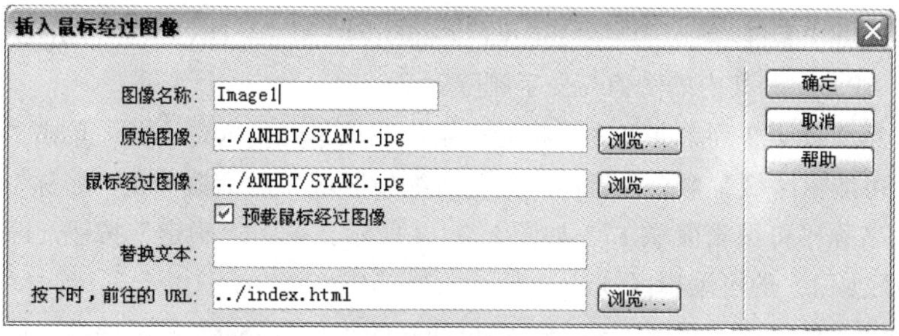

图8-3-8 “插入鼠标经过图像”对话框

在“图像名称”文本框内输入“Image1”，在“原始图像”文本框内输入“../ANHBT/SYAN1.jpg”，在“鼠标经过图像”文本框内输入“../ANHBT/SYAN2.jpg”，在“按下时，前往的 URL”文本框内输入“../index.html”，建立与“XHYUAN”文件夹内的“index.html”网页的链接。

◎ 按照上述方法，建立其他 4 个按钮状鼠标经过图像，建立它们与“XHYUAN”文件夹内不同网页的链接。

（5）单击“插入”（布局）栏内的“绘制 AP Div”按钮，在表格第 2 行单元格左边创建一个“apDiv3”AP Div，单击该 AP Div 内部，插入一幅竖排立体文字“欢迎光临”图像。在表格第 2 行第 2 列单元格内创建一个“apDiv4”AP Div，在该 AP Div 内部插入一幅鲜花图像，如图 8-3-1 所示。

（6）在表格第 2 行内右边创建一个“apDiv5”AP Div，在该 AP Div 内部输入“城市市花”、“鲜花简介”、“鲜花浏览”和“鲜花药理”文字，拖动选中“城市市花”文字，在其“属性”栏内的“链接”文本框中输入“CSH.html”，建立与“XHYUAN”文件夹内的“CSH.html”网页的链接；再建立“鲜花简介”、“鲜花浏览”和“鲜花药理”文字分别与“XHYUAN”文件夹内的“XHJJ.html”、“XHLL.html”和“XHYL.html”网页的链接。

（7）单击“文件”→“另存”命令，保存设计好的“index.html”网页。

3．制作“鲜花缘 .dwt”模板

（1）单击“文件”→“另存为模板”命令，调出“另存模板”对话框，在“站点”下拉列表框内选择“鲜花缘”站点名称，在“另存为”文本框内输入“XHY”，如图 8-3-9 所示。单击“保存”

按钮，将“index.html”网页以名称“XHY .dwt”保存在站点文件夹下的“Templates”文件夹内。同时，关闭“另存模板”对话框，调出一个Adobe Dreamweaver CS6提示框，如图8-3-10所示。单击该提示文本框内的“是”按钮，更新链接。

图8-3-9 “另存模板”对话框

图8-3-10 提示框

（2）按住【Shift】键，单击选中“apDiv3”、“apDiv4”和“apDiv5”3个AP Div，按【Delete】键，将这3个AP Div和其内的图像与文字删除。

（3）单击第2行第2列单元格内，将光标定位在该单元格内左上角，单击“插入”→“模板对象”→“可编辑区域”命令，调出“新建可编辑区域”对话框，在“名称”文本框中输入可编辑区域的名称“可编辑区域1”，如图8-3-11所示。单击“确定”按钮，即可插入一个名称为“可编辑区域1”的可编辑区域。

（4）单击“文件”→“保存”命令，将设计好的“XHY.dwt”模板保存。此时网页设计窗口内的画面如图8-3-12所示，它有一个可编辑区域。

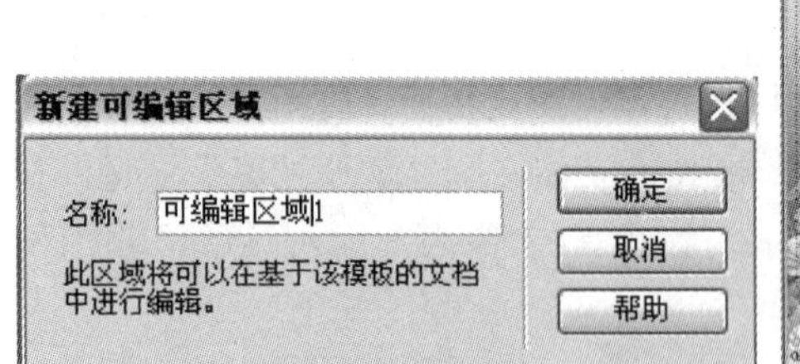

图8-3-11 “新建可编辑区域”对话框

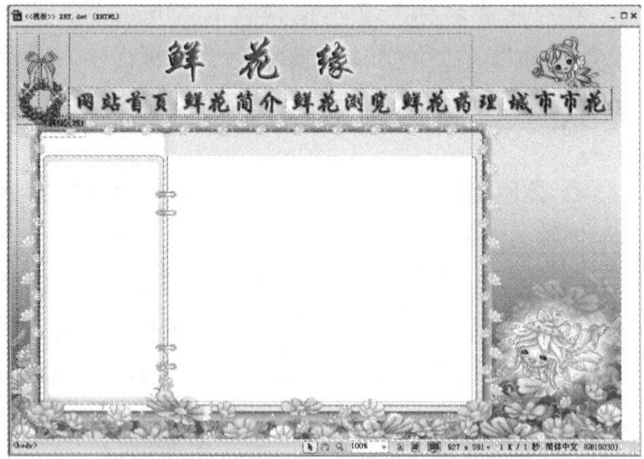

图8-3-12 有一个可编辑区域的模板

4．制作其他网页

（1）单击“文件”→“新建”命令，调出“新建文档”对话框，单击左边栏内的“模板中的页”选项，单击选中“站点”栏内的“鲜花缘”站点名称选项，单击选中“站点‘鲜花缘’的模板”列表框内的“XHY”模板名称选项，即可在“预览”栏内看到“XHT”模板的缩略图，选中“当模板改变时更新页面”复选框，如图8-3-13所示。

图8-3-13　“新建文档”对话框

（2）单击“新建文档”对话框内的“创建”按钮，关闭“新建文档”对话框，同时利用“XHY”模板创建一个网页。

（3）单击“文件”→“另存为”命令，调出“另存为”对话框，将该网页命名为“XHLL.html”（“鲜花浏览”网页）保存在“XHYUAN”文件夹内。

（4）拖动选中“可编辑区域 1”黑色文字，按【Delete】键，将它们删除。

（5）单击“插入”（布局）栏内的“绘制 AP Div”按钮，将鼠标指针定位在单元格中的“可编辑区域 1”可编辑区域内，拖动出一个矩形，创建一个“apDiv6”AP Div。

（6）单击“插入”（常用）栏中的“媒体”快捷菜单中的“SWF”按钮，调出“选择 SWF”对话框，如图 8-3-14 所示。在“选择文件”对话框中选择要导入的“TXLL.swf”文件（“图像浏览”动画），单击“确定”按钮，导入 SWF 文件。网页文档中的显示效果如图 8-3-15 所示。

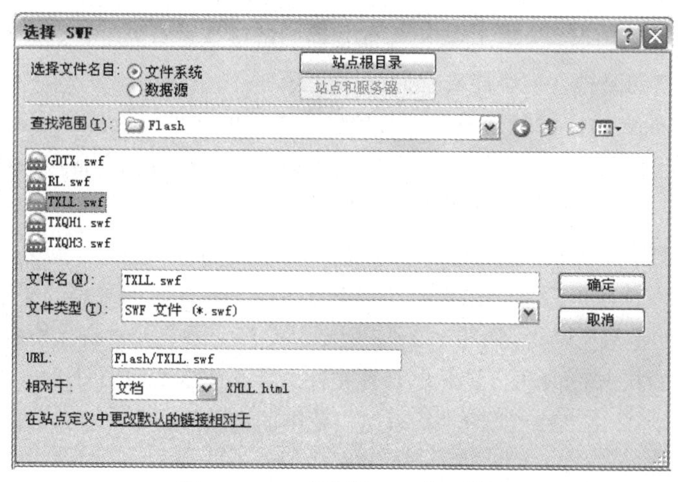

图8-3-14　“选择SWF”对话框

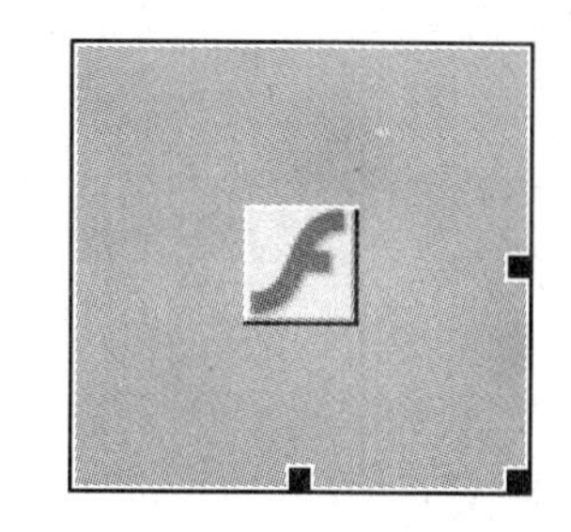

图8-3-15　导入SWF动画

（7）单击“文件”→“另存为”命令，将修改后的网页保存。

（8）按照上述方法，利用“XHY”模板新建“XHYL.html”（“鲜花药理”网页）网页，创建 3 个 AP Div。要扩大可编辑区域，将鼠标指针定位到可编辑区域内，按【Enter】键。

（9）按照上述方法，利用“XHY”模板新建“XHYL.html”（“鲜花药理”网页）网页，创建3个AP Div。要扩大可编辑区域，将鼠标指针定位到可编辑区域内，按【Enter】键。

（10）打开“SJMH.dwt”模板文件，选中第1行第2列图像，在它的“属性”栏内“链接”文本框中输入“../index.html”，建立该图像与“index.html”主页网页的链接。单击“文件”→“保存”命令，调出“更新模板文件”对话框。单击“更新”按钮，可自动更新与该模板有关的所有网页。

相关知识——本地站点链接测试

为了保证网页在目标浏览器中能够正常显示，链接正常，还需要对本地站点进行测试，包括浏览器兼容性测试和网页链接测试等。

1．站点链接的测试

（1）网页链接的检查：打开需要检查的网页文档，单击“文件”→“检查页”→“链接”命令，检查结果会显示在“链接检查器”面板中，其内的列表框中会显示断开的链接，如图8-3-16所示。

在该面板内“显示”下拉列表框中选择要查看的链接方式，该下拉列表框有3个选项，选择不同选项时，其下面的显示框内显示的文件内容会不同。3个选项的含义如下：

◎“断掉的链接”选项：选择该选项后，可以用来检查文档中是否有断开的链接，显示框内将显示链接失效的文件名和目标文件。

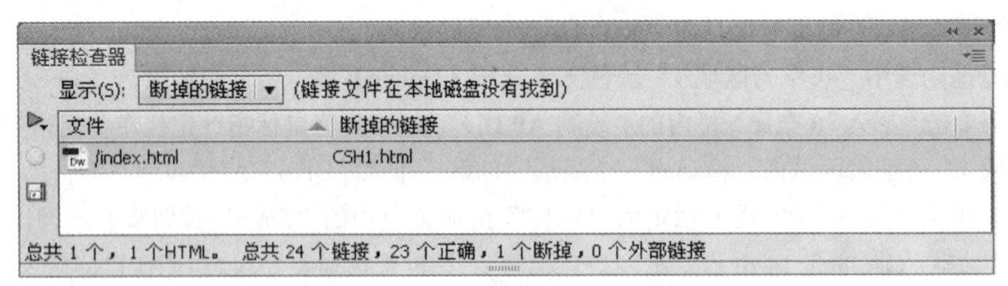

图8-3-16 “链接检查器”面板

◎“外部链接”选项：选择该选项后，可以检查与外部文档的链接是否有断开，显示框内将显示包含外部链接的文件名与它的路径，但不能对它们进行检查。

◎“孤立文件”选项：所谓孤立的文件就是没有与其他文件链接的文件。选择该选项后，选中其中的“孤立文件”选项，可以检查站点中是否有孤立的文档，但必须对整个站点进行链接检查后才可以获得相应的报告。显示框内将显示孤立的文件名与它的路径。

（2）整个站点链接的检查：打开“文件”面板，在该面板内左上角的“站点”下拉列表框中选择要检查的站点名称，单击“链接检查器”面板内左边的按钮，打开它的菜单，单击该菜单内“检查整个当前本地站点的链接”命令，如图8-3-17所示。检查结果会在“链接检查器”面板内显示出来。该面板内底部的状态栏内还会显示出有关文件总数、HTML文件个数、链接树等信息，如图8-3-17所示。另外，单击“站点”→“检查站点范围的链接”命令，也可以在“链接检查器”面板内显示检查结果。

（3）链接的自动检查：当用户在“文件”面板的“本地文件”栏内将一个文件移到其他文件夹时，会自动调出一个“更新文件”对话框，如图8-3-18所示。该对话框内会显示与移动文件有链接的文件路径与文件名，并询问是否更新对这个文件的链接。单击“更新”按钮，表示进行更新链接；单击“不更新”按钮，表示保持原来的链接。

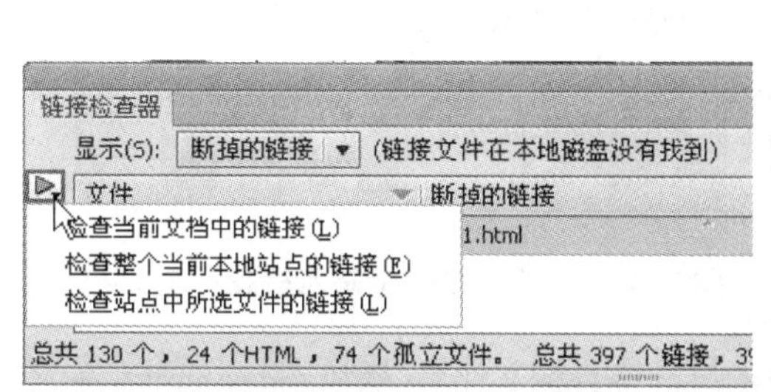

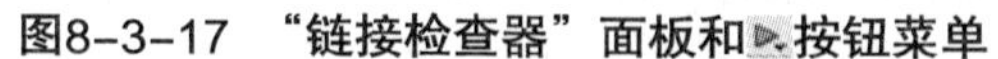
图8-3-17　“链接检查器”面板和按钮菜单

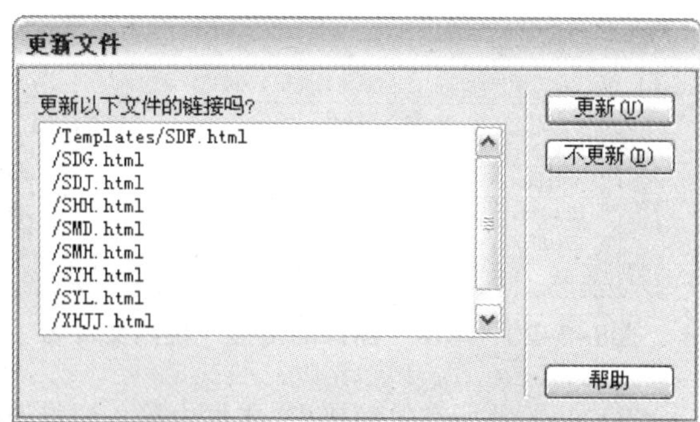

图8-3-18　“更新文件”对话框

2．修复站点内链接的错误

站点内网页文档的链接有错误（例如，将“XHYL.html”网页文档的名称改为“XHYL1.html”）后，修改链接的方法如下：

（1）修改链接目标文件名称：将断链的目标文件名称修改。例如，将“XHYL1.html”文档的名称改为“XHYL.html”。也可以修改源网页文件的链接（例如，“index.html”）。

（2）打开源网页文件（例如 index.html），选中网页内相关的元素对象，利用其“属性”栏内的“链接”文本框重新建立链接。例如，将“链接”文本框内的“XHYL.html”改为“XHYL1.html”。

（3）单击“链接检查器”面板内“断掉的链接”栏中的目标文件名，它周围出现虚线框和一个文件夹按钮，如图 8-3-19 所示。此时可以修改文件的名字与路径，也可以单击文件夹按钮，调出“选择文件”对话框，用来寻找新的目标文件。

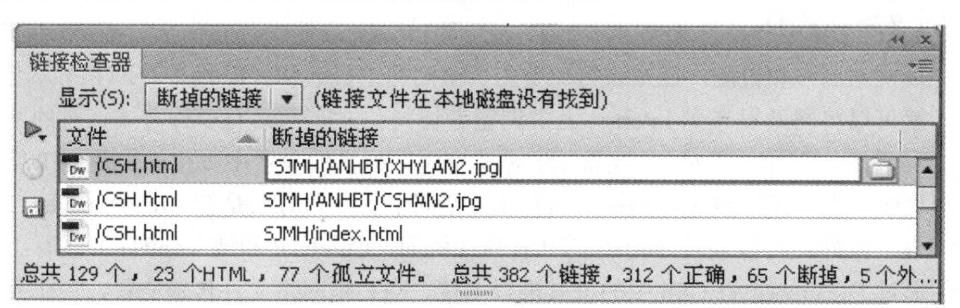

图8-3-19　单击“断掉的链接”栏内文件名

3．批量替换链接

当站点内许多网页文件与一个文件（例如，将 index.html 网页文档的名称更改为 index1.html）的链接失效时，单击“站点”→“检查站点范围的链接”命令，在“结果”面板组中“链接检查器”面板内显示检查结果如图 8-3-20 所示。对于这样的链接错误，不必一个一个地进行修改，可以使用批量替换链接功能。这种链接替换不但对站点内目标文件有效，而且对站点外部目标文件也有效。批量替换链接的操作方法如下：

（1）单击“站点”→“改变站点范围的链接”命令，调出“更改整个站点链接”对话框，如图 8-3-21 所示。

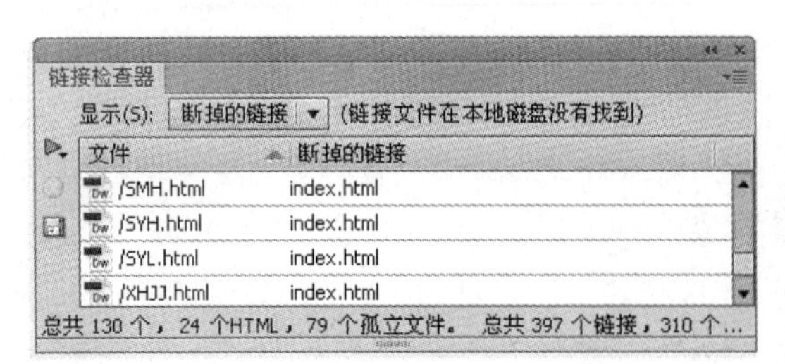

图8-3-20　单击“断掉的链接”栏内文件名

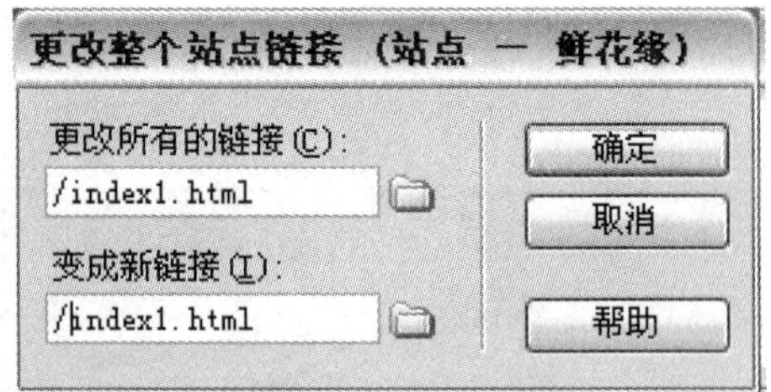

图8-3-21　“更改整个站点链接”对话框

（2）在“更改所有的链接”文本框内输入要修改的原链接目标文件名（例如 index.html），在“变成新链接”文本框内输入新的链接目标文件名（例如 index1.html）。再单击“确定”按钮，调出“更新文件”对话框。

（3）“更新文件”对话框列出了所有与“/index1.html”文件有链接的文件名。单击“更新”按钮，表示进行更新链接；单击“不更新”按钮，表示保持原来的链接。

思考与练习8-3

1．修改【案例 28】制作的网页，更换其中的 SWF 动画，在导航栏增加一个图像按钮，并制作相应的网页。

2．参考【案例 28】的制作方法，制作一个“北京小吃”网站。要求网站至少由 6 个网页组成。

8.4　案例29　“鲜花缘”网站发布

案例效果和操作

在完成网站制作和检测，以及获得免费主页空间的主机名称、IP 地址、FTP 用户名和上传密码后，就可以将网站发布到 Internet 上供浏览者访问。发布网站有多种方式，有的网站提供了 FTP 上传管理，例如“5944.net 我就试试免费空间”提供的免费主页空间支持 FTP 管理，可以在管理页面中通过 FTP 将本地网站上传到免费空间；另一种方法是在 Dreamweaver CS6 中进行上传管理；此外还可以通过专用的 FTP 软件（例如，CuteFTP 和或 leapFTP）进行上传。在这里介绍通过 Dreamweaver CS6 中的工具进行上传。FTP 是网络文件传输协议，用于互联网上计算机之间文件传输的协议，可以上传和下载网站内的文件。Dreamweaver CS6 具有 FTP 上传功能，使用该功能不需要先设置远程服务器。操作步骤如下：

1．申请免费主页空间

（1）搜索免费主页空间：在网上，很多服务商都提供了免费的主页空间，因此，首先要知道在哪里网站可以申请免费主页空间。网络上的搜索引擎有百度（Baidu）、Google 等，可以通过搜索引擎来搜索免费主页空间。如果用 Google 搜索引擎来搜索免费主页空间，可以在浏览器 URL 地址下拉列表框中输入“http://www.google.cn/”，再按【Enter】键，调出 Google 搜索网站的主页。在文本框内输入“免

图8-4-1　搜索“免费主页空间申请”文字

费主页空间申请”，如图 8-4-1 所示，再单击“Google 搜索”按钮，即可找到免费申请主页空间的网站。

（2）找到免费主页空间的地址后，就可以开始申请免费主页空间了。例如，以在“3V.CM”网站进行主页空间的申请和站点发布为例，在浏览器中的“地址”下拉列表框中输入网址“http://www.3v.cm/index.html”，按【Enter】键，即可进入“3V.CM”网站的主页，如图 8-4-2 所示。

图8-4-2　“3V.CM”网站主页页面

（3）单击“注册”按钮，进入“3V.CM”网站的“会员注册”（第一步）页面，其内显示需要遵守的条款。单击“我同意”按钮，调出“会员注册”的下一个页面，在“用户名：”文本框内输入用户名，在“空间类型”下拉列表框内选择“免费香港空间 -100M”选项，再在“选择模板”下拉列表框内选择一种模板，如图 8-4-3 所示。

图8-4-3　“3V.CM”网站“会员注册”（第二步）的页面

（4）单击“3V.CM”网站页面内的“下一步”按钮，进入免费空间申请表的注册填写页面，如图 8-4-4 所示（还没有填写）。在该页面内用户需要根据要求输入“用户名”、“密码”、“电子邮件”、“验证码”等内容。没有“*”注释的项目可以不填写。然后，单击下方的“提交”按钮，进行注册。

图8-4-4 在“会员注册”（第三步）的页面内填写申请会员信息

（5）注册成功后，会显示“会员注册”第四步页面，表示注册成功，显示出申请的网站名称和网站域名等信息，如图 8-4-5 所示。

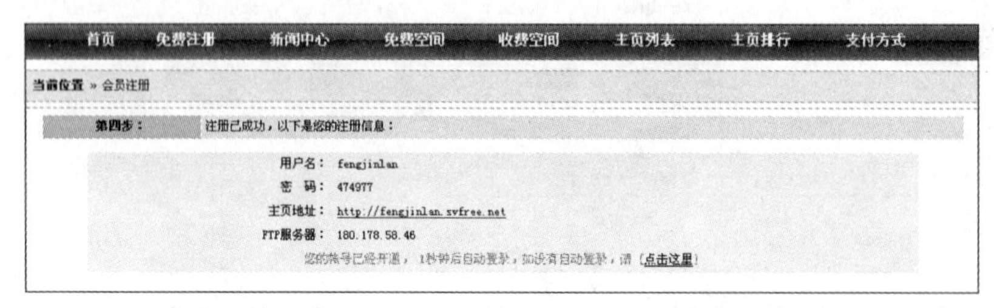

图8-4-5 注册成功后的“会员注册”（第四步）显示申请的网站名称和域名等信息

（6）等待 1 秒钟或单击“点击这里”链接文字，会显示账户等信息，如图 8-4-6 所示。

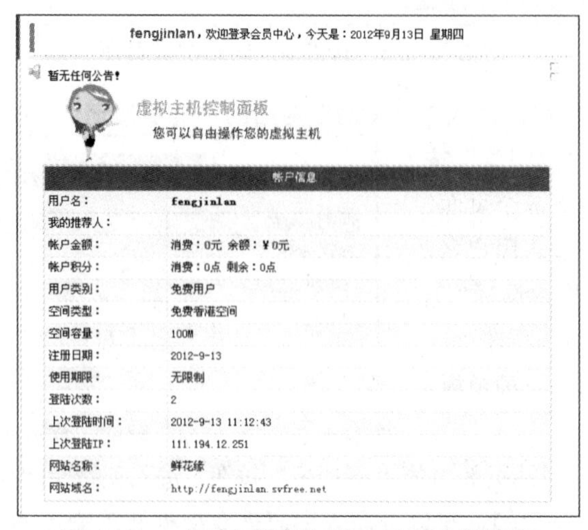

图8-4-6 “账户信息”栏显示账户等信息

（7）单击该网页内左边栏中的红色“FTP 管理”选项，其右边“账户信息”栏内显示注册的FTP信息，如图8-4-7所示。可以看到，其中包括FTP地址即网站域名（上传地址）为“fengjinlan.svfree.net”，FTP账号（上传账号）为“fengjinlan”，FTP密码为注册账号的密码（上传密码），即“474977”。应记下这些信息。如果要更改FTP密码，可以单击“点此修改FTP密码”链接文字。

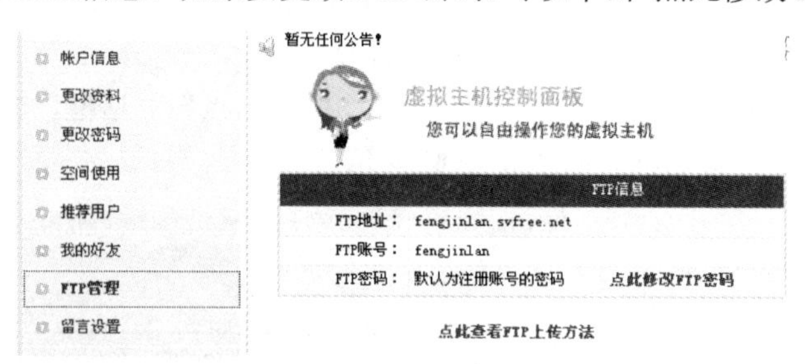

图8-4-7 “账户信息”栏内显示注册的FTP信息

（8）单击“点此查看FTP上传方法”链接文字，可以显示FTP上传方法的帮助信息，如图8-4-8所示。

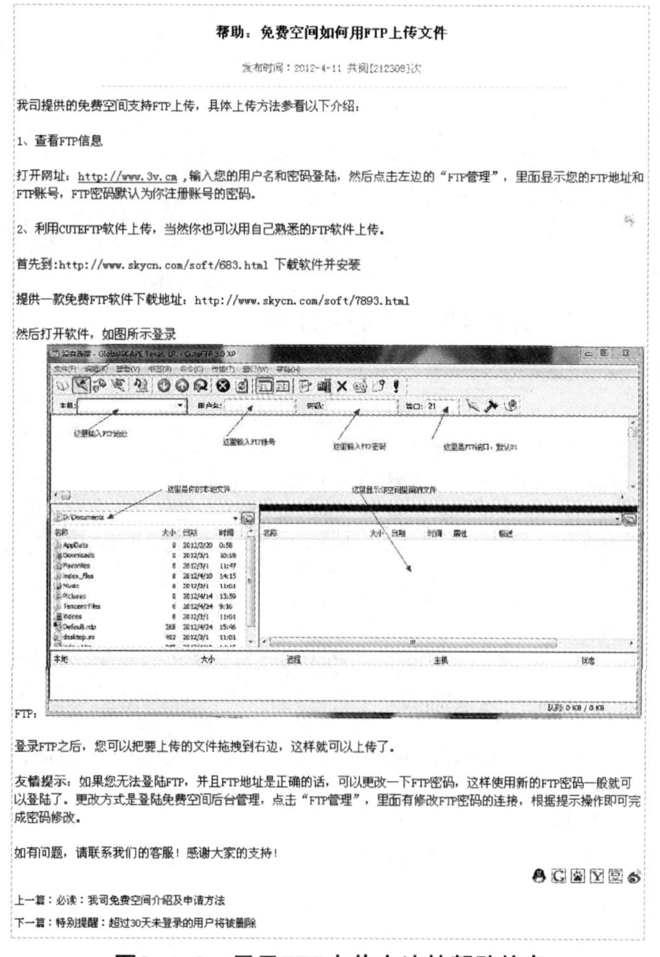

帮助：免费空间如何用FTP上传文件

发布时间：2012-4-11 共阅[212308]次

我司提供的免费空间支持FTP上传，具体上传方法参看以下介绍：

1、查看FTP信息

打开网址：http://www.3v.cm，输入您的用户名和密码登陆，然后点击左边的“FTP管理”，里面显示您的FTP地址和FTP账号，FTP密码默认为你注册账号的密码。

2、利用CUTEFTP软件上传，当然你也可以用自己熟悉的FTP软件上传。

首先到:http://www.skycn.com/soft/683.html 下载软件并安装

提供一款免费FTP软件下载地址：http://www.skycn.com/soft/7893.html

然后打开软件，如图所示登录

FTP:

登录FTP之后，您可以把要上传的文件拖拽到右边，这样就可以上传了。

友情提示：如果您无法登陆FTP，并且FTP地址是正确的话，可以更改一下FTP密码，这样使用新的FTP密码一般就可以登陆了。更改方式是登陆免费空间后台管理，点击“FTP管理”，里面有修改FTP密码的连接，根据提示操作即可完成密码修改。

如有问题，请联系我们的客服！感谢大家的支持！

上一篇：必读：我司免费空间介绍及申请方法

下一篇：特别提醒：超过30天未登录的用户将被删除

图8-4-8 显示FTP上传方法的帮助信息

（9）单击图8-4-8内的“http://www.3v.cm”网址，可以切换到“3V.CM”网站首面，其内右上角显示免费主页空间申请完毕的会员登录信息，如图 8-4-9 所示。

2. 网站发布

在完成网站制作和检测，以及获得免费主页空间的网站域名（上传地址）、FTP 上传账号、FTP 上传密码（例如，依次为“fengjinlan.svfree.net”、“fengjinlan”、“474977”）后，利用 Dreamweaver CS6 设置远程服务器的具体操作步骤如下：

（1）单击“站点”→“管理站点”命令，调出“管理站点”对话框。单击选中“您的站点”列表框内的“鲜花缘”站点名称，如图 8-4-10 所示。

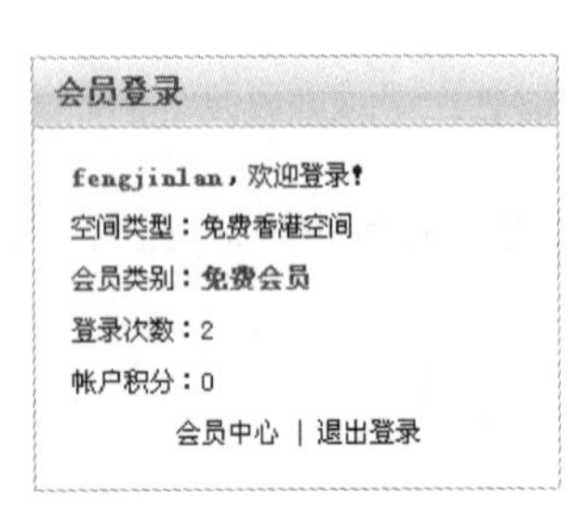

图8-4-9 会员登录信息

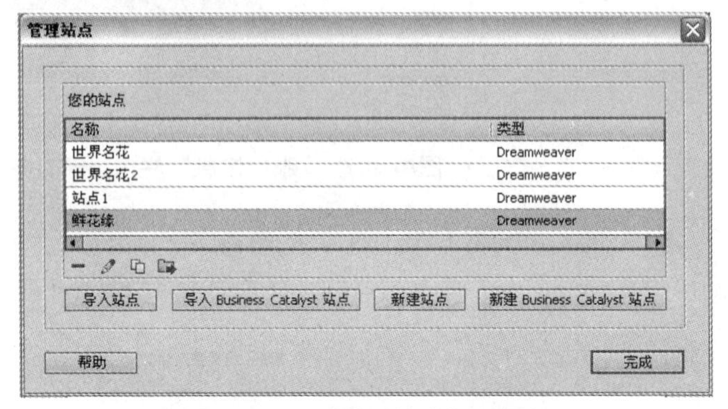

图8-4-10 “管理站点”对话框

（2）单击“编辑当前站点”命令，调出“站点设置对象”对话框，本地站点文件夹是“D:\WEBZD1\TDZZ\XHYUAN\”，如图 8-3-5 所示。

（3）单击选中该对话框内左边栏中的“高级设置”→“本地信息”选项，设置默认图像文件夹是“D:\WEBZD1\TDZZ\XHYUAN\ANHBT\”，在“Web URL”文本框内的上传站点地址是“http://fengjinlan.svfree.net/”。其他设置如图 8-4-11 所示。

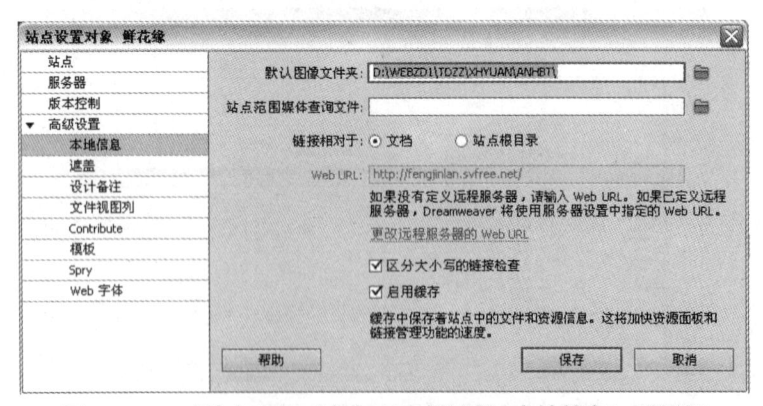

图8-4-11 “站点设置对象”（高级设置-本地信息）对话框

（4）单击选中该对话框内左边栏中的“服务器”选项，切换到服务器设置的对话框，如图 8-4-12 所示（列表框内还没有设置好的选项）。单击按钮，调出服务器设置对话框（还没有设置），如图 8-4-13 所示。通过“连接方法”下拉列表框内的选项，可以设置本地站点的服务器访问方式。其中 2 个选项的含义如下，此处选择“FTP”选项。

◎“FTP”选项：通过 FTP 连接到服务器上，这是通常采用的方式。

◎“本地 / 网络”：通过局域网连接到服务器上。

在“FTP 地址”文本框中输入网站上传的 FTP 地址（“fengjinlan.svfree.net”），注：前面不加“ftp://”字符；在“用户名”文本框内输入“fengjinlan”；在“密码”文本框内输入“474977”，输入的密码只显示一些星号；选中“保存”复选框，选择它后，登录名称和登录密码会被自动保存；还输入根目录等，如图 8-4-13 所示。

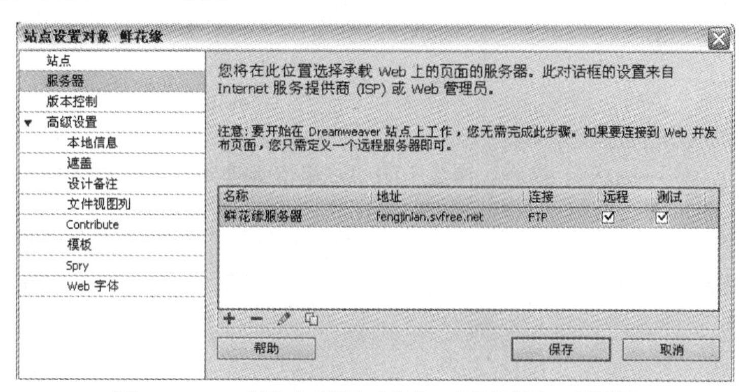

图8-4-12　“站点设置对象”（服务器）对话框

（5）接通 Internet 网，单击图 8-4-13 所示对话框内的“测试”按钮，进行远程测试，如果测试成功，将显示测试成功信息的提示框。单击“确定”按钮。

（6）单击选中服务器设置对话框内的“高级”标签，切换到“高级”选项卡，如图 8-4-14 所示。在“测试服务器”栏内的“服务器模型”下拉列表框内可以选择一种动态网页语言，例如选中“ASP JavaScript”选项。

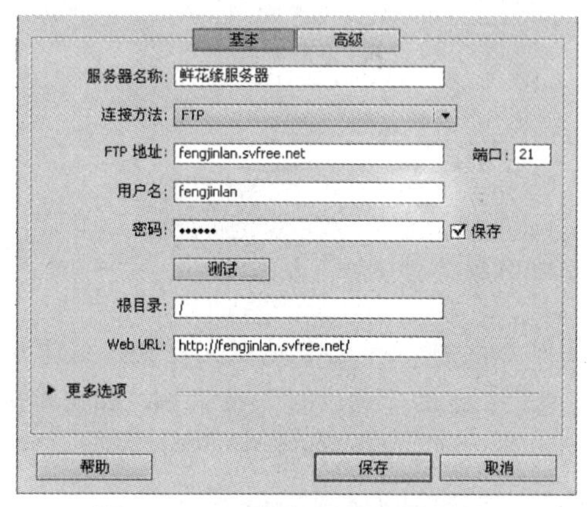

图8-4-13　服务器设置对话框

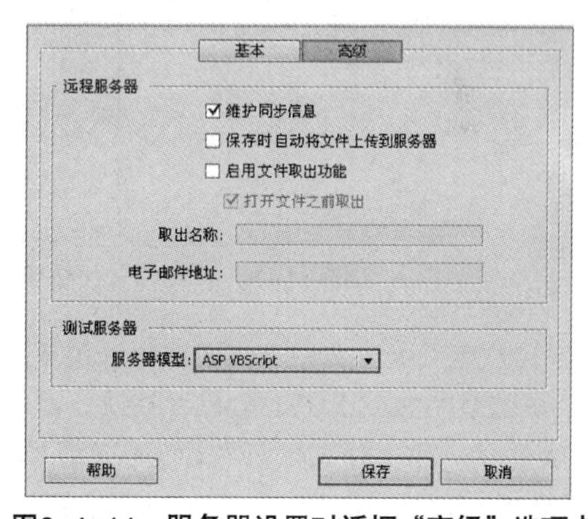

图8-4-14　服务器设置对话框“高级”选项卡

（7）单击“保存”按钮，关闭服务器设置对话框，回到“站点设置对象”对话框，在列表框内会显示设置的远程服务器，选中该列表框内的“远程”和“测试”复选框，然后，单击“保存”按钮，关闭“站点设置对象”对话框，回到“管理站点”对话框。单击该对话框内的“完成”按钮，完成站点的设置。

（8）打开“文件”面板，在第 1 个下拉列表框中选中“鲜花缘”选项，单击“文件”面板中的“展开以显示本地和远程站点”按钮，展开“文件”面板，单击“远程服务器”按钮，切换到“远端站点 / 本地文件”状态，如图 8-4-15 所示。

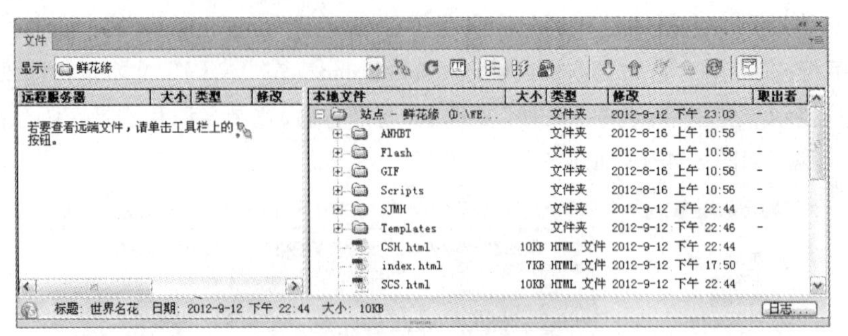

图8-4-15 “文件”面板中的“远端站点/本地文件”状态1

（9）单击“文件”面板中的“连接到远端主机”按钮，开始连接远程服务器（在此之前应与Internet接通）并将本地站点上传。此时的“文件”面板内“远程服务器”栏内显示出远程服务器的根目录文件夹，如图8-4-16所示。

连接远程服务器成功后，按钮变成按钮，此时如果单击该按钮，则会终止同远端服务器的连接。

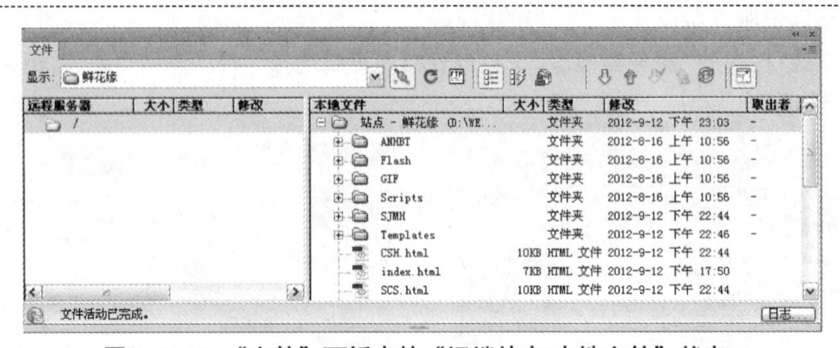

图8-4-16 “文件”面板中的“远端站点/本地文件”状态2

（10）在“本地文件”列表框中选中要上传的站点名称，即选中站点文件夹，这里选中“D:\WEBZD1\TDZZ\XHYUAN”文件夹，再单击工具栏上的“上传文件”按钮，即可将选中的网站中的内容文件夹和文件上传到远端主机。同时显示“后台文件活动－鲜花缘”对话框，指示复制文件的进行。当整个网站上传完后，“文件”面板如图8-4-17所示。

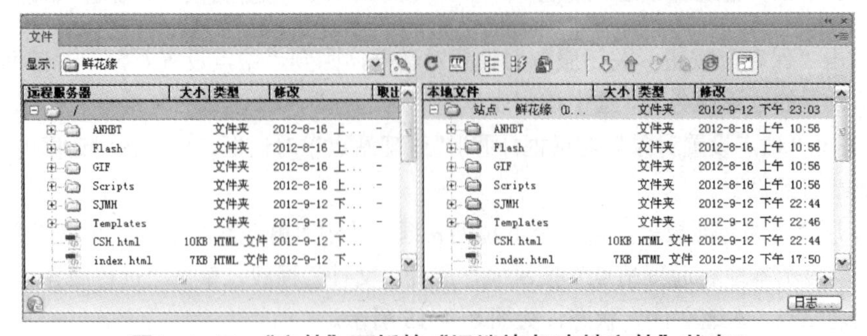

图8-4-17 “文件”面板的“远端站点/本地文件”状态3

打开 Web 浏览器，在地址栏中输入网址（即域名）“http://fengjinlan.svfree.net”，按【Enter】键，便可以在浏览器中看到“鲜花缘”网站的首页。

相关知识——网站管理与发布

1．“文件”面板的基本操作

在完成网站各网页的制作以后，需要进行站点的设置与管理。站点管理需要使用“管理站点”对话框和“文件”面板，利用这些工具可以删除、编辑、复制、新建、导入和导出站点。下面介绍“文件”面板的主要使用方法。

（1）“文件”面板内有两栏，左边是“远端站点”栏，右边是“本地文件”栏。拖动两栏之间的分割条，可以调整两栏的大小比例，甚至取消其中一个栏内容。

（2）在“文件”面板内可以进行标准的文件操作。将鼠标指针移到“文件”面板内的“本地文件”栏内，右击调出它的快捷菜单，利用该菜单可以进行创建新文件夹、创建新文件、选择文件、编辑文件、移动文件、删除文件、打开文件和文件重命名等操作。

（3）单击工具栏上的“远程服务器”按钮，可使“文件”面板左边栏切换到“远端站点”栏，“文件”面板右边仍然显示“本地文件”栏。

（4）单击工具栏上的“测试服务器”按钮，可使“文件”面板左边栏切换到“测试服务器”栏，“文件”面板右边仍然显示“本地文件”栏。

（5）单击工具栏上的“上传文件”按钮，可以将选中的网站中的内容文件夹和文件上传到远端主机。同时显示“后台文件活动 -×××”对话框，指示复制文件正在进行。

（6）单击工具栏上的“从远程服务器获取文件”按钮，可以将远程服务器内的文件下载到本地站点。

2．预览功能设置

在 Dreamweaver CS6 中可以设置 20 种浏览器的预览功能，前提是计算机内应安装了这些浏览器。浏览器预览功能的设置步骤如下：

（1）单击“编辑”→“首选参数”命令，调出“首选参数”对话框。在该对话框的“分类”栏内选择“在浏览器中预览”选项，此时该对话框右边部分如图 8-4-18 所示。

（2）在“浏览器”列表框内列出了当前可以使用的浏览器。单击按钮，可以删除选中的浏览器。单击按钮，可以增加浏览器。

（3）单击按钮，可调出“添加浏览器”对话框，如图 8-4-19 所示。在“名称”文本框内输入要增加的浏览器的名称，在“应用程序”文本框内输入要增加的浏览器的程序路径。再设置成默认的浏览器，再单击“确定”按钮完成设置。

（4）完成设置后，单击“首选参数”对话框中的“确定”按钮，退出该对话框。

（5）单击“查看”→“工具栏”→“文档”命令，调出“文档”工具栏，单击“文档工具”栏中的“在浏览器中预览 / 调试”按钮，可以看到菜单中增加了新的浏览器名称。

（6）选中“首选参数”对话框中的“使用临时文件预览”复选框，可以为预览和服务器调试创建临时拷贝。如果要直接更新文档，可撤销对此复选框的选择。

当在本地浏览器中预览文档时，不能显示用根目录相对路径所链接的内容（除非选中了“使用临时文件预览”复选框）。这是由于浏览器不能识别站点根目录，而服务器能够识别。若要预览用根目录相对路径所链接的内容，可将此文件放在远程服务器上，然后单击“文件”→“在浏览器中预览”命令来查看它。在网页编辑窗口状态下，按【F12】键，可以启动第一个浏览器显示网页，按【Ctrl+F12】键可以启动第二个浏览器显示网页。

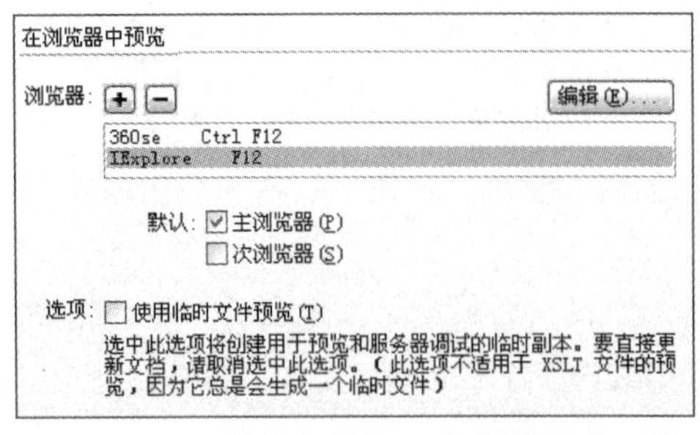

图8-4-18 “首选参数”（在浏览器中预览）对话框

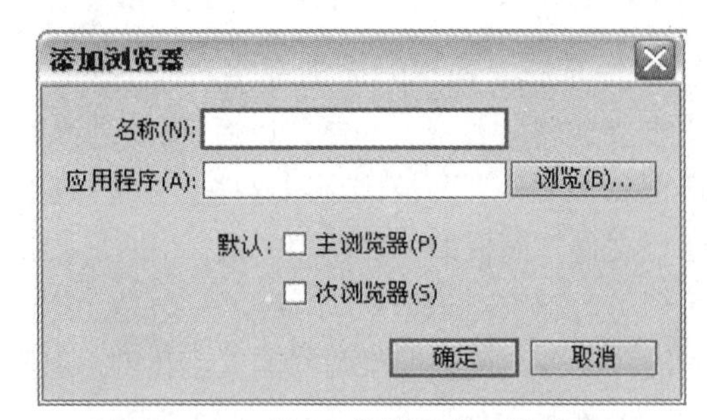

图8-4-19 “添加浏览器”对话框

3. 检查浏览器兼容性

浏览器兼容性测试主要用来检查文档中是否有浏览器不支持的标记（也称为标签）或属性，当网页中有元素对象不被目标浏览器所支持时，网页会显示不正常或某些功能不能实现。目标浏览器检查提供了 3 个级别的潜在问题信息，有告知性信息（浏览器不支持一些代码，但是不影响网页正常显示）、警告信息（一些代码不能在浏览器中正常显示，但问题不严重）和错误信息（指定的代码可能造成网页在浏览器中严重影响显示效果，可能造成部分内容消失）。检查浏览器兼容性的具体操作方法如下：

（1）打开要检测的网页文档。单击“文档”工具栏内的“检查浏览器兼容性”按钮，调出它的菜单，单击该菜单内的“设置”命令，调出“目标浏览器”对话框，如图 8-4-20 所示。

（2）在“目标浏览器”对话框内“浏览器最低版本”列表框中选中需要检测的目标浏览器名称复选框，在其右边的下拉列表框中选择浏览器的最低版本。

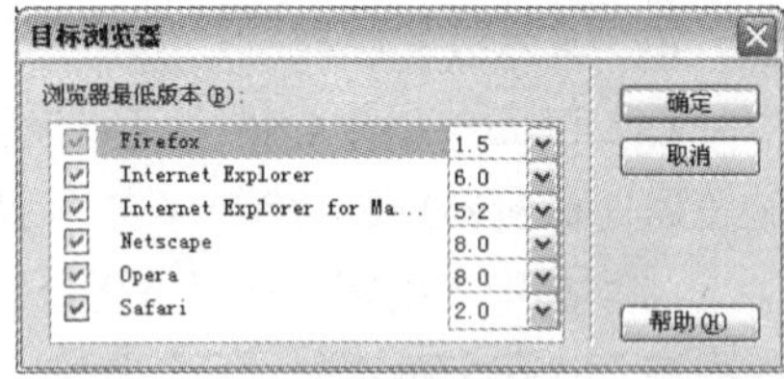

图8-4-20 “目标浏览器”对话框

（3）单击“目标浏览器”对话框内的“确定”按钮，会自动调出“浏览器兼容性检查”面板，给出检测报告，如图 8-4-21 所示。

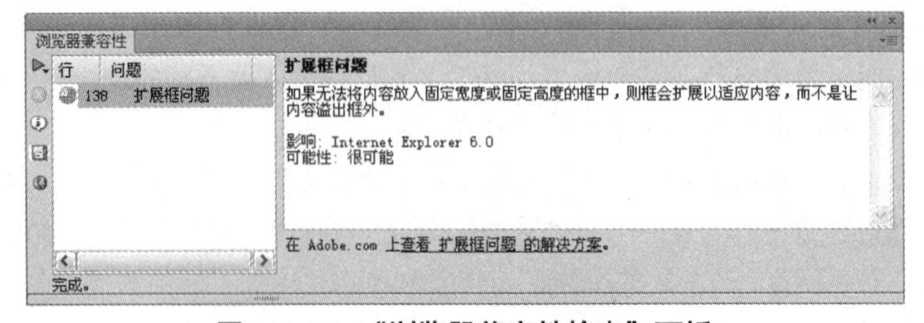

图8-4-21 “浏览器兼容性检查”面板

单击“文档”工具栏内的“检查浏览器兼容性”按钮，调出它的菜单，单击该菜单内的“检查浏览器兼容性”命令，或者单击“文件”→“检查页”→“浏览器兼容性”命令，都可以直接调出“浏览器兼容性检查”。

（4）单击选中问题信息左边的◕，再单击左边的“浏览报告”按钮，可以打开相应的“Dreamweaver 浏览器兼容性检查”报告。

（5）如果在“目标浏览器”对话框内选择 Internet Explorer 的版本号为 7.0，则再单击“检查浏览器兼容性”命令，可以重新进行检测，则不会显示问题信息了。

（6）打开其他网页文档，按照上述方法可以进行当前网页文档的检测。

4．文件下载和刷新

（1）文件下载：如果本地站点丢失了文件或文件夹，可将服务器中的文件下载到本地站点。

在“文件”面板左边的列表框内，选中要下载的文件和文件夹。然后，单击“文件”面板工具栏内的“获取文件”按钮，或者将选中的文件和文件夹拖动到“文件”面板右边列表框内。这时屏幕会显示一个提示框，询问是否将文件的附属文件一起下载，单击“是”按钮，即可下载选中的文件和文件夹到本地站点。

（2）文件刷新：当本地站点中的一些文件进行了编辑和修改（只要双击要编辑的文件即可打开一个新的网页编辑窗口并显示该文件，以供编辑），可以利用刷新操作将更新后的文件上传到服务器中，使服务器中的文件与本地站点的文件一样。

文件刷新的操作方法是：单击“站点”窗口内的“刷新”按钮。

思考与练习8-4

1．建立一个名称为 myFirstSite 的新本地站点，站点存储位置为“D:\mysite”，默认图像文件夹为“D:\mysite\images\”。

2．设计一个网站，在网上申请一个免费主页空间，并将网站上传到免费主页空间。

3．修改上题中本机站点的网站内容，然后，更新网站的服务器内容。将本地站点内的几个文件移到其他磁盘中，再将服务器中的文件下载到本地站点。

4．创建一个名称为“北京小吃”网站的本地站点，参考【案例 29】中所述方法，在网上申请一个免费主页空间，并使用 Dreamweaver CS6 进行本地信息和远程服务器设置，再进行测试，然后将“北京小吃”网站上传到免费主页空间。

5. 将远程服务器中的“北京小吃”网站中的文件下载到本地站点。修改本机站点的网站内容，然后更新网站的远程服务器内容。